Dagstuhl Seminar 1997

Hagen / Brunnet / Müller / Roller (Eds.)
Effiziente Methoden der geometrischen Modellierung
und der wissenschaftlichen Visualisierung

GI-Seminare

Im Auftrag der GI herausgegeben durch den Vorstand des Beirates der Universitätsprofessoren der GI

Die Gesellschaft für Informatik (GI) veranstaltet eine Reihe von Seminaren, die wichtigen aktuellen Entwicklungen in der Informatikforschung gewidmet sind. Unter der Anleitung von Wissenschaftlern, die auf dem Gebiet ausgewiesen sind, erarbeiten junge Wissenschaftler solche Forschungsgebiete, die noch keine Darstellungen in Lehrbüchern gefunden haben, mit dem Ziel, diese in einheitlicher Terminologie und verständlich darzustellen.
Die Publikation der Seminare in dieser Reihe soll diese Forschungszweige auch einer breiteren Öffentlichkeit leichter zugänglich machen.

Dagstuhl Seminar 1997

Effiziente Methoden der geometrischen Modellierung und der wissenschaftlichen Visualisierung

Editoren
Hans Hagen   Universität Kaiserslautern
Guido H. Brunnet   Universität Kaiserslautern
Heinrich Müller   Universität Dortmund
Dieter Roller   Universität Stuttgart

Springer Fachmedien Wiesbaden GmbH 1999

Die Deutsche Bibliothek – CIP-Einheitsaufnahme

Effiziente Methoden der geometrischen Modellierung und der wissenschaftlichen Visualisierung / Dagstuhl-Seminar 1997. Ed. Hans Hagen ... – Stuttgart ; Leipzig : Teubner, 1999

ISBN 978-3-519-02746-1   ISBN 978-3-322-89938-5 (eBook)
DOI 10.1007/978-3-322-89938-5

Einband: Peter Pfitz, Stuttgart, und Studio Quitta, München

Vorwort

Ausgehend von einer Idee von Prof. Dr. Günter Hotz wurde diese GI-Seminarreihe etabliert. Ziel der Seminare ist es jungen Nachwuchswissenschaftlerinnen und -wissenschaftlern eine breite Weiterbildung in aktuellen Wissenschaftsbereichen der Informatik zu geben. Dies geschieht durch aktive Mitarbeit im Seminarrahmen. Es wurden 14 Wissenschaftlerinnen und Wissenschaftler aus den Bewerbungen ausgewählt, die jeweils ein ausgewähltes Teilgebiet zur „Bearbeitung" bekamen. Die schriftlichen Ausarbeitungen sind Gegenstand dieses Tagungsbandes.

In diesem Seminar wurden aktuelle Entwicklungen der Forschung auf den Gebieten „Geometrische Modellierung" und „Wissenschaftliche Visualisierung" als Themen gewählt, die noch keinen Niederschlag in Lehrbüchern gefunden haben. Im Detail wurden folgende Themengebiete behandelt:

- Solid Modelling
- Parametric Design
- Variational Design
- Feature Modelling
- Qualitätsanalysealgorithmen
- Volume Visualization
- Vector- and Tensorfield Visualization
- Visualisierung großer, unstrukturierter Datenmengen
- Visualisierung hochdimensionaler Daten

Indem die Teilnehmerinnen und Teilnehmer ausschließlich nach ihren wissenschaftlichen Fähigkeiten und nicht bevorzugt nach ihrem speziellen Arbeitsgebiet ausgewählt wurden, wird zumindest unserer Meinung nach eine Verbreitung dieser neuen Entwicklungen an den Universitäten gefördert.

Die Themenauswahl erfolgte durch Wissenschaftler, die zu den „Pionieren" der einzelnen Fachgebiete gehören:

Parametric Design and Feature Modelling Prof. Dr. Dieter Roller (Universität Stuttgart)

Variational Design and Geometric Modelling Prof. Dr. Guido Brunnet (Universität Kaiserslautern) und Prof. Dr. Hans Hagen (Universität Kaiserslautern)
Scientific Visualization Prof. Dr. Hans Hagen (Universität Kaiserslautern) und Prof. Dr. Heinrich Müller (Universität Dortmund)

Bei der Erstellung dieses Bandes wurde ich von meinen Mitarbeitern Holger Burbach und Thomas Wischgoll bestens unterstützt. Ich danke ihnen herzlich für ihr Engagement und ihre Mühe, um die einzelnen Seminarbeiträge in druckreife Form zu bringen.

H. Hagen

Dieser Band ist das Resultat des zweiten GI-Forschungsseminares. Das erste dieser Seminare wurde von E. Mayr, H.J. Prömel und A. Steger veranstaltet und ist vor der Einrichtung der Reihe bei dem Verlag Teubner unter dem Titel *Lectures of Proof Verification and Approximation Algorithms* in der Reihe *Lecture Notes in Computer Science, Vol. 1367* erschienen.

Die Reihe wird im Auftrag der Gesellschaft für Informatik von dem Vorstand des Beirates der Universitätsprofessoren der GI herausgegeben. Die Herausgeber danken Herrn Dr. Peter Spuhler vom Teubner Verlag herzlich für sein Entgegenkommen, das das Erscheinen dieser Reihe ermöglicht.

G. Hotz

Inhalt

1   Nichtlineare Spline-Interpolation

Jörg Wendt

Universität Kaiserslautern

Fachbereich Informatik

`wendt@informatik.uni-kl.de`

Zusammenfassung:

Die Aufgabe, eine gegebene Menge von Punkten mittels einer wenigstens krümmungsstetigen Kurve zu interpolieren, wird oftmals mit weiteren Kriterien wie einer minimalen Energie der Kurve verknüpft. Vereinfacht man diesen Ansatz in der mathematischen Modellbildung, so führt dies auf lineare, kubische Spline-Kurven. Da diese jedoch nicht allen Qualitätsansprüchen genügen und auch zusätzliche Entwurfsparameter kaum Abhilfe leisten, kann man auf das Modell der Biegeenergie dünner elastischer Stäbe zurückgreifen. Versucht man diese nun unter den vorgegebenen Randdaten zu minimieren und gleichzeitig die Bogenlänge der Lösungskurven minimal zu halten, so führt dieser Ansatz zu den sogenannten elastischen Wegen.

Neben der Herleitung wesentlicher Ergebnisse werden einige frühere Arbeiten und Verfahren für nichtlineare Spline-Kurven erwähnt. Außerdem wird ein neuartiges, zweistufiges Verfahren für elastische Wege präsentiert, welches die Aufgabe wesentlich effizienter löst.

1.1   Problemstellung

In vielen Bereichen der Datenerfassung und -verarbeitung fallen große Mengen von Daten an, die in einem direkten Bezug zueinander stehen oder gar direkt Teil derselben Einheit sind. Aus diesem Grund steht man vor der Aufgabe, solche Daten miteinander zu verknüpfen, um den Zusammenhang analytisch wie graphisch direkt zu erfassen. Solche Daten fallen in der graphischen Datenverarbeitung ebenso an wie in statistischen Programmen oder technischen Maschinensteuerungen, aber auch etwa im Schiff- oder Straßenbau.

Bei einer Folge von Datenpunkten besteht die Aufgabe nun darin, eine Kurve zwischen den Punkten zu finden, deren Verlauf für die weitere Verwendung innerhalb anderer Programmteile geeignet ist. Dies stellt zumeist zusätzliche, oftmals technische Anforderungen an den Verlauf der zu berechnenden Kurve, die bei der Lösung berücksichtigt werden müssen. So ist es etwa bei der Bahnführung numerisch gesteuerter Maschinen notwendig, eine möglichst glatte, kurze und gleichmäßig zu durchlaufende Raumkurve einzusetzen, wodurch die damit erzeugten Produkte von höherer Qualität sind als bei Verwendung anderer Kurventypen. Die genannten Kriterien führen zum mathematischen Modell der sogenannten *nichtlinearen Spline-Kurven*, die im folgenden eingeführt werden.

Sei also eine Menge von Punkten

$$P := \left\{ P_i = (x_i, y_i) \mid 0 \le i \le n, P_i \in \mathbb{R}^d, d \in \{2, 3\} \right\}$$

geordnet vorgegeben. Zu den Punkten aus P wird eine wenigstens krümmungsstetige Kurve f gesucht, die diese durchläuft, d.h. es muß gelten:

$$f(x) \in C^2[x_0, x_n], \qquad f(x_i) = y_i, \quad i = 0, \dots, n$$

Als weitere Anforderungen sollte die resultierende Kurve „glatt" und von „minimaler Länge" sein, wobei diese eher vagen Begriffe noch näher zu spezifizieren sein werden. Des weiteren sollte die Möglichkeit bestehen, den Verlauf der Kurve individuell beeinflußen zu können, d.h. es sollte ein Entwurfsparameter zur Verfügung stehen, den ein Benutzer den jeweiligen Bedingungen anpassen kann. Außerdem ist es für den praktischen Einsatz unbedingt erforderlich, die Lösung effizient berechnen zu können.

Im weiteren Verlauf wird der ebene Fall $d = 2$ betrachtet, allgemein interessanter dürfte hingegen der räumliche Fall $d = 3$ sein.

Nachfolgend sind zwei Beispiele interpolierender Kurven zu sehen, die die genannten Kriterien mehr oder weniger erfüllen.

1.2   Lösungsansätze

1.2.1   Lineare Spline-Kurven

Sucht man zu einer Menge von Punkten eine interpolierende Kurve, so kann man sich einen elastischen Stab oder einen flexiblen Draht vorstellen, den man in diesen Punkten fixiert und ansonsten unberührt läßt. Dieser wird dann eine Ruhestellung einnehmen, deren Verlauf unabhängig vom gewählten Material von der minimalen inneren Energie bestimmt wird.

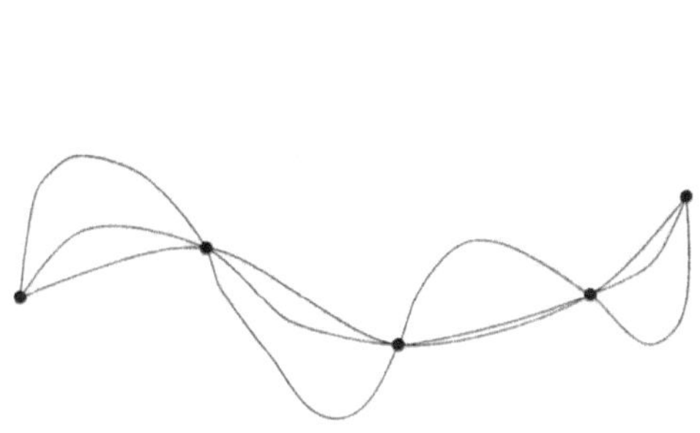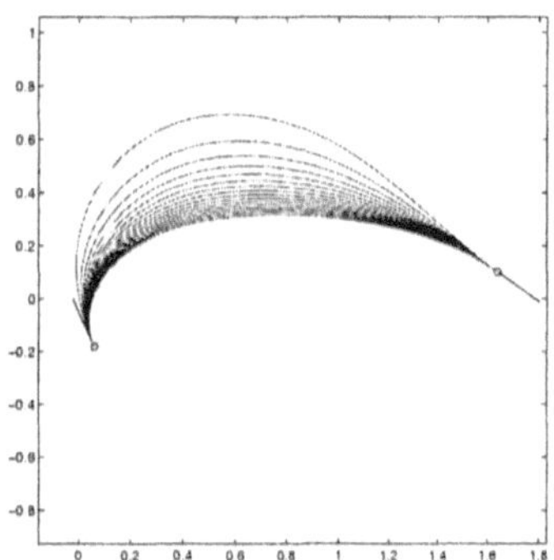

Abb. 1.1 Beispiele interpolierender Kurven

Die innere oder Biegeenergie ist abhängig von der Krümmung einer Kurve f
und kann mittels

$$\int_{x_0}^{x_n} [f''(x)]^2 \, dx$$

angenähert werden, sofern $[f']^2 << 1$ gilt, wobei f eine wenigstens krümmungsstetige Kurve sein sollte: $f(x) \in C^2[x_0, x_n]$. Da der Zustand der minimalen
Energie einer Kurve gesucht ist, muß zu obigem Integral ein Minimum gefunden werden, d.h. zu lösen ist die Aufgabe

$$\int_{x_0}^{x_n} [f''(x)]^2 \, dx \quad \rightarrow \quad \min$$

mit der zusätzlichen Bedingung $f(x_i) = y_i$, $i = 0, \ldots, n$.

Aufgaben dieser Art löst man mathematisch mit Hilfe der *Variationsrechnung*.
Im Fall des obigen Integrals führt diese zu der linearen Differentialgleichung
$y^{(iv)} = 0$, deren Lösung ein kubisches Polynom $f_i(x)$ auf jedem Intervall
$[x_{i-1}, x_i]$ ist.

Beispiele für solche **linearen** Spline-Kurven sind etwa die *kubischen Spline-
Kurven, Hermite-Splines, B-Spline-* oder *Bézier-Spline-Kurven*.

Diese Kurven besitzen in weiten Bereichen die gewünschten Eigenschaften,
doch in vielen Fällen weisen sie auch Nachteile auf, die einen Einsatz in praktischen Systemen nur begrenzt möglich machen. Zum einen besitzen kubische
Polynome nicht in jedem Fall eine wirklich geringe Energie. Außerdem weisen sie in manchen Situationen einen unerwünschten Verlauf mit Verwerfun-
gen oder Überschwingungen auf. Zudem sind kubische Polynome vom Ansatz

her weniger für praktisch-technische Einsätze wie etwa bei der Steuerung von Werkzeugbahnen numerisch gesteuerter Maschinen geeignet, da sie keine bogenlängenparametrisierte Kurven sind. Da die im Parameterintervall zurückgelegten Teilstrecken mit der Durchlaufzeit eines Werkzeuges gleichzusetzen sind, sollten die Bestrebungen dahingehend sein, daß diese möglichst gleichmäßig sind. Dies kann allerdings nur dann erreicht werden, wenn eben eine Kurve bezüglich ihrer Bogenlänge parametrisiert wird.

Diese und weitere Überlegungen führten zu Lösungsansätzen, bei denen entweder höhere Polynomgrade verwendet (*quintische Splines*), oder zusätzlich Entwurfsparameter eingeführt (*Splines in Tension, rationale Spline-Kurven, NURBS*) werden. Aber auch die derart modellierten Kurven erfüllen noch nicht alle Qualitätsansprüche an interpolierende Kurven.

1.2.2   Nichtlineare Spline-Kurven

Anstatt wie im Fall linearisierter Spline-Kurven nur eine Näherung der Energie zu verwenden, sollte man ein mathematisches Modell wählen, welches den Energiezustand einer Kurve direkter wiederspiegelt. Dies kann etwa dadurch erreicht werden, daß man die *Biegeenergie* eines dünnen elastischen Stabes als Ausgangspunkt nimmt, welche nach **Daniel Bernoulli** (1742) proportional ist zu

$$I(x) \; := \; \int_a^b \kappa^2(t) \cdot |x'(t)| \, dt \; = \; \int_0^L \kappa^2(s) \, ds.$$

Dabei ist x der Weg, der den Stab repräsentiert, κ die Krümmung und s die Bogenlänge von x.

Löst man diesen Ansatz analog zum Fall linearer Spline-Kurven, so ergeben sich daraus die sogenannten **nichtlinearen** Spline-Kurven, die Gegenstand des nächsten Abschnitts sind.

1.3   Entwicklung nichtlinearer Spline-Kurven

Zunächst wird die Aufgabenstellung eingeschränkt auf den Fall zweier Punkte und Tangenten in diesen Punkten. Es seien also gegeben:

$$2 \text{ Punkte } P, Q \in \mathbb{R}^2$$

$$2 \text{ Tangenten } V, W \in \mathbb{R}^2 \text{ in } P \text{ bzw. } Q$$

Gesucht ist dazu eine Lösung von

$$\int_a^b \kappa^2(s)\, ds \quad \to \quad \min \tag{1.1}$$

auf der Menge der zulässigen Vergleichswege

$$M \; := \; \{x : [a,b] \to \mathbb{R}^2 : \; x \in C^\infty[a,b] \text{ regulär}, x(a) = P, x(b) = Q,$$
$$x'(a) = \alpha V, x'(b) = \beta W, \; \alpha, \beta \in \mathbb{R}^+\}.$$

Dies ist eine typische Aufgabenstellung der Variationsrechnung. Dabei wird ein Extremum (hier: Minimum) eines Funktionals über einer Menge vergleichbarer Funktionen bestimmt.

Zu dem Problem der Kurven minimaler Biegeenergie zeigten Birkhoff und de Boor (1966):

i) Jede Lösung κ der Variationsaufgabe (1.1) erfüllt die Differentialgleichung zweiter Ordnung

$$\kappa''(s) + \frac{1}{2}\kappa^3(s) \; = \; 0. \tag{1.2}$$

Darauf basiert auch folgende

Definition:

> Ein normaler Weg $x\colon [0,L] \to \mathbb{R}^2$ heißt *freier elastischer Weg*, wenn seine Krümmungsfunktion κ der Differentialgleichung (1.2) genügt.

Die Bezeichnung *frei* deutet darauf hin, daß an die Kurven keine weiteren Bedingungen gestellt sind.

ii) Ein absolutes Minimum auf M existiert nur, wenn die Randdaten eine gerade Linie als Lösung zulassen.

Ansonsten kann zu jedem $z \in \mathbb{R}^+$ ein Weg $x \in M$ gefunden werden mit $I(x) < z$. Dies sind für kleine Werte von z ($z << 1$) Wege großer Bogenlänge, deren Verlauf in den meisten Fällen nicht erwünscht sein dürfte.

Man muß also einen Weg finden, neben einer energieminimierten eine gleichzeitig auch bogenlängenminimierte Kurve zu erhalten. Dazu sollte man versuchen, in (1.1) zusätzlich Einfluß auf die Bogenlänge zu haben. Dies kann durch die Einführung eines Spannungsparameters $\sigma \in \mathbb{R}_0^+$ gelingen, wenn man statt $I(x)$ das *erweiterte Energie-Integral*

$$J(x) \; := \; \int_a^b \left(\kappa^2(t) + \sigma\right) \cdot |x'(t)|\, dt \; = \; \int_0^L \kappa^2(s) + \sigma\, ds \tag{1.3}$$

verwendet. Dabei nimmt der Wert von σ direkt Einfluß auf die Bogenlänge $\int_0^L |x'(t)|\, dt$ eines normalen Weges x. Je größer also σ ist (je mehr die Kurve „gespannt" ist), desto größer ist der Einfluß in (1.3) auf die Bogenlänge.

Lee und Forsythe (1977) gaben eine Lösung der Variationsaufgabe

$$\int_0^L \kappa^2(s) + \sigma\, ds \quad \rightarrow \quad \min,$$

die den Ausgangspunkt der nachfolgenden Definition darstellt:

Definition:

> Ein normaler Weg $x : [0, L] \to \mathbb{R}^2$ heißt *elastischer Weg*, wenn seine Krümmungsfunktion κ der Differentialgleichung
> $$\kappa''(s) + \frac{1}{2}\kappa^3(s) - \frac{\sigma}{2}\kappa(s) \;=\; 0. \tag{1.4}$$
> genügt.

1.4 Frühere Verfahren zur Berechnung nichtlinearer Spline-Kurven

Betrachtet wird von nun an wieder die eigentliche Problemstellung zu einer gegebenen Menge von Punkten P. Außerdem werden in den vorgestellten früheren Verfahren, mit einer Ausnahme, nur freie elastische Wege, d.h. ohne Spannungsparameter, behandelt. Diese Einschränkung wird erst bei dem eigenen Berechnungsverfahren fallengelassen.

1.4.1 Glass (1966)

Glass verwendet in seiner Methode als Differentialgleichung

$$y^{(iv)} \;=\; \frac{5(y'')^3 + 20y'y''y'''}{2[1 + (y')^2]} \;-\; \frac{35(y')^2(y'')^3}{2[1 + (y')^2]^2},$$

während die Energie gegeben ist durch

$$E(y) \;=\; \sum_{i=0}^{n-1} \int_{x_i}^{x_{i+1}} \frac{(y'')^2}{[1 + (y')^2]^{5/2}}\, dx.$$

Zunächst wird dann ein einzelnes Segment auf $[x_i, x_{i+1}]$ betrachtet, wobei y_i und y_{i+1} gegeben sind und y_i' und y_{i+1}' als gegeben betrachtet werden. Dann wird eine Taylor-Entwicklung für die Differentialgleichung zur Berechnung einer ersten Näherung $y^{(0)}$ verwendet, um darüber zu einer linearen Differentialgleichung als Korrekturgleichung zu gelangen, womit eine bessere Approximation $y^{(1)}$ berechnet wird. Mit Hilfe eines zentralen Differenzenoperators über einem Netz von N im Intervall $[x_i, x_{i+1}]$ äquidistant verteilten Punkten erhält man ein System linearer Differenzengleichungen im Korrekturterm in jedem Netzpunkt. Dieses 5-Band-System wird in jedem Iterationsschritt gelöst, bis das Verfahren konvergiert.

Die Lösung des Randwertproblems vierter Ordnung wird in jedem Segment für einen gegebenen Vektor von Ableitungen y' in den Randpunkten hergeleitet. Das Energie-Integral wird damit diskret approximiert und durch eine äußere Iteration mit der Gradienten-Methode minimiert.

1.4.2 Woodford (1969)

Mit Hilfe der Variationsrechnung gelangt Woodford zu der nichtlinearen Differentialgleichung

$$(y'')^2 = (A_i y' + B_i)(1 + (y')^2)^{5/2}$$

in jedem Segment. Damit wird für die Energie folgender Ausdruck hergeleitet:

$$E = \sum_{i=0}^{n-1} |A_i(y_{i+1} - y_i) + B_i(x_{i+1} - x_i)|$$

Nun werden die einzelnen Intervalle mit einem äquidistanten Gitter diskretisiert, auf dem eine Anfangslösung $y^{(0)}$ durch Lösen von $y^{(iv)} = 0$ berechnet wird. Daran anschließend wird die Methode der Quasi-Linearisierung mit einer Iteration verwendet, die auf derselben Taylor-Entwicklung wie bei Glass basiert.

Um dieses lineare Randwertproblem zu lösen, ersetzt Woodford die benötigten Ableitungen durch Taylor-Reihen im Punkt y_k. Daraus resultiert eine 9-Band-Matrix, die in jedem Iterationsschritt zu lösen ist. Das Iterationsverfahren endet, wenn sich die Gesamtenergie nicht mehr entscheidend verbessert.

1.4.3 Mehlum (1969)

Mehlum präsentierte in seiner Dissertation einen Algorithmus zur Approximation nichtlinearer Spline-Kurven, der in einem Programm zur Kurvenglättung im Schiffbau implementiert wurde.

In dem Verfahren wird die Krümmung der Kurve durch Kreissegmente approximiert, die ab der zweiten Ableitung keine stetigen Übergänge in den Knotenpunkten besitzen. Integration von

$$\left(\frac{d\Theta}{ds}\right)^2 = p \cdot \sin(\Theta - \phi) + \gamma$$

liefert zwei Konstanten je Segment, die zu gegebenen Krümmungswerten in den Punkten festgelegt werden müssen.

In einer äußeren Iteration werden die Krümmungswerte in den Knotenpunkten angenähert und mit den gegebenen Randdaten überprüft. Eine innere Iteration verwendet diese Krümmungswerte dann zur Berechnung der Integrationskonstanten unter Einbeziehung der Interpolationsbedingungen.

1.4.4 Malcolm (1977)

Malcolms iterative Finite-Differenzen-Methode zur Berechnung offener, nichtlinearer Spline-Kurven liefert eine diskrete Approximation der Interpolierenden. Dazu wird eine diskrete Approximation $y = [y_1, \ldots, y_m]^T$ der Funktion y berechnet, die das Funktional

$$E(y) = \int\limits_{x_0}^{x_n} \frac{(y'')^2}{[1 + (y')^2]^{5/2}}\, dx$$

minimiert. Dies führt zu einem System nichtlinearer Gleichungen, welches mit Hilfe einer iterativen Methode gelöst werden kann. Daraus ergibt sich ein lineares 5-Band-System, das mit der Cholesky-Methode berechnet wird und so zu der interpolierenden Kurve führt.

1.4.5 Reinsch (1981)

In seiner Dissertation leitet Reinsch die Differentialgleichung für elastische Wege aus den physikalischen Eigenschaften eines elastischen, in vorgegebenen Punkten festgehaltenen Stabes her. Daraus entwickelt er dann ein System nichtlinearer Gleichung für jedes Segment, über das er das Energie-Integral dann mit Hilfe einer Quasi-Newton-Methode minimiert. Die notwendigen Startwerte werden einer Tabelle vorberechneter Einzellösungen entnommen.

Reinsch präsentiert das bis dahin einzige Verfahren, das einen Spannungsparameter zum freien Entwurf beinhaltet.

1.4.6   Edwards (1992)

Edwards Ansatz und Verfahren sind dem von Reinsch sehr ähnlich, allerdings nur für den Fall freier elastischer Wege. Jedoch leitet er aus den Randbedingungen und der Minimierungseigenschaft ein anderes nichtlineares Gleichungssystem her, welches er mit einem Quasi-Newton-Verfahren löst.

Ungelöst bleibt dabei das Problem geeigneter Startwerte, die für die Konvergenz des Newton-Verfahrens entscheidend sind.

1.5   Neuartiges Verfahren (Brunnett/Wendt,1997)

1.5.1   Eigenschaften elastischer Wege

Brunnett (1990) führte verschiedene Eigenschaften elastischer Wege, insbesondere der Krümmungsfunktion auf, von denen nun einige erwähnt werden sollen, die im weiteren Verlauf eine Rolle spielen.

Zunächst einmal ist es von Bedeutung, eine explizite Beschreibung der Krümmungsfunktion elastischer Wege zu kennen, um über diese zu einem geschlossenen Ausdruck für eine Kurve zu gelangen, die die vorgegebenen Randdaten interpoliert:

Für die Krümmungsfunktion κ eines ebenen elastischen Weges x gilt:
1) Die Erweiterung $\bar{\kappa}^2$ von κ^2 auf $\mathbb{R}$ besitzt ein globales Maximum κ_m^2.
2) Für das globale Maximum gilt: $\kappa_m^2 \geq \sigma$.
3) κ besitzt genau dann eine Nullstelle, wenn $\kappa_m^2 > 2\sigma$ ist. In diesem Fall besitzt κ die Darstellung

$$\kappa(s) \; = \; \kappa_m \cdot \mathrm{cn}\left(\sqrt{\frac{\kappa_m^2 - \sigma}{2}}(s - s_m)|k^2 \right) .$$

Demnach hat ein elastischer Weg nur dann einen Wendepunkt, wenn dieser sogenannte *inflectional case* auftritt.
4) Gilt hingegen der *non-inflectional case*, d.h. es ist $\sigma < \kappa_m^2 < 2\sigma$, so bekommt κ die Form

$$\kappa(s) \; = \; \kappa_m \cdot \mathrm{dn}\left(\frac{\kappa_m(s - s_m)}{2}|\frac{1}{k^2} \right) .$$

5) Im speziellen Fall, daß $\kappa_m^2 = 2\sigma$ (*hyperbolic case*), läßt sich κ schreiben als

$$\kappa(s) = \kappa_m \cdot \operatorname{sech}\left(\frac{\kappa_m(s - s_m)}{2}\right).$$

Dabei bezeichnet s_m die Stelle im Intervall $[0, L]$, an der κ_m zum ersten Mal auftritt. k^2 bzw. $\frac{1}{k^2}$ ist das sogenannte *Modul* der beiden *Jakobischen Funktionen* cn und dn.

Als nächstes müssen einige Bezeichnungen eingeführt werden, um die Beschreibung der Eigenschaften elastischer Wege übersichtlicher zu gestalten.

Bezeichnungen:

- Der Drehwinkel von x berechnet sich zu

$$\Psi(s) := \int_0^s \kappa(\bar{s})\, d\bar{s}.$$

- Die Energie von x ergibt sich aus

$$E(s) := \int_0^s \kappa^2(\bar{s})\, d\bar{s}.$$

- φ ist ein von κ abhängiger Winkel im Startpunkt der Kurve, der sich über die Werte von

$$\cos\varphi = \frac{\kappa^2(0) - \sigma}{\kappa_m^2 - \sigma} \qquad \text{und} \qquad \sin\varphi = \frac{2 \cdot \kappa'(0)}{\kappa_m^2 - \sigma}$$

bestimmen läßt.
- $C(\alpha) := (\cos\alpha, \sin\alpha)$
- ϑ ist der Winkel in $[0, 2\pi[$ mit $x'(0) = C(\vartheta)$.

Daneben gelten für eine elastische Kurve x mit Krümmungsfunktion κ folgende Beziehungen:

$$4[\kappa'(s)]^2 = \left(\kappa_m^2 - \sigma\right)^2 - \left(\kappa^2(s) - \sigma\right)^2$$

$$\kappa'(s) = -\frac{\kappa_m^2 - \sigma}{2}\sin\left(\Psi(s) - \varphi\right)$$

$$\kappa(s) - \kappa(0) = -\frac{\kappa_m^2 - \sigma}{2}\left\langle C'(\phi + \vartheta), x(s) - x(0)\right\rangle \tag{1.5}$$

$$\kappa^2(s) = \left(\kappa_m^2 - \sigma\right)\cos\left(\Psi(s) - \varphi\right) + \sigma$$

$$E(s) = \left(\kappa_m^2 - \sigma\right)\left\langle C(\phi + \vartheta), x(s) - x(0)\right\rangle + \sigma s$$

Dieses System von Gleichungen wird später bei der Herleitung eines Verfahrens zur Berechnung einzelner Spline-Segmente verwendet.

Die nächste Aussage befaßt sich mit der Darstellung elastischer Kurven: Ist das globale Maximum κ_m^2 der Krümmungsfunktion κ eines elastischen Weges größer als σ, so besitzt der elastische Weg eine Darstellung der Form

$$x(s) \;=\; x(0) + \frac{1}{\kappa_m^2 - \sigma} \cdot \begin{pmatrix} \sin(\varphi + \vartheta) & \cos(\varphi + \vartheta) \\ -\cos(\varphi + \vartheta) & \sin(\varphi + \vartheta) \end{pmatrix} \tag{1.6}$$

$$\cdot \begin{pmatrix} 2\,(\kappa(s) - \kappa(0)) \\ E(s) - \sigma s \end{pmatrix} \tag{1.7}$$

In dem Fall, daß $\kappa_m^2 = \sigma$ gilt, ist x entweder ein Kreis mit Radius $\frac{1}{|\kappa_m|}$ ($\sigma > 0$, *circular case*) oder eine gerade Linie ($\sigma = 0$, *linear case*).

Elastische Wege sind die einzigen ebenen Kurven, die diese Darstellung besitzen. Ist also eine beliebige Kurve $\kappa \in C^2(\mathbb{R})$ mit globalem Maximum $\kappa_m^2 > \sigma \in \mathbb{R}$ gegeben, und verwendet man weiterhin $E(s) = \int_0^s \kappa^2(\bar{s})\,d\bar{s}$, so ist eine durch (1.7) gegebene, bogenlängenparametrisierte Kurve x eine elastische Kurve mit Krümmungsfunktion κ und Spannungsparameter σ.

1.5.2 Der Ein-Segment-Fall

Wie bereits im Abschnitt über die Entwicklung nichtlinearer Spline-Kurven wird nun der Fall von zwei gegebenen Randpunkten sowie Tangentenrichtungen in diesen Punkten betrachtet:

$$2 \text{ Punkte } P, Q \in \mathbb{R}^2, \quad 2 \text{ Tangenten } V, W \in \mathbb{R}^2 \text{ in } P \text{ bzw. } Q$$

Zunächst einmal wird davon ausgegangen, daß der Startpunkt der zu erzeugenden Kurve im Ursprung des (lokalen) Koordinatensystems und die Tangentenrichtung in diesem Punkt der y-Achse entspricht. Dies kann insofern angenommen werden, da elastische Kurven invariant gegenüber Rotation und Skalierung sind und deshalb stets in diesen Zustand überführt werden können. Sei deshalb im folgenden

$$x(0) \;=\; (0,0) \quad \text{und} \quad x'(0) \;=\; (0,1).$$

Zur besseren Darstellung der Vorgehensweise werden nun einige abkürzende Bezeichnungen eingeführt:

$$\kappa_0 \;:=\; \kappa(0), \quad \kappa_0' \;:=\; \kappa'(0)$$

$$\kappa_1 \;:=\; \kappa(L), \quad \kappa_1' \;:=\; \kappa'(L)$$

$$\psi := \Psi(L)$$

$$(x_1, x_2) := x(L)$$

$$a := \sin\psi, \qquad b := \cos\psi$$

$$A := \left(\kappa_0^2 - \sigma\right) b + \sigma$$

$$B := -\frac{1}{2}\left(\kappa_0^2 - \sigma\right) a$$

$$C := \frac{1}{2}\left(\kappa_0^2 - \sigma\right) x_1 + \kappa_0$$

Setzt man die Werte $s = 0$ und $s = L$ in die Gleichungen (1.5) ein, so ergibt sich daraus das System von Gleichungen

$$\kappa_1^2 = 2\kappa_0' a + A$$

$$\kappa_1 = \kappa_0' x_2 + C$$

$$\kappa_1' = \kappa_0' b + B$$

$$4\left(\kappa_0'\right)^2 = \left(\kappa_m^2 - \sigma\right)^2 - \left(\kappa_0^2 - \sigma\right)^2.$$

Ist nun ein Randwertproblem gegeben durch Werte von P, Q, V und W, so sind die Werte von a, b, x_1 und x_2 bekannt, während die Krümmungswerte κ_0, κ_0', κ_1, κ_1' und κ_m^2 unbekannt sind. Da somit vier Gleichungen für fünf Unbekannte vorliegen, wird eine der Unbekannten als Parameter betrachtet.

Verwendet man κ_0 als diesen Parameter, so gilt:

(i) Sei $x_2 \neq 0$, d.h. der Endpunkt der Kurve liegt nicht auf der x-Achse. Dann muß der zugehörige elastische Weg folgende Bedingungen erfüllen:

$$p_2(\kappa_0) := \left(b - \frac{ax_1}{x_2}\right)\kappa_0^2 - \frac{2a}{x_2}\kappa_0 + \sigma - b\sigma + \frac{a^2}{x_2^2} + \frac{a\sigma x_1}{x_2} \geq 0$$

$$\kappa_1^2 - \frac{2a}{x_2}\kappa_1 + \frac{2aC}{x_2} - A = 0$$

$$\kappa_0' = \frac{\kappa_1 - C}{x_2}$$

$$\kappa_1' = \kappa_0' b + B$$

$$\kappa_m^2 = \sqrt{4(\kappa_0')^2 + (\kappa_0^2 - \sigma)^2} + \sigma$$

(ii) Sei $x_2 = 0$ und $a \neq 0$, d.h. der Endpunkt der Kurve liegt auf der x-Achse, aber die Tangente im Endpunkt ist nicht parallel zu der im Startpunkt. Dann muß gelten:

$$\kappa_1 = C$$

$$\kappa_0' = \frac{C^2 - A}{2a}$$

$$\kappa_1' = \kappa_0' b + B$$

$$\kappa_m^2 = \sqrt{4(\kappa_0')^2 + (\kappa_0^2 - \sigma)^2} + \sigma$$

(iii) Sei $x_2 = 0$ und $a = 0$. In diesem speziellen Fall kann κ_0 lediglich vier verschiedene Werte annehmen:

$$\kappa_0^2 = \sigma \quad \vee \quad (x_1\kappa_0 + 2)^2 = \sigma x_1^2 + 4b$$

Daneben muß ein zweiter Parameter verwendet werden, für den hier κ_0' gewählt wird:

$$\kappa_1 = C$$

$$\kappa_1' = \kappa_0' b$$

$$\kappa_m^2 = \sqrt{4(\kappa_0')^2 + (\kappa_0^2 - \sigma)^2} + \sigma$$

Mit diesen Gleichungen läßt sich für jeden Parameterwert ein elastischer Weg mit Startpunkt $x(0)$ erzeugen, der jedoch nicht notwendigerweise den Endpunkt in $x(L)$ hat. Dies läßt sich allerdings unter bestimmten Bedingungen sicherstellen, da gilt:

Ist $\kappa_0' \neq 0$, $\kappa_0^2 \neq \sigma$ und $\kappa_0 \cdot \kappa_1 > 0$ *falls* $\kappa_m^2 \leq 2\sigma$, so ist

$$x_1(\kappa_0) = x_1 \qquad \Leftrightarrow \qquad x_2(\kappa_0) = x_2.$$

Dabei bezeichnen $x_1(\kappa)$ und $x_2(\kappa)$ die Werte der Komponenten des elastischen Weges x nach (1.7).

Somit weiß man, daß jede Nullstelle κ_0 der (einparametrigen) Zielfunktion

$$f_1(\kappa_0) := x_1(\kappa_0) - x_1$$

unter den obigen Voraussetzungen eine Lösung des Interpolationsproblems

$$x(0) = P,\; x(L) = Q,\; x'(0) = V,\; x'(L) = W$$

liefert. Diese Aussage gilt äquivalent für die beiden Zielfunktionen

$$f_2(\kappa_0) := x_2(\kappa_0) - x_2$$

und

$$f_e := E(L) - \left(\kappa_m^2 - \sigma\right) < C(\varphi + \vartheta), (x_1, x_2) > + \sigma L.$$

Sofern es nicht näher erläutert ist, wird im weiteren Verlauf stets f_1 als Zielfunktion verwendet.

Wie aber lassen sich die Nullstellen einer dieser Zielfunktionen bestimmen? Wie lassen sich solche finden, die zu einer bestimmten Kurve führen? Und ist es überhaupt möglich, **alle** Nullstellen zu berechnen? Diese Fragen können weitestgehend beantwortet werden, indem man die Eigenschaften elastischer Wege sowie der verwendeten Zielfunktion f_* ($* \in \{1, 2, e\}$) ausnutzt.

Zunächst läßt sich das Intervall, in dem Lösungen zu erwarten sind, begrenzen:

Für eine elastische Kurve x mit $|x(L) - x(0)| = 1$ und Periode $T \geq L$ gilt:

$$\kappa_m^2 \;\leq\; \max\{2\sigma + \varepsilon, [4\sqrt{2}K(m)]^2 + \sigma\},$$

wobei

$$\varepsilon > 0,\; m := 1 - \frac{1}{2} \cdot \frac{\varepsilon}{\sigma + \varepsilon}$$

und $K(m)$ das vollständige elliptischen Integral der ersten Art ist.

Die dabei geforderte Bedingung $|x(L) - x(0)| = 1$ ist keine Einschränkung, da aus einem derart normierten Problem leicht auf ein unnormiertes zurückgerechnet werden kann. Es ist ohnehin günstiger, das gesamte Verfahren für normierte Probleme zu entwickeln, da nur solche untereinander vergleichbar sind.

Da also κ_m^2 nach oben beschränkt ist, gilt dies auch für $|\kappa_m|$ und somit ebenfalls für $|\kappa_0|$.

Nun ist es für die Praxis aber nicht notwendig, die obere Schranke für κ_m^2 möglichst genau anzunähern. Es genügt, diesen Wert grob nach oben abzuschätzen, was durch den Einsatz einer Tabelle in Abhängigkeit des Spannungsparameters σ geschehen kann. Nachfolgend ist die der Implementierung entnommene Tabelle aufgeführt:

σ bis	7	14.7	22.8	31.2	40.0	47.8	55.1	...	1000
d	11.0	11.5	12.0	12.5	13.0	13.5	14.0	...	45.0

Eine analoge Aussage gilt auch für den Fall $x_2 = 0$, $a = 0$, wo neben κ_0 auch κ_0' als Parameter betrachtet wird:

$$(\kappa_0')^2 \leq \frac{1}{4} \left(\kappa_m^2 - \sigma \right)^2$$

Das eingegrenzte Suchintervall $I := [-d, d]$ kann teilweise unbeachtet bleiben. So können all jene Teilintervalle bei den weiteren Betrachtungen ausgeschlossen werden, wo im Fall $x_2 \neq 0$ gilt, daß $p_2(\kappa_0) < 0$ ist. Zusätzlich sind keine Lösungen in den Bereichen zu finden, wo $\kappa_m^2 \leq 2\sigma$ und $\kappa_0 \cdot \kappa_1 \leq 0$ gilt. Daraus ergibt sich für die Suche das Intervall $I' \subset I$.

Als nächstes sollen nun in I' die Punkte betrachtet werden, in denen $x_1(\kappa_0) = x_1$ nicht impliziert, daß $x_2(\kappa_0) = x_2$. Dies sind die (maximal vier) Punkte der Menge

$$M_A := \left\{ -\sqrt{\sigma}, \sqrt{\sigma}, \frac{-2 + \sqrt{\sigma x_1^2 + 4b}}{x_1}, \frac{-2 - \sqrt{\sigma x_1^2 + 4b}}{x_1} \right\},$$

die sich aus den genannten Bedingungen ergeben. Dazu wird für alle $\kappa_0 \in M_A$ untersucht, ob $f_1(\kappa_0) = 0$ gilt. Ist für ein solches κ_0 gleichzeitig auch $f_2(\kappa_0) = 0$, so liegt eine Lösung vor und I' wird in κ_0 unterteilt. Daraus ergibt sich insgesamt ein neuer Suchbereich $I'' \subset I'$, auf dem gilt: Jede Nullstelle $\kappa_0 \in I''$ einer der Zielfunktionen $f_* \ (* \in \{1, 2, e\})$ legt eine Lösung des Ein-Segment-Problems eindeutig fest.

Betrachtet man nun den Verlauf der Zielfunktion, so erkennt man, daß an verschiedenen Stellen Spitzen auftreten:

Das Auftreten dieser Spitzen, die keine Unstetigkeiten darstellen, läßt sich exakt lokalisieren. Für jede Spitze ergibt sich, daß an dieser Stelle der hyperbolic case auftritt, d.h. $\kappa_m^2 = 2\sigma$ (aber nicht umgekehrt!). Da außerdem (im Fall $x_2 \neq 0$) die quadratische Gleichung in κ_1 erfüllt sein muß, kann ein Polynom 8. Grades abgeleitet werden, dessen Nullstellen auf Spitzen in der Zielfunktion hinweisen könnten:

$$\left. \begin{array}{l} \kappa_m^2 = 2\sigma \\ \kappa_1^2 - \dfrac{2a}{x_2} \kappa_1 + \dfrac{2aC}{x_2} - A = 0 \end{array} \right\} \quad \Leftrightarrow$$

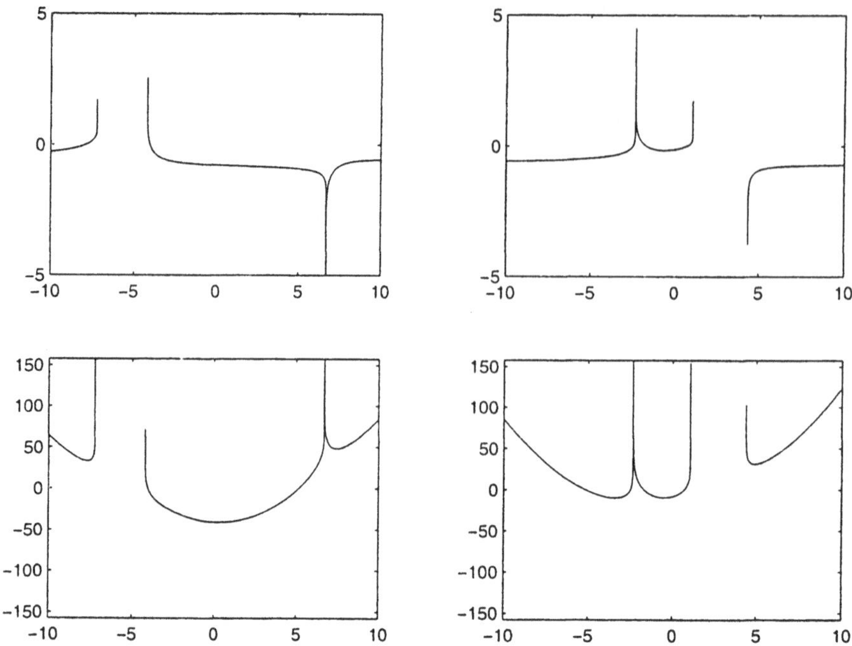

Abb. 1.2 Zielfunktionen f_1 (oben) und f_e (unten)

$$
\begin{aligned}
P_8(\kappa_0) \;=\; & \\
& \kappa_0^8(x_1^2 + x_2^2)^2 \\
+ \; & 8\kappa_0^7 x_1(x_1^2 + x_2^2) \\
- \; & 4\kappa_0^6\big(4ax_1x_2 + 2b(x_1^2 - x_2^2) + \sigma(x_1^2 + x_2^2)^2 - 2(3x_1^2 + x_2^2)\big) \\
- \; & 8\kappa_0^5\big(4ax_2 + x_1(4b + 3\sigma(x_1^2 + x_2^2) - 4)\big) \\
+ \; & 2\kappa_0^4\big(16 + 24a\sigma x_1x_2 + 4b(3\sigma(x_1^2 - x_2^2) - 4) \\
& \qquad + \sigma^2(x_1^2 + x_2^2)(3x_1^2 + 2x_2^2) - 4\sigma(7x_1^2 + x_2^2)\big) \\
+ \; & 8\kappa_0^3\sigma\big(-8ax_2 + x_1(8b + \sigma(3x_1^2 + 2x_2^2) - 8)\big) \\
- \; & 4\kappa_0^2\sigma\big(-8a\sigma x_1x_2 + 2b(\sigma(3x_1^2 - 2x_2^2) - 8) + \sigma^2 x_1^2(x_1^2 + x_2^2) \\
& \qquad -2\sigma(5x_1^2 - 2x_2^2) + 16\big) \\
- \; & 8\kappa_0\sigma^2 x_1(4b + \sigma x_1^2 - 4) \\
+ \; & \sigma^2(4b + \sigma x_1^2 - 4)^2
\end{aligned}
$$

In den Fällen, wo $x_2 = 0$ ist, ergibt sich das Polynom entsprechend.

Verfahren zum Auffinden von Lösungen κ_0

Diese Ansammlung einzelner Eigenschaften und Ergebnisse wird nun ausgenutzt, um diejenigen κ_0-Werte zu bestimmen, die eine Lösung des Interpolationsproblems für zwei Punkte unter den gegebenen Bedingungen festlegen.

1) Zunächst wird eine sortierte Liste von Werten angelegt, die jeweils eine Grenze zwischen Eigenschaften elastischer Wege in $\mathbb{R}$ darstellen, wie etwa zwischen gültigen und ungültigen Suchbereichen oder zwischen verschiedenen Typen, oder aber auch spezielle Einzelwerte.

Insgesamt beinhaltet die Liste folgende Einträge:

- $-d,\ d$ · Nullstellen von $p_2(\kappa_0)$ (falls $x_2 \neq 0$)
- 0 · Nullstellen von $\kappa_1(\kappa_0)$
- $\kappa_0 \in M_A$ · Nullstellen von $P_8(\kappa_0)$

2) Im nächsten Schritt werden solche Teilintervalle ausgeschlossen, in denen a priori bekannt ist, daß dort keine Lösung vorliegen kann. Da zwischen je zwei Werten der Liste aus dem ersten Schritt immer nur Kurven der exakt identischen Eigenschaften vorliegen können, lassen sich diese Teilintervalle leicht entsprechend klassifizieren.

Gegeben sei also die Liste $U = \{u_i\}_{i=0}^n$.

- Für jedes Intervall $[u_i, u_{i+1}]$ $(i = 0, \dots, n-1)$:

$$p_2\left(\tfrac{u_i+u_{i+1}}{2}\right) < 0 \qquad \rightarrow \quad \text{Intervall } [u_i, u_{i+1}] \text{ ausschließen}$$

$$\kappa_1\left(\tfrac{u_i+u_{i+1}}{2}\right) \cdot \tfrac{u_i+u_{i+1}}{2} \leq 0 \quad \rightarrow \quad \text{Intervall } [u_i, u_{i+1}] \text{ ausschließen}$$

- Für alle $u_i \in U$, $u_i \neq 0$ $(i = 1, \dots, n)$, sofern $[u_{i-1}, u_i]$ und $[u_i, u_{i+1}]$ nicht in 2) ausgeschlossen wurden:

$$\kappa_m^2(u_i) = 2\sigma \qquad \text{oder} \qquad u_i \in M_A,\ f_*(u_i) = 0$$
$$\rightarrow \quad \text{in } u_i \text{ unterteilen}, \kappa_0 = u_i \text{ auf Lösung testen}$$

3) Zuletzt werden die Nullstellen κ_0 bzw. κ_1 der betrachteten Zielfunktion bestimmt. Dabei wird für jedes noch gültige Intervall $[u_i, u_{i+1}]$ in zwei Schritten vorgegangen:

- Jeder Vorzeichenwechsel in der Zielfunktion weist auf eine gültige Nullstelle hin. Deshalb werden über eine Heuristik zum parabel-ähnlichen Verhalten der Kurve innerhalb von $[u_i, u_{i+1}]$ Subintervalle mit Vorzeichenwechsel bestimmt.

- In jedem Subintervall mit Vorzeichenwechsel wird mit Hilfe eines Iterationsverfahrens (Brent) die Nullstelle approximiert.

Nachfolgend einige Beispiele inklusive der Zielfunktionen über κ_0 bzw. κ_1.

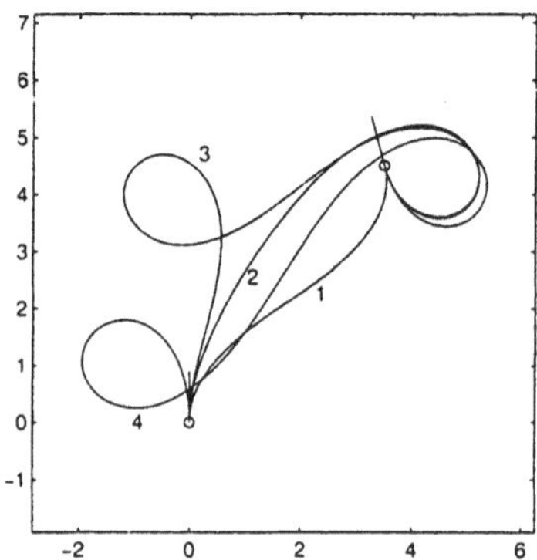

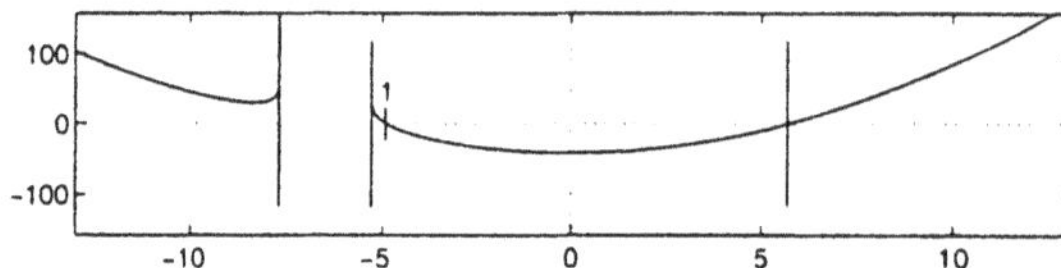

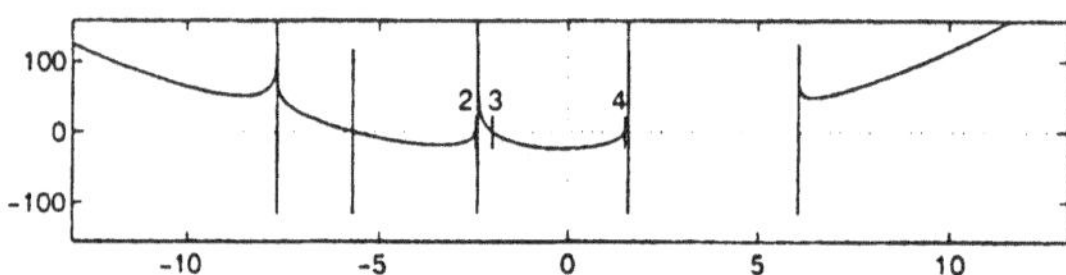

Abb. 1.3 Beispiel für $x_2 \neq 0$

1.5.3 Lösung für n Segmente

Aufbauend auf dem Verfahren für ein einzelnes Segment wird für n Segmente ($n + 1$ Punkte) ein Verfahren in drei Schritten durchgeführt, dessen Ergebnis eine interpolierende, krümmungsstetige, nichtlineare Spline-Kurve ist.

Die Ausdehnung der Variationsaufgabe (1.3) auf mehr als zwei Punkte liefert als notwendige Bedingung die Krümmungsstetigkeit der Kurve in den Segment-Trennstellen. Somit ist die Forderung

$$\sum_{i=1}^{n} \left| \kappa_1^{i-1} - \kappa_0^i \right| \quad \rightarrow \quad \min$$

zu erfüllen, wobei κ_0^k bzw. κ_1^k die Krümmung des elastischen Weges in den Randpunkten des k-ten Segments darstellen. Da eine eindeutige Lösung dieser

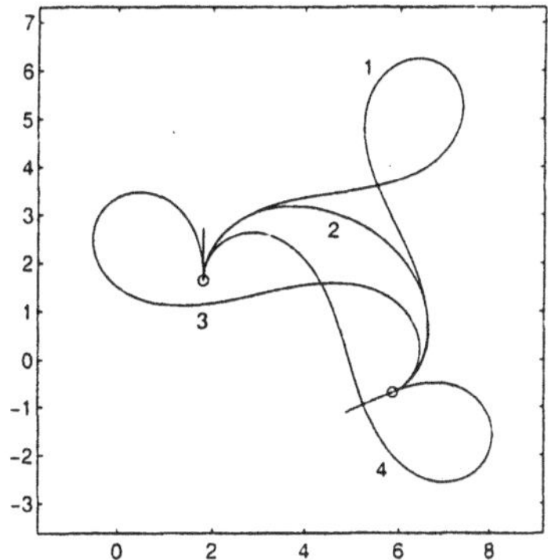

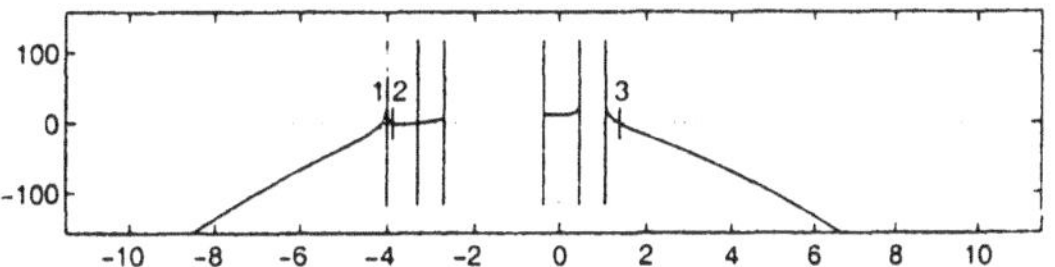

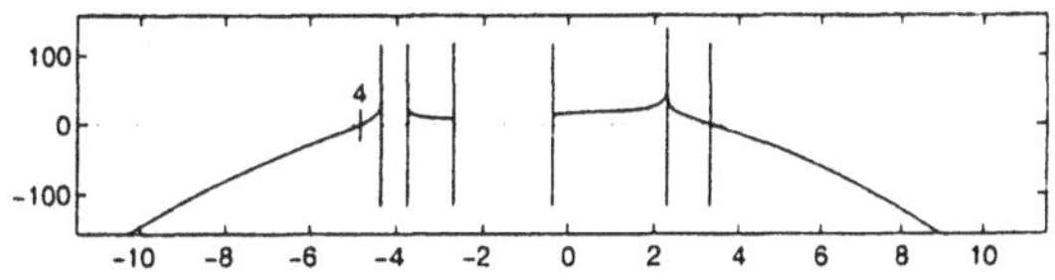

Abb. 1.4 Beispiel für $x_2 = 0$, $a \neq 0$

Aufgabe existiert, kann ein iteratives Verfahren über die Tangentenrichtungen in den Segment-Trennstellen in Betracht gezogen werden, das ausgehend von geeigneten Startwerten die Summe

$$\sum_{i=1}^{n} d_i, \qquad d_i := \left| \kappa_1^{i-1} - \kappa_0^i \right|, \tag{1.8}$$

minimiert.

Betrachtet man die Lösung einer solchen Interpolationsaufgabe in einem beliebigen inneren Punkt, indem man alle Tangenten links und rechts davon festhält und die eine alle möglichen Richtungen durchlaufen läßt, so ergibt sich in allen Fällen ein sehr ähnliches Bild, wie es auch in Bild 1.4 zu finden ist.

Das absolute Minimum dieser Kurven stellt die Teillösung in der Segment-Trennstelle dar. Findet man nun einen Startwert nahe dieses Minimums, so

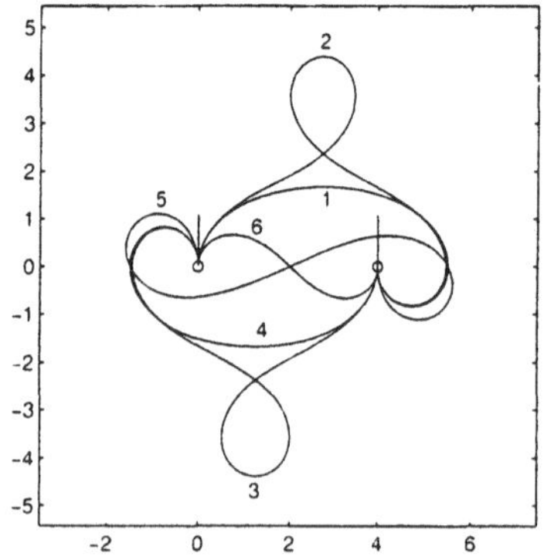

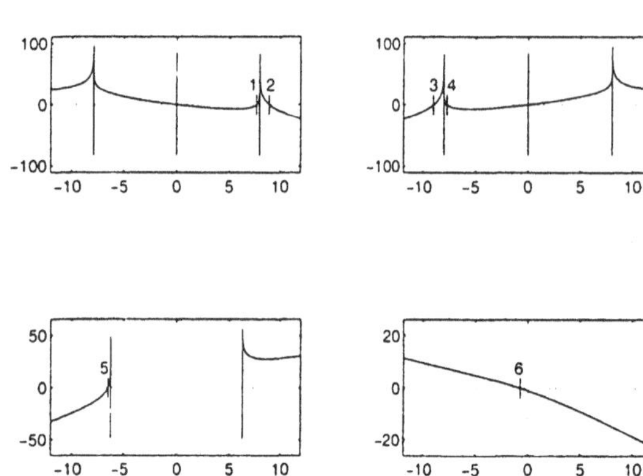

Abb. 1.5 Beispiel für $x_2 = 0$, $a = 0$

genügt eine lineare Approximation an die Funktion als lokale Optimierungs-funktion.

Startwerte

Als Startwerte für die iterative Minimierungsmethode sollen Tangentenrichtungen gefunden werden, die eine lineare Optimierungsfunktion zulässig machen. Betrachtet man die Lösung solcher Interpolationsaufgaben näher, so erkennt man, daß die Tangentenrichtung in jedem inneren Punkt grob parallel zur Verbindungsgerade zwischen den beiden benachbarten Punkten ist. Deshalb werden als Startwerte

$$V_i := \text{Winkel zwischen } \overline{P_{i-1}P_{i+1}} \text{ und } x\text{-Achse}$$

verwendet.

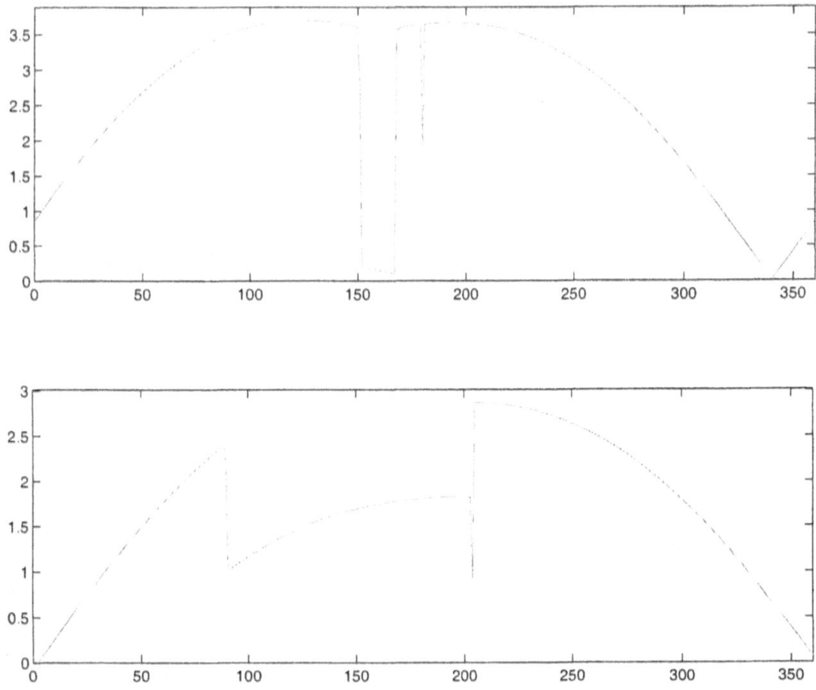

Abb. 1.6 Beispiele der Optimierungsfunktion

(Ein ähnlicher Ansatz existiert bei der Berechnung der Knotenpunkte interpolierender, krümmungsstetiger Bézier-Spline-Kurven.)

Das folgende Bild zeigt ein Beispiel für die Starttangenten.

Im Iterationsverfahren wird für jedes Segment der elastische Weg zu den vorhandenen Randdaten mit Hilfe der im vorangegangenen Abschnitt beschriebenen Methode bestimmt. Dabei muß zu einem Segment die Menge aller Lösungen mit einer Bogenlänge kürzer als eine Periode der Krümmungsfunktion und daraus die für die Interpolation geeignetste Lösung bestimmt werden. Dies ist in aller Regel die Kurve mit der geringsten Bogenlänge.

Daran anschließend wird der innere Punkt gesucht, in dem die Krümmungsdifferenz d_i den größten Wert annimmt. In diesem wird die Tangentenrichtung gemäß der Optimierungsfunktion neu berechnet, um damit dann die beiden angrenzenden Segmente neu auszuwerten.

Die Minimierung von (1.8) läuft insgesamt nach folgendem Algorithmus ab:

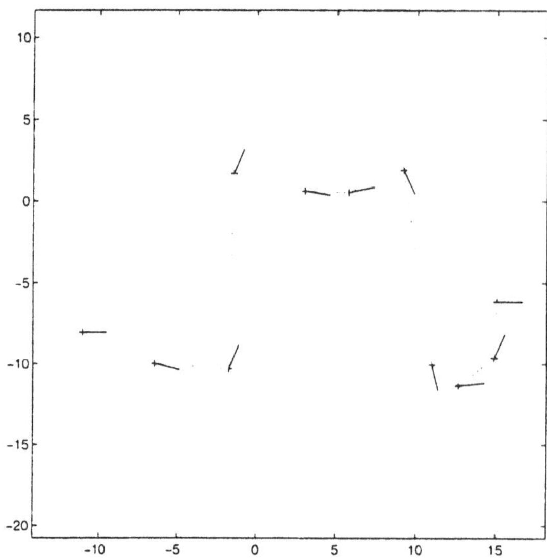

Abb. 1.7 Beispiel für Starttangenten

```
Iteriere:

    Für V_i mit maximalem d_i:
```

$$V_i^{neu} := \text{Nullstelle der Geraden durch}$$

$$F(V_i^{alt}) \quad \text{und} \quad F(V_i^{alt} + h)$$

```
    Löse Segmente i − 1 und i neu und
    bestimme d_{i−1}, d_i, d_{i+1}.

    solange bis Abbruchkriterium erfüllt ist.
```

Als Abbruchkriterium kann entweder gefordert werden, daß das maximale d_i kleiner als eine vorgegebene Schranke ε ist, oder, um Endlosschleifen zu verhindern, daß der maximale Wert in jedem Schritt tatsächlich verringert wird.

Minimieren auf festem σ-Gitter

In dem Iterationsverfahren müssen zu Beginn n und in jedem Schritt weitere 2 Segmente mit dem Ein-Segment-Verfahren gelöst werden. Da dieser Aufwand realtiv hoch ist, sollte der Versuch unternommen werden, möglichst Berechnungsaufwand einzusparen.

Betrachtet man einmal die Optimierungsfunktion in einem Punkt über eine Reihe verschiedener σ-Werte, so stellt man fest, daß ab einem gewissen Wert der Verlauf dieser Kurven immer ähnlicher wird. Dies ist im folgenden Bild 1.8 gut zu erkennen.

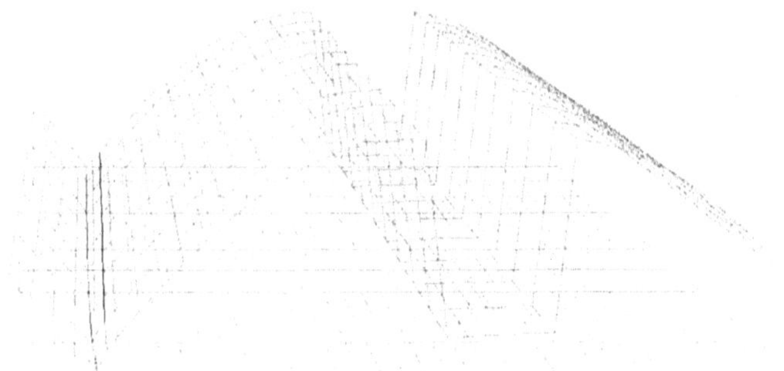

Abb. 1.8 Optimierungsfunktionen verschiedener σ-Werte

Diese Tatsache kann ausgenutzt werden, indem man die Iteration zunächst auf einem Gitter vorberechneter Lösungen ablaufen läßt. Dabei wird ein σ-Wert verwendet, der in dem Bereich sich kaum ändernder Lösungen liegt. Also wird in den einzelnen Segmenten zunächst der ursprüngliche Wert von σ durch den (rücknormierten) Wert σ^0 (z.B. $\sigma^0 = 70$) ersetzt. Zu diesem werden dann die notwendigen Werte für den Iterationsschritt nicht exakt berechnet, sondern über (bilineare) Interpolation aus einer Tabellen von Lösungen zu σ^0 approximiert.

Diese Iteration wird beendet, sobald die maximale Krümmungsdifferenz eine erste Schranke unterschreitet.

Minimieren bezüglich Aufgabenstellung

Nach der ersten Iterationsstufe liegt eine Lösung vor, die auch zu den ursprünglichen σ-Werten bereits eine sehr gute Approximation der eigentlichen Lösung liefert. Diese wird nun weiter verbessert, indem die benötigten Werte durch exaktes Bestimmen der Ein-Segment-Lösungen berechnet werden.

Doch auch hier kann die Berechnung effizienter gestaltet werden. Da die Lösungen bei hohen σ-Werten ähnlich sind, kann das Gitter vorbestimmter Lösungen zu σ^0 verwendet werden, um das Suchintervall einzuschränken. Zu den gegebenen Werten werden in dem Gitter benachbarte Werte gesucht, deren κ_0 das Suchintervall für den Ein-Segment-Löser eingrenzen.

Findet man damit keine gültige Lösung, so werden die Daten des betrachteten Segments dem Ein-Segment-Verfahren uneingeschränkt übergeben. Dies ist durchschnittlich in etwa 10-15 % aller Fälle notwendig.

Bei Beendigung des Iterationsverfahrens liegt eine interpolierende, krümmungsstetige, nichtlineare Spline-Kurve zu den vorgegebenen Daten vor. Die Bilder
1.9 und 1.10 zeigen ein Beispiel des Verfahrens: Bild 1.9 gibt die interpolierende Kurve zu den Startwerten der Tangenten wieder; Bild 1.10 das Ergebnis
bei Beendigung der Iterationen.

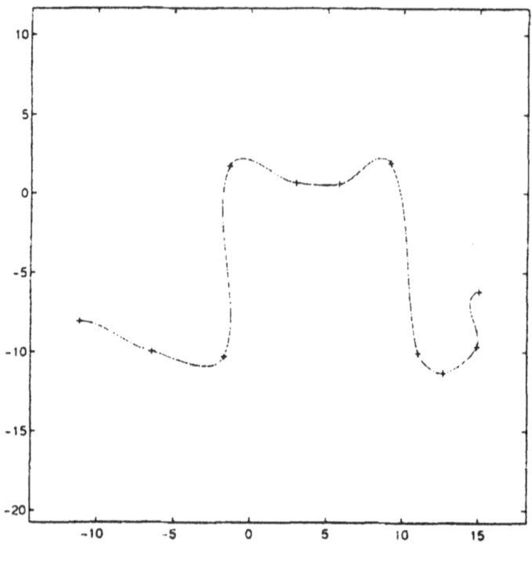

Abb. 1.9
Startpunkt des Iterationsverfahrens

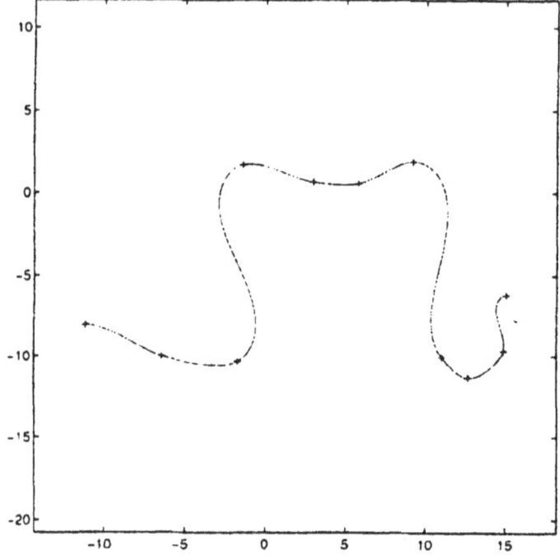

Abb. 1.10
Krümmungsstetige Spline-Kurve

Literaturverzeichnis

- Bernoulli, D., *Der 26. Brief an Euler*, Correspondence Mathematique et Physique, St. Petersburg (1742) (In Deutsch und Latein)
- Birkhoff, G., de Boor, C., *Piecewise polynomial interpolation and approximation*, in: Approximation of Functions, Herausg. H.L. Garabedian, S. 164-190, Elsevier, Amsterdam (1965)
- Brunnett, G., *A new characterization of plane elastica*, in: Mathematical Methods in Computer Aided Geometric Design II, Herausg. T. Lyche, L. Schumaker, S. 43-56, Academic Press (1992)
- Brunnett, G., Wendt, J., *A univariate method for plane elastic curves*, Computer Aided Geometric Design, Nr. 14, S. 273-292, Elsevier (1997)
- Edwards, J, *Exact equations of the nonlinear spline*, ACM Transactions on Mathematical Software, Band 18, Nr. 2, S. 174-192 (1992)
- Glass, J.M., *Smooth-curve interpolation: a generalized spline-fit procedure*, BIT, Nr. 6, S. 277-293 (1966)
- Lee, E.H., Forsythe, G.E., *Variational study of nonlinear spline curves*, SIAM Review 15, S. 120-133 (1975)
- Malcolm, M., *On the computation of nonlinear spline functions*, SIAM Journal on Numerical Analysis, Band 14, Nr. 2, S. 254-282 (1977)
- Mehlum, E., *Curve and surface fitting based on variational criteria for smoothness*, Dissertation, Dept. of Mathematics, University of Oslo, Norwegen (1969)
- Reinsch, K.-D., *Numerische Berechnung von Biegelinien in der Ebene*, Doktorarbeit, Technische Universität München (1981)
- Wendt, J., *Realisierung eines eindimensionalen Verfahrens zur Erzeugung elastischer Wege in der Ebene*, Diplomarbeit, Universität Kaiserslautern (1994)
- Woodford, C.H., *Smooth curve interpolation*, BIT, Nr. 9, S. 69-77, (1969)

2 Feature-Modelling - Design by Feature

Monika Bihler
Universität Stuttgart
Institut für Informatik
Breitwiesenstr. 20-22
70565 Stuttgart
e-mail: bihler@informatik.uni-stuttgart.de

Zusammenfassung:
Eine durchgängige Rechnerunterstützung und damit auch ganzheitliche Integration der im Produktentwicklungsprozeß anfallenden Aufgaben sowie der eingesetzten Anwendungssysteme ist in zunehmenden Maße notwendig um den Erfordernissen des Marktes gerecht zu werden. CAD-Systeme als zentrales Engineering-Tool im Produktentwicklungsprozeß dienen heute in erster Linie zur Erfassung und Speicherung von geometrischen Daten. In nachgelagerten Phasen, wie z.B. der Fertigungs- und Montageplanung, werden jedoch im wesentlichen nicht-geometrische Informationen benötigt. Für einen einheitlichen Zugriff und der Verwendung der geometrischen und nicht-geometrischen Daten wird ein integriertes Produktmodell benötigt. Die Einführung von Objekten als Informationsträger führt zum Einsatz der Feature-Technologie. In dem vorliegenden Beitrag wird der Einsatz der Feature-Technologie für die Produktentwicklung motiviert sowie wesentliche Grundlagen für das Design-by-Feature gelegt.

2.1 Einleitung

Produktentwicklung erfordert Teamarbeit. Die Teammitglieder gehören jedoch häufig verschiedenen organisatorische Strukturen an. Durch eine meist funktional gegliederte, hierarchische Aufbauorganistion neigen Unternehmensstrukturen dabei wiederum zu einer hochgradigen arbeitsteiligen Differenzierung. Um auch weiterhin konkurrenzfähig zu sein, müssen die Unternehmen kostengünstiger produzieren, und sich verstärkt an Bedürfnissen des Marktes orientieren. Traditionelle sequentielle Entscheidungsprozesse stehen hierbei im Widerspruch zu der vom Markt geforderten Verkürzung von Produktentwicklungszyklen. Hieraus ergibt sich für die Unternehmen die zentrale Herausforderung der Reduzierung der Entwicklungszeiten und Herstellungskosten.

Eine Lösungsmoglichkeit stellt die integrierte Produktentwicklung dar, welche die organisatorische und technische Integration aller Vorgänge der Produktentwicklung und des dazugehörigen Wissens in einem Unternehmen zum Ziel hat [Steinmetz 93]. Die konventionelle Form der sequentiellen Produktentwicklung ist durch einen vor allem vorwärtsgerichteten Informationsfluß geprägt. Nach Abschluß einer Phase werden die Ergebnisse in Form von Dokumenten und Daten weitergereicht. Ein rückwartsgerichteter Informationsfluß an vorgelagerte Bereiche des Entwicklungsprozesses ist meist nicht gegeben, da deren Tätigkeiten üblicherweise bereits abgeschlossen sind. Demgegenüber steht der Wunsch und die Vorstellung von einer idealen Entwicklungsumgebung, in der Entwickler verschiedener Disziplinen gemeinsam an der Produktentwicklung beteiligt sind. Mit dem Ansatz des Concurrent oder Simoultaneous Engineering wird ein systematisches Vorgehen zur integrierten und parallelisierten Produktentwicklung und ihrer Fertigungsprozesse verstanden. Im Vordergrund steht, daß diese Vorgehensweise die Entwickler dazu bringen und dabei unterstutzen soll, bei allen Entwicklungsentscheidungen, möglichst sämtliche Elemente des Produktentwicklungsprozesses mit in Betracht zu ziehen.

Neben der Datenintegration, die bereits durch den CIM-Ansatz verfolgt wurde, wird bei der integrierten Produktentwicklung die Integration von Know How ebenfalls berücksichtigt. Der zentrale Aspekt besteht in einem verbesserten Fluß von Informationen und von Know How innerhalb des Entwicklungsprozesses. Das Know-How zu allen für das Unternehmen wichtigen Aspekten zur Produktgestaltung Über die Konstruktion, Fertigung und Montage bis hin zum Recycling, muß in zwei entgegengesetzte Strömen fließen können, genannt Know-How-Vorwärtskopplung und Know-How-Rückkopplung.

Eine durchgängige informationstechnische Verknüpfung aller am Produktentwicklungsprozeß beteiligten Personen und Instanzen muß daher gewährleistet werden. Der Ansatz eines einheitlichen gesamtheitlichen zentralen Produktmodells, auf das alle einzelnen Anwendungen der verschiedenen Bereiche zugreifen, ist daher ein zentraler Bestandteil der integrierten rechnerunterstützten Produktentwicklung.

Die heutige Rechnerunterstützung vieler Industriebetriebe ist durch Insellosungen sowie partiell gekoppelte Systeme gekennzeichnet. Dies verhindert eine durchgängige Informationsverarbeitung, die wiederum als Grundlage zur Unterstützung der integrierten Produktentwicklung angesehen werden kann. Abb. 2.1 stellt den sequentiellen Ablauf in der Produkterstellung dar, der durch sei-

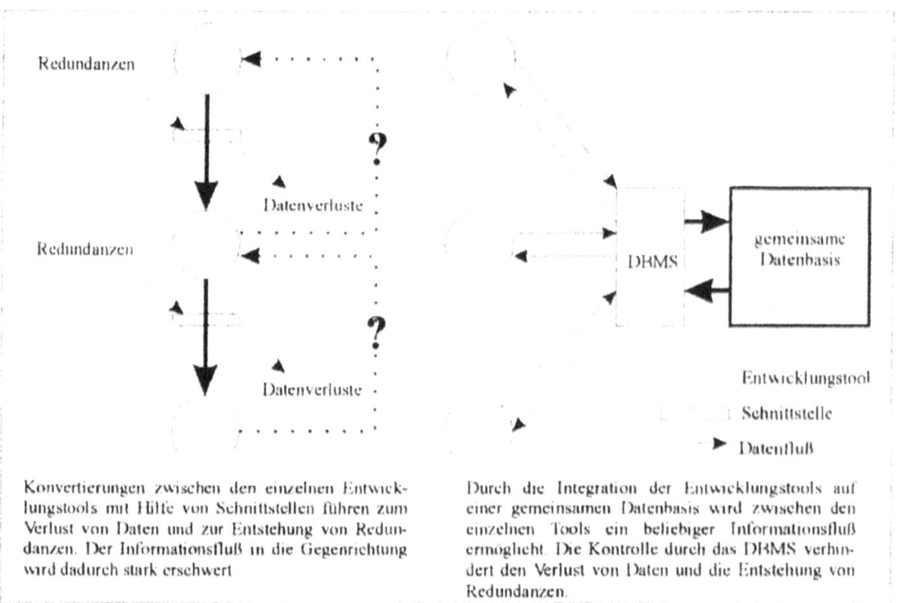

Abb. 2.1 Informationsflüsse bei sequentieller und integrierter Produktentwicklung

ne Struktur lediglich einen vorwärtsgerichteten Informationsfluß unterstützt.
Bei einem integrierten Vorgehen, (im rechten Teil der Abbildung dargestellt)
werden relevante Daten zentral innerhalb einer gemeinsamen Datenbasis in
Form eines Produktmodells gespeichert. Dieses Produktmodell ermöglicht die
vollständige Repräsentation des Gestaltungsgegenstandes mit einer systemun-
abhängigen Semantik.

Die Konstruktion ist hierbei bei der Festlegung von Produkteigenschaften als
zentraler Bereich innerhalb der Produktentwicklung anzusehen. Hier werden
viele Entscheidungen teils implizit teils explizit (z.B. Form) festgelegt, die in
ihrer Bedeutung teilweise erst in späteren Phasen in ihrem Ausmaß erkannt
werden. Die Feature-Technologie ist ein wichtiges Konzept, um neben der reinen Geometrieinformation die zusätzliche Einbettung von Semantik in das
Kontruktionsmodell zu gewährleisten.

Herkömmliche CAD-Systeme arbeiten im wesentlichen nur mit Geometriein-
formationen des zu entwickelnden Produktes. Dieses Vorgehen stellt eine große
Einschränkung bzgl. der automatischen Weiterverarbeitung des Kontruktionsmodells in nachgelagerten Arbeitsbereichen dar. Wichtige Informationen
Über den Aufbau des Modells und die zugrundeliegende Semantik werden in
herkömmlichen CAD-Systemen nicht erfaßt, obwohl dieses Know-How bei dem

Designer bzw. Konstrukteur explizit vorhanden ist.

Für ganzheitliche Produktentwicklung ist dies eine Unzulänglichkeit, da hier in den unterschiedlichen, nachgelagerten Arbeitsphasen ein direkter Zugriff auf diese Informationen nicht möglich ist. Bei Änderungen am Modell, und seien sie nur marginal, muß daher häufig eine manuelle Rückkopplungsschleife aufgebaut werden. Dies bedeutet einen sehr hohen zeitlichen und personellen Aufwand und mangelnde Effizienz des Produktentwicklungsprozesses.

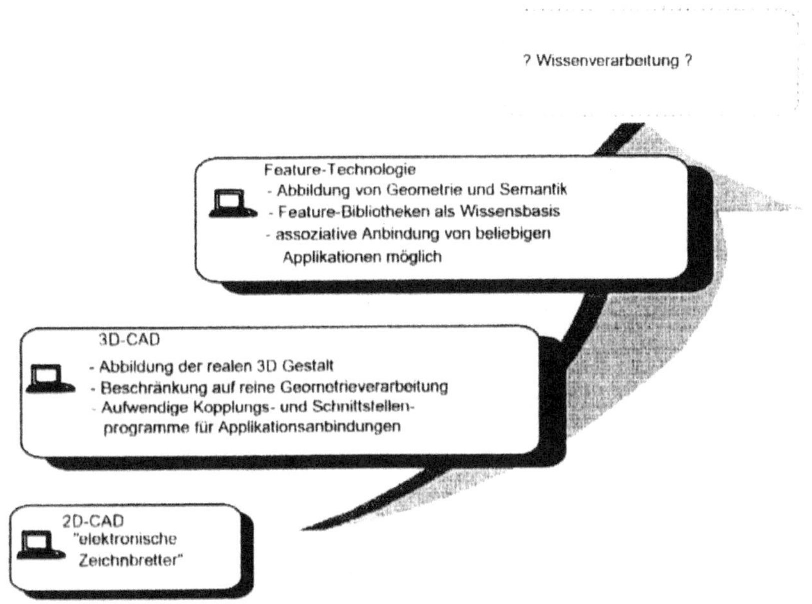

Abb. 2.2 Entwicklung vond er Geometrieverarbeitung zur Featureverarbeitung

Während 2D-CAD-Systeme in den letzten Jahren als „elektronische Reißbretter" in den Konstruktionsabteilungen Einzug gehalten haben, werden heute in zunehmendem Maße 3D-CAD-Systeme eingesetzt. Um eine Verbesserung der gesamten Engineering-Prozeßkette zu erzielen und die Vorteile der 3D-Modellierung effizient zu nutzen, geht in zunehmendem Maße eine Entwicklung von der reinen 3D-Geometrieverarbeitung zur Anwendung höherwertiger Konstruktions-/Fertigungselementen, den sogenannten Features (siehe Abb. 2.2). Mit dem Begriff Feature werden in der Literatur häufig auch andere Begriffe wie „Technisches Element", „Gestaltungselement", „Konstruktions-element" usw. in Verbindung gebracht. Ohne den späteren detaillierten Definitionen des Begriffs Feature vorzugreifen, sollen unter Features Einheiten verstanden werden, die aus einem Geometrie-Teil (dem Form-Feature) und der damit assoziierten semantischen Information bestehen. Sie werden in einem zentralen Featuremodell abgebildet.

Entsprechend den unterschiedlichen Entwicklungsphasen eines Produktes, in welchen man auf entsprechende Produktaspekte des Produktmodells zugreifen mochte, werden je nach benötigten Sichtweisen verschiedene Features (Feature-Kategorien) unterschieden:

- Design Features
- Planning Features
- Quality Assurance Features

Features werden somit als Informationsträger bei der integrierten Produkterstellung verstanden und eingesetzt. Eine effizientere und umfangreiche Modellierung von Produkteigenschaften bereits mit Hilfe des CAD-Systems soll damit erreicht werden. Außer dem Ziel und mit Hilfe der integrierten Informationsverarbeitung und den damit verbundenen Möglichkeiten und Vorteilen des einheitlichen Datenzugriffs auf das zentrale Produktmodell müssen die relevanten Daten strukturiert abgelegt werden. Neben diesen Strukturierungsmöglichkeiten von Produktdaten wird mit Einsatz von Features als zentralen Informationsträgern eine verbesserte Abbildung von Produkteigenschaften angestrebte

2.2   Feature-Technologie

Ziel ist es, mit Hilfe der Feature-Technologie ein integriertes Produktmodell aufzubauen, indem die verschiedenen Produktaspekte, die z.B. von der Konstruktion, Fertigung, Montage benötigt werden, je nach Bedarf und Sichtweise extrahiert werden können. Damit sollen einmal erfaßte Daten und Entwicklungsergebnisse auch den nachgelagerten Phasen des Produktentwicklungsprozesses zugänglich gemacht werden.

Aufbauend auf der Feature-Technologie soll eine neue Generation von Werkzeugen und Systemen für die zukünftige Unterstützung der Produktentwicklung konzipiert und entwickelt werden. Der Begriff Feature bzw. Feature-Modelling ist dabei äußerst vielschichtig und verschiedene Aspekte (z.B. Definition, Parametrik, Taxonomien,... siehe auch Abb. 2.3) und ihre Wechselwirkungen sind hierbei zu berücksichtigen. Im folgenden werden diese Einllußfaktoren vor dem Hintergrund ein anwendungsneutrales featurebasiertes Produktmodell als Basisbaustein, der Anwendungen im Produktentwicklungsprozeß aufzubauen, naher betrachtet.

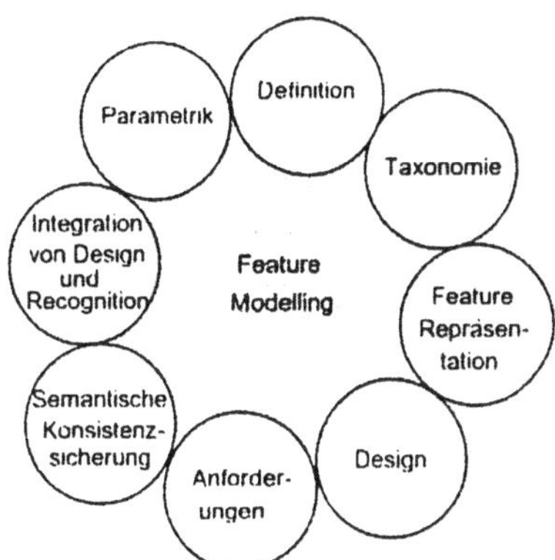

Abb. 2.3
Einflußfaktoren der Feature-Technologie

2.2.1 Eigenschaften und Vorteile

Durch die Verwendung eines feature-basierten Ansatzes wird die Integration von Semantik in das Kontruktionsmodell angestrebt. Die erfaßten Informationen sollen aber nicht nur für spätere Entwicklungsschritte schneller und strukturierter zugänglich gemacht werden („Feed-Forward"), sondern damit erhöht man sich ebenfalls eine Möglichkeit, Aspekte und Know-How aus diesen späteren Phasen bereits so früh als möglich mit einzubringen („Feed-Backward"). Hierdurch lassen sich einige Vorteile und Potentiale der Feature-Modellierung ableiten [Bar et al 96]:

- Darstellung und Speicherung der technischen Bedeutung („Semantik") eines Bereiches von technischem Interesse
- Formalisierung von Wissen und Erfahrungen, das an ein Produkt geknüpft ist
- Kommunikationsverbesserung innerhalb des Produktlebenszyklus
- Kommunikation zwischen Anwender und CAx-System
- Kommunikation zwischen verschiedenen CAx-Systemen
- Verkürzung der Entwicklungszeiten
- Wiederverwendung von Informationen

Feature-basierte Systeme stellen somit bei durchgängigem Einsatz ein effizientes und leistungsfähiges Werkzeug dar, mit dem der Wunsch nach einer umfassenden, integrierten und parallelisierten Produktentwicklung umgesetzt werden kann. Der Grad der Prozeßintegration kann damit im Gegensatz zum Einsatz reiner Geometriemodellierung wesentlich erhöht werden. Es ist daher notwendig alle geometrischen und nicht-geometrischen Daten die durch den Konstrukteur in der Design-Phase festgelegt werden in einem featurebasiertem Produktmodell zu integrieren und den Anwendungen in nachgelagerten Entwicklungsphase dieses zur Verfügung zu stellen.

2.2.2   Der Feature-Begriff

Der BegriffFeature ist in der Literatur nicht eindeutig definiert. Ehrlenspiel definiert Features als beschreibende Objekte [Ehrlenspiel 1995]:

„Features (..) sind Objekte, die zur Beschreibung der geometrischen und zusätzlich nicht geometrische Eigenschaften von Produkten, Baugruppen, Einzelteilen und Gestaltzonen dienen. ... Die in diesen Objekten verwalteten Eigenschaften richten sich nach den Anforderungen aus den Programmen, die auf diese Produktbeschreibung zugreifen oder Daten in ihr speichern."

Diese Definition ist zwar kurz und umfassend, geht jedoch kaum auf die Eigenschaften von Features ein. FEMEX (Feature Modelling Experts) ist eine internationale und interdisziplinäre Vereinigung von Experten auf dem Gebiet der Feature-Technologie, die sich zum Ziel gesetzt hat, einen theoretischen, konzeptionellen und praktischen Hintergrund für die Entwicklung und Evaluation einer neuen Generation von Werkzeugen und Systemen für die featurebasierte Produktentwicklung zu schaffen. Laut FEMEX zeichnen sich Features wie folgt aus:

- Features sind informationstechnische Elemente, die Bereiche von besonderem (technischem) Interesse von einzelnen oder mehreren Produkten darstellen
- Ein Feature wird durch eine Aggregation von Eigenschaften eines Produktes beschrieben. Die Beschreibung beinhaltet die relevanten Eigenschaften selbst, deren Werte sowie deren Reaktionen und Constraints.
- Ein Feature repräsentiert eine spezifische Sichtweisen auf die Produktbeschreibung, die mit bestimmten Eigenschaftsklassen und bestimmten Phasen des Produktlebenszyklus im Zusammenhang steht. Eine Unterteilung in Eigenschaftsklassen und in Phasen des Produktlebenszyklus ist notwendig für eine exakte Definition und Klassifikation der verschiedenen Feature-Arten.
- Ein Feature kann Eigenschaften aus verschiedenen Eigenschaftsklassen enthalten, um den Zusammenhang dieser Eigenschaften bzw. Eigenschaftsklassen aufzuzeigen.

Features können damit als allgemeines Konzept zur formalisierten Beschreibung von Eigenschaften und Abhängigkeiten innerhalb eines Modells verstanden werden. Es werden hierbei Eigenschaftsklassen entsprechend den Phasen des Produktlebenszyklus unterschieden (siehe Abb. 2.4). Entsprechend den Eigenschaften, die ein Feature beinhaltet, kann zwischen Features unterschieden werden, deren Eigensschaften aus einer oder aus mehreren Eigenschaftsklassen stammen. Features die Eigenschaften nur einer Klasse beinhalten, sind primar nur innerhalb dieser von Nutzen. Verknüpft ein Feature mehrere Eigenschaftsklassen können eingesetzt werden um mehrere Prozeßschritte miteinander zu

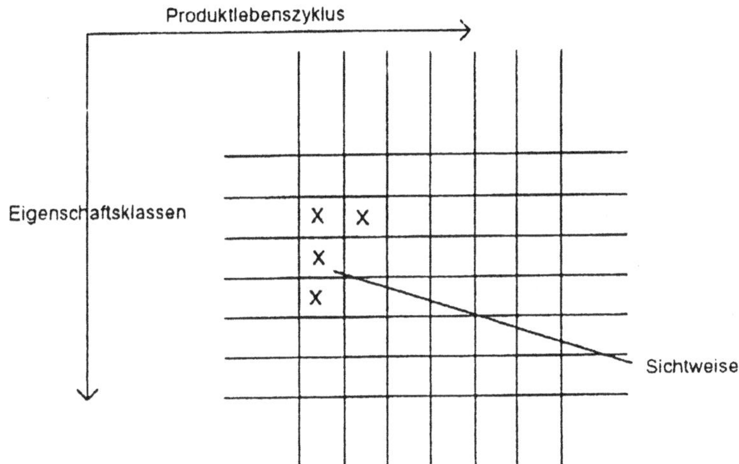

Abb. 2.4 Matrixdarstellung der Produktlebenszyklusphasen eund Eigenschaftsklassen

verbinden. Eine herausragende Bedeutung aus der Sicht des Konstrukteurs nehmen dabei die gestaltgebenden Feature ein, die sogenannten Form-Feature.

Eine Definition, die sich speziell auf Form-Features konzentriert, ist die folgende Festlegung nach Roller [Roller 95a]:

„Als Form-Feature bezeichnet man eine häufig anwendbare, zur Benennbarkeit gewonnene Konstruktionsidee von prägend formgebender Kraft, die als Metapher zur Beschreibung entweder eines als in sich abgeschlossenen gedachten formgebenden Prozesses dient, der an einem Konstruktionsobjekt oder an einem Teil desselben wirkt, oder aber einer als Elementar angesehenen Zweckbestimmung, die mit einer als einheitlich rezipierten Gestalt der Form verknüpft ist."

2.2.3 Feature-Arten

Um verschiedene Aspekte des Modells formalisiert repräsentieren zu können, existieren verschiedene Arten von Features. Tabelle 2.2.3 beschreibt die wichtigsten Feature-Arten kurz anhand ihres Einsatzbereiches [Pedley 96].

Features werden dabei gewöhnlich anhand der Informationen, die sie repräsentieren, charakterisiert. Die in der Literatur am häufigsten genannten Feature-Arten sind die folgenden [Shah 91] :

- *Form Features*: Form Features repräsentieren die geometrische Gestalt eines

Tab. 2.1 Eine mögliche Klassifikation von Features

Modell	Beschreibung
Form Features für die Konstruktion	Die Geometrie der Bauteile wird vom Konstrukteur anhand der Auswahl der Form Features festgelegt.
Toleranz-Features	Toleranz-Feature legen die erlaubten Fertigungstoleranzen gegenüber den spezifizierten geometrischen Abmessungen fest.Beispiel für Arbeitsschritte bei der Modellierung mit Form-Features.
Fertigungsbezogene Form Feature	Diese Feature beschreiben die Geometrie des zu fertigenden Teils aufgeschlüsselt nach den Wahlmöglichkeiten der Herstellungstechnologie.
Technologie-Feature	Hier werden Materialarten, Oberflächenbehandlungen, Wärmebehandlungen etc. festgelegt.
Befestigungs-Features	Hier werden Flachen eines Teils beschrieben, die sich wahrend der Fertigung andern bzw. nicht andern.
Montage-Features	Montage-Feature beschreiben Beziehungen und Abhängigkeiten von Montageteilen.

Objekts. Da sich jedes Feature in CAD auf ein geometrisches Objekt bezieht, werden die Begriffe 'Feature' und 'Form Feature' hier synonym verwendet.

• *Precision Features*: Precision Features werden auch Tolerance Features genannt. Sie sagen etwas Über die Genauigkeit, beziehungsweise Über die erlaubten Toleranzen eines Objekts aus. Precision Features sind an das Form Feature gebunden, für das die angegebenen Genauigkeiten gelten.

• *Material Features*: Material Features repräsentieren Materialeigenschaften, wie Art des Materials oder Oberflächenbeschaffenheit. Auch sie sind mit dem Form Feature verknüpft, auf das sich die Eigenschaften beziehen.

• *Assembly Features*: Mit den Assembly Features gehen fertigungstechnische Aspekte in die Konstruktion mit ein. Darunter fallen die sogenannten Constraints, mit denen Zwangsbedingungen formuliert werden können, wie beispielsweise Teile angeordnet sein müssen. Falls zum Beispiel in einer Konstruktion eine Schraube enthalten ist, so kann mittels Constraints festgelegt werden, daß diese Schraube mit einem Roboterarm zur Montage erreichbar ist.

Ein Assembly Feature bezieht sich also auch immer auf ein Form Feature, hat jedoch auch Auswirkungen auf benachbarte Features.

Oft ist es sinnvoll, Vertreter der oben beschriebenen Feature-Arten zu einer Gruppe zusammenzufassen, und beispielsweise Änderungen auf der Gruppe anzuwenden, anstatt die Änderungen für jedes 'einfache' Feature durchzuführen. Solche Gruppen von Features werden Compound Features genannt, und können als ein Feature definiert werden, das sich aus einfachen oder aus Compound Features zusammensetzt. Ein einfaches Feature ist dabei ein Feature, das nicht weiter in andere Features zerlegt werden kann [Laak 93].

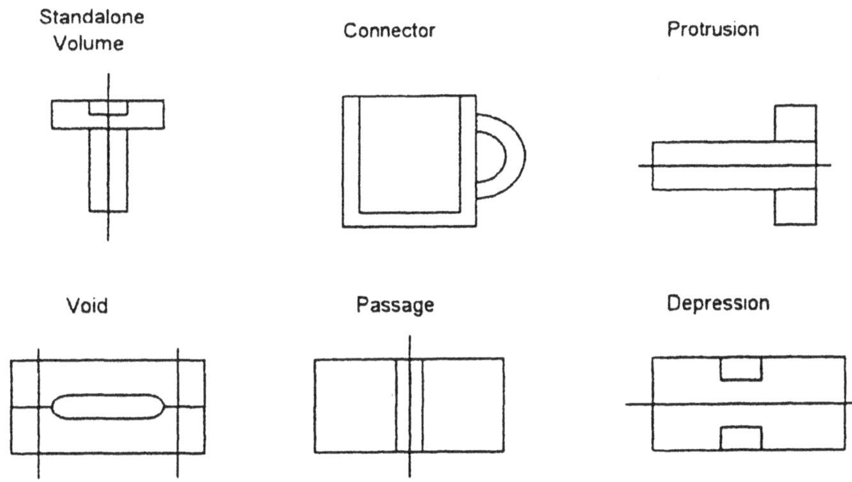

Abb. 2.5 Feature-Klassifikation nach ISO 10303

Im Form Features Information Model (FFIM) des internationalen Standards fi:ir Produktdatenaustausch (STEP, ISO 10303-Part 48) werden Form Features in mehrere Klassen eingeteilt, wobei die zwei Hauptklassen die expliziten und die impliziten Form Features darstellen. Explizite Form Features repräsentieren hierbei einen Teil des Körpervolumens einer Konstruktion, wogegen implizite Form Features zwar auch Teile der Form eines Konstruktionsmodells darstellen, jedoch in Form von räumlichen Aussparungen [Roller 95a]. Implizite Features werden weiterhin in Depressions, Deformations, Passages, Protrusions, Transitions and Area Features unterteilt [Laak 93]. Die Klassifikation nach ISO 10303 wird durch Abbildung 2.6a illustriert. Abbildung 2.5 zeigt jeweils ein konkretes Beispiel einer Passage, einer Protrusion und einer Depression.

Eine andere Feature-Taxonomie wurde 1986 vorgestellt und ist als John Deere's Scheme bekannt [Butterfield 86]. Dort werden Form Features in Sheet Featu-

res, Non-rotational (Prismatic) Features und Rotational Features eingeteilt.
Sheet Features werden desweiteren in Formed Shapes und Flat Patterns unterteilt. Non-rotational Features werden weiter in Depressions, Protrusions (s.
Abbildung 2.6) und Surfaces unterteilt. Rotational Features werden schließlich
noch in Concentric und Non-Concentric Features unterteilt. Diese Klassifikation wird durch Abbildung 2.6b veranschaulicht.

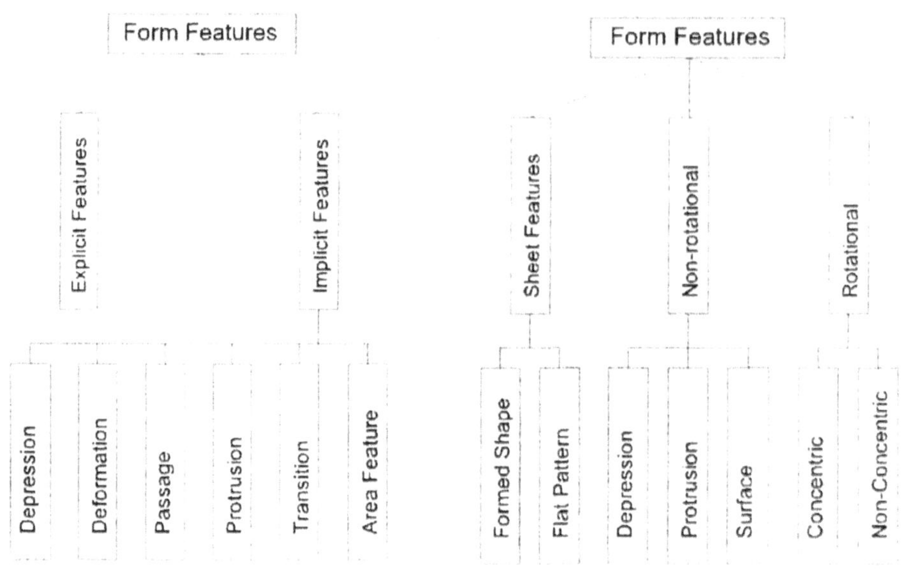

Abb. 2.6 Verschiedene Feature-Taxonomien (in Anlehung an [LAAK 93])

2.2.4   Parametrische Feature-Modelle

Der konventionelle Feature-Begriff verwendet feste Werte und Attribute zur
Beschreibung von Objekteigenschaften. Um aber eine größere Flexibilität des
Modells zu erreichen und ganze Bauteilfamilien oder komplexe Abhängigkeiten
formal modellieren zu können, ist die Erweiterung des Feature-Modells auf
parametrische Features notwendig.

Ein parametrisches Feature wird durch eine Menge von Parametern und ein
Grundmodell spezifiziert. Eine parametrisierte Beschreibung eines Features
wird eine generische Feature-Definition genannt. Eine solche generische Feature-
Definition kann durch Wertebelegung der Parameter beliebig oft instanziiert

werden. Topologische Elemente eines Features wie Kanten, Flachen oder Volumen werden Feature-Elemente genannt. Die Bedeutung eines generischen Features ist durch seine Constraints definiert. Constraints können Beziehungen zwischen Features beschreiben oder geometrische Relationen darstellen.

Die Parameter von Form-Features umfassen vor allem:

- *Maßparameter* charakterisieren die Größe eines Form-Features.
- *Lageparameter* legen fest, wie ein Form-Feature innerhalb einer Konstruktion plaziert ist.

Hierbei muß es möglich sein, daß beide Arten von Parametern, Lage- wie auch Maßparameter, bei parametrischen Features mit neuen Werten belegt werden können. Das Konstruktionsmodell muß nach Eingabe der neuen Werte angepaßt werden.

2.2.5   Relationen und Constraints

Um Relationen zwischen Eigenschaften eines Produktes zu modellieren wird die Feature-Technologie eingesetzt. Die Relationen werden hierbei verwendet, um die Menge der Objekte in vielfaltiger Weise zu strukturieren, bzw. um zusätzliche Informationen Über Objekte darzustellen. Die Anzahl und Art der möglichen Relationen sind grundsätzlich unbegrenzt. Die am häufigsten benötigten Relationen zwischen Objekten (Hierunter werden Eigenschaften und ihre Werte verstanden) sind folgende:

- *Aggregationsrelation*: Die Zusammensetzung eines Objektes aus mehreren Teilobjekten, bzw. die Zerlegung eines Objektes (konkrete, wie auch abstrakte Objekte) in seine Komponenten wird mit dieser Relation beschrieben.
- Abstraktionsrelation: Um Begriffshierarchien und damit eine Klassifikation von Features vornehmen zu können, benötigt man die Beschreibung von Beziehungen zwischen Spezialiserung und Oberbegriff.
- *Konditionsrelationen*: Mit diesem Relationstyp kann das Ursache-Wirkungs-Prinzip formuliert werden. Relationen „wenn..., dann ..." bzw. „ist Folge von" sind typische Vertreter dieser Kategorie.
- *Topologische Relationen*: Unter der Annahme der Existenz eines geeigneten topologischen Raumes, werden mit diesen Relationen die räumliche Nachbarschaft von Objekten (räumliche topologische Relationen) beschrieben, oder die Beziehungen zwischen Objekten mit zeitlicher Ausdehnung mit Bezug auf ihre Anordnung auf der Zeitachse (zeitlich topologische Relationen).
- *Mathematische Relationen*: Hierunter werden im wesentlichen algebraische Relationen verstanden, bzw. noch weiter gefaßt, Relationen, die mit Hilfe der Mathematik ausdrückbar sind.

Die Begriffe Relationen und Constraints werden in der Literatur häufig synonym verwendet. Innerhalb der von FEMEX erarbeiteten Feature-Definition wird der Begriff Relation verwendet, wenn Eigenschaften von existierenden Objekten beschrieben werden. Im Gegensatz dazu wird der Begriff Constraints dann verwendet, wenn Eigenschaften beschrieben werden von noch zu schaffenden Objekten. Constraints müssen hierbei nicht unabhängig voneinander definiert werden. Durch die Wertefestlegung von Parametern eines Constraints können die möglichen Werteausprägung von Parametern anderer Constraints eingeschränkt werden. Dieser Vorgang des sukzessiven Ausschluß von Werten wird als Constraintpropagierung bezeichnet.

Einerseits können Features anhand der Art ihrer Anwendung, beziehungsweise anhand den Informationen, die mit ihnen verknüpft sind, charakterisiert werden, andererseits können sie aber auch in mehr oder weniger abstrakte Hierarchieebenen eingeteilt werden. Eine solche Einteilung stellt die Grundlage für eine einheitliche Terminologie dar, wodurch dann beispielsweise die Entwicklung von Datenaustauschstandards ermöglicht wird. Erzeugung von Feature-Modellen Feature-Modelle können auf unterschiedliche Art erzeugt werden:

- Konstruktion mit Features („Design by Features")
- Erkennung von Features („Feature Recognition")

Anwendungen, die auf dem Design by Feature aufbauen, ermöglichen es, eine Konstruktion unmittelbar aus Features zu erstellen. Features werden hierbei als High-Level Modellierungs-Einheiten eingesetzt. Bei der Feature Recognition unterscheidet man dagegen zwischen der interaktiven Identifikation von Features („Feature Identification") oder einer automatischen Erkennung. Bei diesen Ansätzen sollen Form-Features aus konventionellen CAD-Datenstrukturen extrahiert werden. Die Feature-Erkennung wird jedoch auch im Zusammenhang mit Design-by-Feature eingesetzt: Jede Anwendung der verschiedenen Produktentwicklungsabschnitte hat ihre eigene Betrachtungsweise auf das Feature-Modell. Jede dieser Sichtweisen beinhaltet Features, die entsprechend der jeweiligen Anwendung von Bedeutung sind. Ein Ansatz, diese Features für die jeweilige Sicht zu erhalten, ist die Feature-Transformation („Feature Conversion/Feature Mapping").

Bei der Feature-Transformation als einem weiteren Ansatz zur Erzeugung eine feature-basierten Kontruktionsmodells wird aufbauend auf einem bereits existierenden Modell ähnlich wie bei der Feature-Erkennung ein neues Feature-Modell aufgebaut. Die entstehenden Feature-Modelle können unterschieden werden in:

1. Vollständig feature-basierte Modelle: Alle Konstruktionselemente werden durch Features ersetzt.

2. Hybrid-Modelle: Hier werden an wichtigen Stellen Feature in das Modell eingefügt, wahrend in anderen Bereichen konventionelle Modellierungsverfahren verwendet werden.

Die größte Flexibilitat und die optimale Voraussetzung für eine durchgängige Unterstützung des Konstruktionsprozesses bieten dabei naturgemäß vollständig feature-basierte Modelle. Eine Übertragung von bestehenden Konstruktionen (Änderungskonstruktion) in vollständig feature-basierte Modelle ist allerdings unter Umständen sehr aufwendig, es bieten sich Hybrid-Modelle als Übergangslösung an. Bei der Neukonstruktion sind hingegen immer vollständig feature-basierte Modelle vorzuziehen.

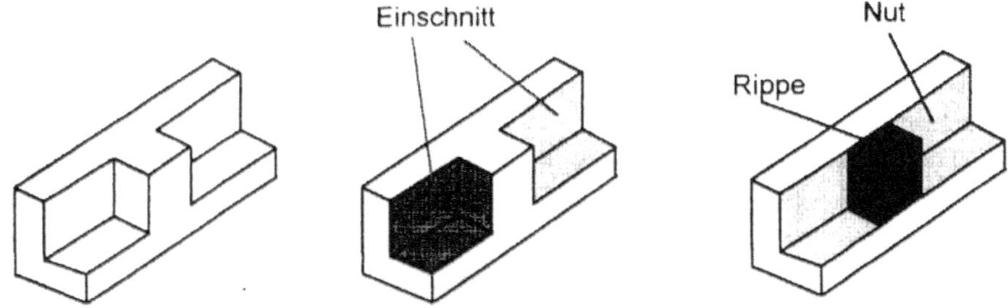

Abb. 2.7 Verschieden Feature-Beschreibungen eines Objektes

Features sind kontextabhängig. Mit Hilfe der featurebasierter Modellierung ist es möglich ein Objekt aus verschiedenen Sichtwinkeln darzustellen (siehe Abb. 2.7) [De Martino et. al. 97]. Es existieren zwei grundlegend verschiedene Ansätze der featurebasierten Modellierung [Stoll 95]:

• Dekompositorische Methode: Ähnlich der Fertigungsplanung werden Features von einem zuerst plazierten Rohling Über Volumenmodellierung abgetragen.

• Kompositorische Methode: Der Anwender kann sein Bauteil durch Addition,

Subtraktion und sonstige Manipulationsoperationen von Form-Features aufbauen. Da die kompositorische Methode mehr dem Vorgehen des Konstrukteurs entspricht, wird diese normalerweise zugrundegelegt.

2.3 Feature-basierte CAD-Systeme

Für die durchgängige Unterstützung eines integrierten Produktentwicklungsprozesses ist es notwendig, die feature-basierte Modellierung durch ein CAD-

System zu unterstutzen. Hierzu müssen eine Reihe von Anforderungen [Roller 89] erfüllt werden:

- Bereitstellung von Feature-Bibliotheken: Einmal erarbeitete und definierte Features sollten für weitere Konstruktionen zur Verfügung stehen. Entsprechend sollten Normteile sowie bestimmte Standard-Features nach Anwendungsgebieten kategorisiert, firmenübergreifend entwickelt und in den entsprechenden Anwendungssystemen integriert werden.
- *Unterstützung interaktiver Erstellung von Form-Features*: Neben der Verwendung bereits existierender Feature aus Bibliotheken, muß der Benutzer die Möglichkeit bekommen unternehmensspezifische oder projektspezifische Features aufzubauen.
- *Parametrisierung der Form-Features*: Für einen flexiblen Featureeinsatz ist eine Parametrisierung der Form-Features sinnvoll, da sich diese meist in ihren Abmaßen und in der Anzahl ihrer Ausprägungen bestimmter Merkmale unterscheiden.
- *Leistungs. fähige Modifikationsmöglichkeiten*: Für die featurebasierte Modellierung werden leistungsfähige Befehle (z.B. MOVE, ROTATE, oder DELETE) benötigt.
- *Formale Featurebeschreibung*: Damit Features systemunabhängig verwendet werden können, müssen sie bzgl. ihrer Repräsentation, Verhalten und Verarbeitung formal darstellbar sein.
- *Schachtelung von Features*: Features sollen hierarchisch aufbaubar sein, d.h. ein Feature kann aus anderen Features aufgebaut sein.

2.3.1 Arbeitsschritte bei der feature-basierten Modellierung

Die notwendigen Arbeitsschritte, die zur Erzeugung eines feature-basierten Modells durch das CAD-System unterstützt werden müssen, werden hier am Beispiel der Feature- Modellierung beschrieben.

1. Auswahl des Formelementes: Es existieren zwei Ansätze zur Auswahl von Formelementen: Erstens die Auswahl eines Features aus einer Bibliothek und zweitens die Erkennung mittels Feature Recognition. Beim ersten Ansatz wird ein Feature durch die direkte Auswahl aus einer Bibliothek identifiziert. Dies kann entweder Über den Namen oder eine bildhafte Darstellung des Form Features erfolgen. Die geometrischen oder nichtgeometrischen Parameter, die mit dem so ausgewählten Form Feature verbunden sind, müssen in einem nächsten Schritt evaluiert werden. Dann muß die Lage und Orientierung des Features festgelegt werden. Dies kann mit den Standardtransformationen eines Volumenmodellierers erfolgen. Der letzte Schritt ist die Anbindung des Features an eventuell schon vorhandene Features. Dazu müssen die Beziehungen zwischen

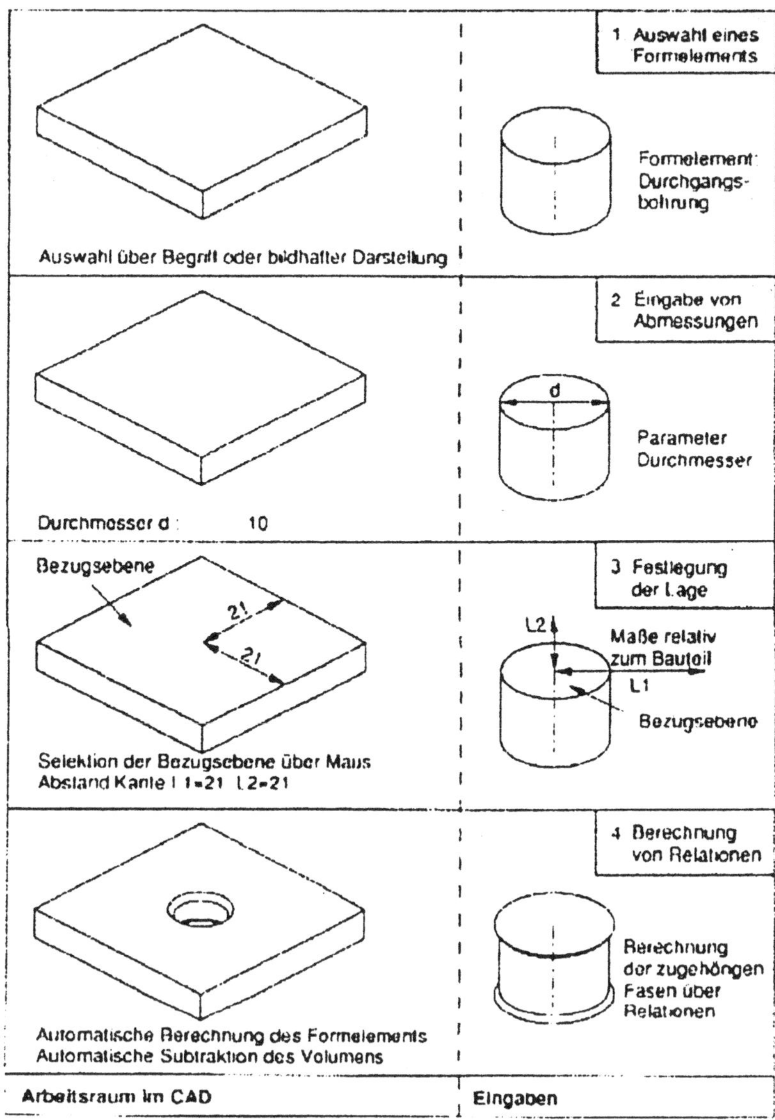

Abb. 2.8 Beispiel für Arbeitsschritte bei der Modellierung mit Form-Features

diesen Features berechnet werden. Dort kommen hauptsachlich die Assembly Features zum Einsatz, da diese etwas Über die Beziehungen zwischen Features aussagen. Abbildung 2.8 zeigt einen beispielhaften Ablauf dieses Prozesses:

2. Festlegung der Abmessung: In diesem Schritt erfolgen Abfragen durch das System zur Festlegung der Abmessungen.

3. Festlegung der Lage: Der Anwender legt nun Position relativ zu bereits positionierten Bauteilen fest.

4. Berechnung von vordefinierten Parameterbeziehungen: Wird ein Formelement definiert, können Abmessungen Zwangsbedingungen zugewiesen werden. als letzer Schritt werden diese Relationen berechnet, bevor das Form-Feature am Bauteil plaziert wird.

2.3.2   Löschen von Features

Das Löschen von Features ist im Gegensatz zum Löschen von Objekten in konventionellen CAD-Systemen keineswegs trivial. Die naheliegendste Losung für dieses Problem ist die Wiederherstellung des Zustands vor Generierung des zu löschenden Features. Dies erfordert allerdings die Mitführung der Eingabesequenz in der Datenstruktur. Diese ist im CSG-Modell (Constructive Solid Geometry) explizit enthalten, wogegen sie im B-rep-Modell (Boundary Repräsentation) getrennt mitgeführt werden muß oder spezielle Entscheidungsalgorithmen eingesetzt werden müssen.

2.3.3   Modifikation von Features

Als Modifikationen gelten hier Translation, graphische Transformierungen von Features und die Änderung von Parameterwerten von Features. Auch das Löschen eines Features ist eine Modifikation, wird aber später als Sonderfall getrennt behandelt. Jede Modifikation eines Features, die nicht nur auf das Feature selbst Auswirkungen hat, erfordert die anschließende Neuberechnung des gesamten Objekts, um Veränderungen beispielsweise der topolgischen Struktur zu erkennen. Wird beispielsweise der Radius eines zylindrischen Loches in einem Quader vergrößert, so kann es passieren, daß das Loch vereinfacht ausgedruckt eine Wand des Quaders durchbricht, was eine Änderung der Feature-Klasse mit sich bringt, denn das Loch ist dann kein Loch mehr. Solche Vorkommnisse sollten automatisch überprüft werden, was durch Schnitte von benachbarten Flachen oder durch boolesche Operationen erreicht werden konnte.

Modifikationen, die sich nur auf ein Feature beziehen, können mit den Standardfunktionen eines konventionellen CAD-Systems durchgeführt werden. Modifikationen, die globalere Auswirkungen haben, erfordern einen anderen Ansatz. Eine Möglichkeit dies zu implementieren, ist das Löschen und das anschließende Neudefinieren des zu modifizierenden Features.

2.3.4 Feature-Reprasentation

Die Darstellung eines Features kann auf verschiedenen Ebenen sowie mit oder ohne Geometrie-Informationen erfolgen.

Geometriedarstellung

Bei Volumenmodelliersystemen (Solid Modelling Systems) sind die CSG (Constructive Solid Geometry) und B-rep (Boundary Representation) Darstellung die am weitest verbreitetsten. Da alle anderen CAD-Modelle die Geometrie nur unzureichend repräsentieren, werden typischerweise nur Volumenmodelle für die Feature-Repräsentation eingesetzt. Beim CSG-Verfahren wird die interne Repräsentation des geometrischen Modells aus geometrischen Primitiven und einer Verknüpfungsvorschrift, die festlegt wie die einzelnen Grundkörper zu einem Ganzen zusammengefügt werden, dargestellt. Bei der B-rep- Darstellung wird neben der Geometrie in Form von Flachen, Kurven und Punkten auch noch eine topologische Beschreibung der Objekte gespeichert.

- Im B-rep-Modell sind Randkurven und Schnittkurven explizit enthalten. Diese werden zum Beispiel benötigt, um Zwangsbedingungen (Constraints) von Assembly Features zu überprüfen. Im CSG-Modell mußten diese erst berechnet werden.
- Soll der Benutzer des Systems eine größere Freiheit haben, so kann er nicht nur die vorgefertigten Features verwenden, sondern kann auch eigene definieren oder eventuell auch ohne die Verwendung von Features konstruieren. Diese 'eigene' Konstruktion sollte dann nach Fertigstellung einer Feature-Recognition unterzogen werden. Dafür ist B-rep sehr viel besser geeignet.

Trotz der beschriebenen Vorteile hat der B-rep-Ansatz auch einen Nachteil: Die Eingabereihenfolge wird in der Datenstruktur des B-rep-Modells nicht erfaßt. Diese ist aber zum Beispiel für:ir die Implementierung einer Löschoperation hilfreich. Ein Systems mit parametrischen Form-Features wird in [Roller 95b] beschrieben.

2.3.5 Feature-Transformation

In den verschiedenen Phasen der Produktentwicklung und deren Anwendungen werden verschiedene Sichten auf das Produktmodell benötigt. Jede dieser

Sichten besitzt ein eigenes Feature-Modell, dessen Gültigkeit durch Evaluicrung der Constraints zu einem korrekten Modell verifiziert wird. Mit dem
Ansatz der Feature-Transformation [Kraker et al. 97] wird eine konsistente
Transformation zwischen den verschiedenen Feature-Modellen ermöglicht. Das
Produktmodell, welches initial von einer Sicht spezifiziert wurde, beinhaltet jede der möglichen Sichten des Feature-Modells. Wird eine neue Sicht generiert,
erfolgt dies Über die Feature-Transformation mit Hilfe des Central Celular
models und sichtabhängigen Informationen.

Entsprechend der Betrachtungsweise wird die Feature-Transformation entweder als eine Anwendung auf das Feature-Modell verstanden, oder auf der Ebene Einsatzbereiche der Feature-Technologie neben Design-by-Feature, Feature-
Recognition eingeordnet. Wahrend bei der Feature-Erkennung, Features direkt
vom Geometriemodell abgleitet werden, wird bei der Feature-Transformation
das Feature-Modell einer neuen Sicht aus dem Feature-Modell einer existierenden Sicht aufgebaut.

Bei dem hier vorgestellten Transformationsansatzes werden folgende Constraints unterschieden:

- *Shape Constraints*: Shape-Constraints sind von der Geometrie des Features
abhängig. Sie kontrollieren die Beziehung zwischen den Feature-Parametern
und der Feature-Geometrie.
- Attach Constraint.s: Bei diesem Ansatz wird keine Vater-Kind-Beziehungen
unterstützt, sondern die hierarchische Beziehungen zwischen zwei Features
werden durch ein Constraint definiert.
- *Semantic Constraints*: Diese Kategorie von Constraints definiert die topologischen Eigenschaften von Feature-Elementen.
- *Geometric Constraints*: Geometrische Beziehungen, wie Parallelitat oder
Abstande zwischen Feature-Elementen werden mit diesen Constraints festgelegt.
- *Dimension Constrairits*: Bei einem parametrisierten Feature-Modell, können
die Intervalle der möglichen Parameterbelegungen (z.B. Festlegung von Toleranzen für die Fertigung) mit diesen Constraints definiert werden.
- *Algebraic Constraints*: Mit den algebraischen Constraints können Gleichungen mit den einzelnen Feature-Parametern spezifiziert werden.

Nach einer Klassifizierung nach Shah werden vier Transformationstypen unterschieden um eine Sicht A in eine Sicht B zu konvertieren:

- *Identity Transformation*: Ein Feature A wird in ein Feature B mit gleicher
Geometrie konvertiert.
- *Projection Transformation*: Ein Feature A wird in ein Feature B mit weniger
Information transformiert.

- *Adjoint Transformation*: Ein Feature A wird in ein Feature B welches logisch mit A verbunden ist, überführt.
- *Conjugate Transformation*: Ein(e Gruppe von) Feature(s) A wird in ein(e Gruppe von) Feature(s) B durch Neuanordnung der topologischen Einheiten der Feature transformiert.

Werden ausschließlich Volumen-Features betrachtet, sind die Identity Transformation und die Projection Transformation von Bedeutung. Da Sichten jedoch gegensätzlich sein können, z.B. als dekompositorische oder kompositorische aufgebaut, ist die Conjugate-Transformation für die Konstruktion oder Fertigungssicht von entscheidendem Interesse.

In bisherigen Transformations-Ansatzen werden unidirektionale Transformationen unterstützt. Das Feature-Modell einer beliebigen Applikations-Sicht wird von dem Feature-Modell einer Anfangssicht, üblicherweise der Konstruktionssicht, abgeleitet. Die abgeleiteten Sichten (secondary views) werden durch Transformationsmodule aus der Anfangssicht generiert und damit anwendungsabhängige Feature-Modelle aufgebaut.

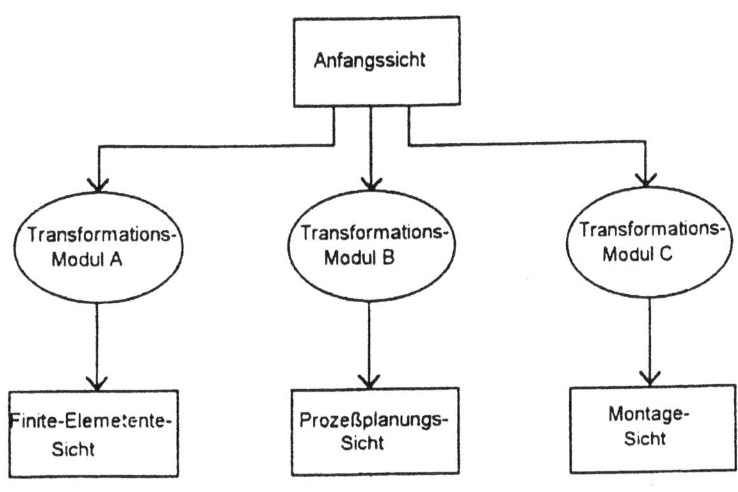

Abb. 2.9 Architektur einses Feature-Modellier-Systems für die Feature-Transformation

Wenn eine Modifikation eines Feature-Modells durch eine Applikation notwendig geworden ist, muß diese in die Anfangssicht übernommen werden, und anschließend müssen die abgeleiteten Sichten neu generiert werden. In

Abb. 2.9 ist die Architektur eines Feature-Modellier-Systems für die Feature-Transformation dargestellt.

Der Transformationsansatz von de Kraker unterstützt ein Angleichen aller Feature-Sichten nach einer Änderung gleichzeitig.

Um verschiedene Sichten gleichzeitig aktuell zu halten, werden folgende zwei Operationstypen, die zwei Arten der Feature-Transformations entsprechen benötigt:

- Operation zum Öffnen einer Sicht: Eine Feature-Transformation ist dann durchgeführt worden, wenn die geöffnete Sicht zu allen anderen existierenden konsistent ist. Sichten sind konsistent, wenn sie von der selben Produktgeometrie abgeleitet sind. Das Feature-Modell der neu geöffneten Sicht wird instanziiert auf der Basis alles Feature-Modelle existierender Sichten.
- Editieroperatiorien: Eine Feature-Transformation ist dann durchgeführt worden, wenn die Änderungen der bearbeiteten Sicht, in alle anderen übertragen wurden. Mögliche Editierfunktionen sind Parameteränderungen, Feature bzw. Constraints Spezifikation und Löschen dieser.

Die Feature-Repräsentation erfolgt auf zwei Ebenen: der Spezifikations- und der Verwaltungsebene. Auf der Spezifikationsebene werden Features und deren Eigenschaften (z.B. anwendungsspezifische Parameter, Attribute, Constraints,...) festgelegt. Im Unterschied dazu wird auf der Verwaltungsebene die Gültigkeit des Feature-Modells überprüft. Für diese deklarative Feature-Spezifikation sprechen zwei Grunde: Eine saubere Feature-Spezifikation sowie die Möglichkeit, verschiedene Verfahren zur Gültigkeitsuberprüfung auszutesten.

2.3.6   Fazit

Mit dem Einsatz der Feature-Technologie erhofft man sich vielfaltige Vorteile für die Produktentwicklung. Features stellen einen bestimmten Aspekt einer Konstruktion zusammen mit seiner Bedeutung [Krause et. al. 92] dar, welche in einer geeigneten formalen Repräsentation dargestellt und gespeichert werden. Know-How der Produktentwicklung kann so als formalisiertes Produktwissen anderer Entwicklungen und Anwendungen zur Verfügung gestellt werden. Diese Wiederverwendung von Informationen, verbunden mit der durch Einsatz der Feature-Technologie verbesserten Kommunikation (zwischen Benutzer und CAx-Systemen, zwischen verschiedenen CAx-Systemen) innerhalb des gesamten Produktentwicklungszyklus stellt eine großes Potential zur Reduzierung der Produktentwicklungszeiten dar. Features stellen die Basis dar um das menschliche Denken und Vorgehen bei der Entwicklung und Konstruktion in einer rechnerverständlichen Form darzustellen.

2.4   Literatur

[Bär et al 94]	Bar, Th.; Weber, Ch: Neues aus dem Bereich der Feature-Technologie - Ergebnisse der FEMEX-Arbeitsgruppe I, in LKT 09.08.96
[Butterfield 86]	Butterfield, W., Green, M., Scott, D., Stoker, W Part Features for Process Planning, Technical Report R-86-PPP-O1, CAM-I, November 1986
[Hubel et.al. 93]	Hubel, Ch.; Sutter, B.: DB-Integration von Ingenieuranwendungen; Vieweg Verlag, 93.
[Kraker et al]	De Kraker, K. J.; Dohmen, M.; Bronsvoort, W. F.: Feature validation and conversion, in D. Roller, P. Brunet (eds), CAD Systems Development-Tools and Methods, Springer Verlag, 1997, Seiten 121-142.
[Krause et. al. 92]	Krause, F.-L.; Kramer, S.; Rieger, E.: Feature-basierte Produktentwicklung, ZwF Zeitschrift für wirtschaftliche Fertigung, 1992, S. 247-251.
[Krause et al 94]	Krause, F.-L.; Ciesla, M.; Rieger, E.; Stephan, M.; Ulbrich, A.: Features als semantische Objekte integrierter Prozeßketten, in J. Gausemeier (Hrsg.), CAD '94, S. 123-145.
[Laak 93]	Laakko, T.: Incremental feature Modelling, Helsinki University of Technology Helsinki 1993.
[De Martino et. al. 97]	De Martino T., Falcidieno B., Petta F.: Classifikation of generic shape features for the recognition of specific feature instances, in CAD Systems Development - Tools and Methods, Springer-Verlag, 1997, pp. 143-156.
[Pedley 96]	Pedley, A.G.: User Defined Features: A Means to Advanced Process Integration, ISATA Proceedings of 29th International Symposium on Automotive Technolgy & Automation, Florence June 3-6, 1996, pp 125-133.
[Roller 89]	Roller, D.: Design by Features: An Approach to High Level Shape Manipulations, Computers In Industry, North-Holland, Volume 12, No. 3, July 1989, pp. 185-191
[Roller 95a]	Roller, D: CAD - Effiziente Anpassungs- und Variantenkonstruktion, Springer-Verlag, Berlin, 1995.

[Roller 95b]   Roller, D.: Solid Modeling with Constrained Form Featu-
                 res, in: H. Hagen, G. Farin, H. Noltemeier (eds.) Geometric
                 Modelling, Springer-Verlag, 1995, pp. 275-284
[Shah 91]   Shah, J.J.: Assessment of features technology, in:
                 Computer-Aided Design, Volume 23, Number 5, Juni 1991.
[Steinmetz 93]   Steinmetz, O.: Die Strategie der Integrierten Produktent-
                 wicklung; Vieweg Verlag 1993.
[Stoll95]   Stoll, G: Montagegerechte Produkte mit feature-basiertem
                 CAD, Hanser-Verlag, München, 1995.

3 Qualitätsanalyse-Algorithmen

Ingrid Hotz
LMU München
Fachbereich Physik

3.1 Graphen von Funktionen auf Flächen

Untersuchungen zur Visualisierung von Funktionen auf Flächen wurden durch spezielle aerodynamische Anwendungen initiiert. Sie findet aber auch in anderen Bereichen wie zum Beispiel in der Meteorologie eine Vielzahl von Anwendungen. Dazu gehören die Analyse von Temperatur-, Druck- u.s.w. auf der Erdoberfläche und vieles mehr.

Wir gehen im gesamten Abschnitt davon aus, daß die Fläche gegeben und die auf ihr zu visualisierende Funktion eine reellwertige, in jedem Punkt auswertbare Funktion ist.

Es gibt verschiedene Ansatzpunkte Graphen von Funktionen über Flächen zu definieren [8], welche in Abhängigkeit von der speziellen Anwendung ihre Vor- und Nachteile haben.

3.1.1 Graphen auf Flächen definiert durch eine Linien-Kongruenz

Gegeben sei eine Fläche s mit einer Parametrisierung $s(u, v)$.

Eine 2-parametrische Menge orientierter Geraden l, gegeben durch Einheitsvektoren $e(u, v)$,

$$l : x = s(u, v) + \lambda e(u, v) \tag{3.1}$$

heißt **Linien-Kongruenz** C.

Mit Hilfe dieser Linien-Kongruenz kann man den **Graphen g einer Funktion** $F(u, v)$ auf der Fläche s folgendermaßen definieren:

$$g: \quad g(u, v) = s(u, v) + F(u, v) \cdot e(u, v) \tag{3.2}$$

Bei dieser Definition ist die Funktion F als gerichteter Abstand zwischen den zusammengehörenden Punkten auf g und s gegeben.

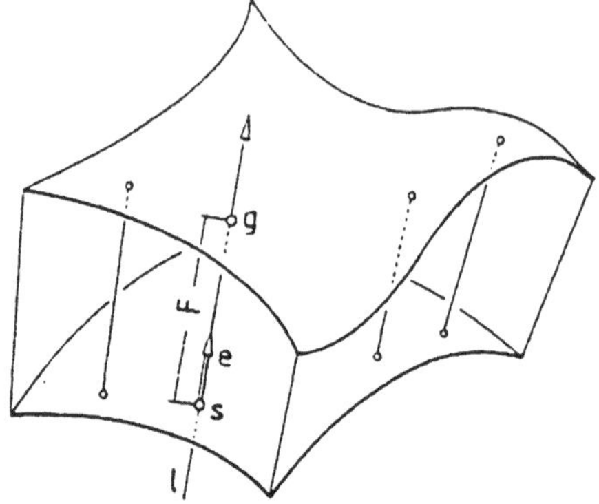

Abb. 3.1

Häufig sinnvolle Beispiele für Linien-Kongruenzen sind die Normalen-Kongruenz N, die durch die Normalen auf der Fläche gegeben ist, und Bündel-Kongruenzen B, welche durch ihren Scheitelpunkt c gegeben sind.

Von Nachteil bei dieser Visualisierung von F ist, daß es oft nicht einfach ist den Zusammenhang zwischen den Punkten des Graphen g und den dazugehörenden Punkten der Fläche s zu erkennen. Auch kann das Aussehen des Graphen, selbst bei einer konstanten Funktion, sehr verschieden zu dem der Fläche sein.

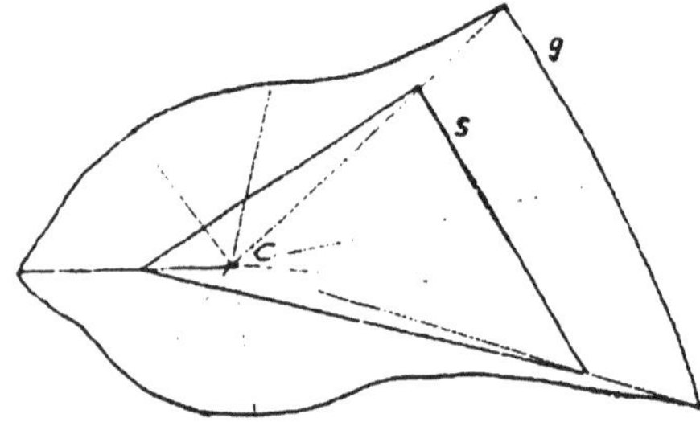

Abb. 3.2 Schnitt durch eine Fläche s und den Graphen g einer konstanten-Funktion bezüglich einer Bündel-Kongruenz mit Scheitel c

Weiterhin ist zu beachten, daß der Graph auch dann Singularitäten haben kann, wenn sowohl die Funktion F als auch die Fläche s regulär sind.

Der Graph hat in $g = g(u, v)$ genau dann eine Singularität, wenn das Vektor-produkt der Tangentialvektoren g_u und g_v an den Graphen Null ist. Unter der Annahme daß die Vektoren e, e_u, e_v linear unabhängig sind, ist dies gleichbe-deutend mit den folgenden drei Bedingungen:

$$(g_u, g_v, e) = 0 \tag{3.3}$$

$$(g_u, g_v, e_u) = 0 \tag{3.4}$$

$$(g_u, g_v, e_v) = 0 \tag{3.5}$$

Mit der obigen Definition ergibt sich für (3.3) folgender Ausdruck:

$$(s_u, s_v, e) + F[(s_u, e_v, e) + (e_u, s_v, e)] + F^2(e_u, e_v, e) = 0 \tag{3.6}$$

Die zwei Lösungen dieser quadratischen Gleichung sind gerade die Punkte auf den Fokalflächen der Linien-Kongruenz C (Krümmungszentren der zwei Hauptkrümmungsrichtungen, siehe Grundlagen zu Kap.2).

Für den Spezialfall der Normalen-Kongruenz gilt:

$$(s_u, s_v, e_u) = (s_u, s_v, e_v) = (s_u, e_u, e_v) = (s_v, e_u, e_v) = 0.$$

Damit sind für den Graphen einer konstanten Funktion $F = c$ ($F_v = F_u = 0$) die Gleichungen (3.4) und (3.5) immer erfüllt. Die Singularitäten des Graphen liegen also auf den Foklflächen.

Um einen guten Einblick in das Verhalten einer Funktion F zu kriegen, ist es somit sinnvoll Kongruenzen mit einfachen Fokalflächen zu wählen, und die Funktion wenn möglich so zu skalieren, daß der Graph die Fokalflächen nicht schneidet.

3.1.2 Graphen über $\mathbb{R}^3$

Als Verallgemeinerung der üblichen Graphen über einer zweidimensionalen Ebene, kann man Graphen über einer Fläche in $\mathbb{R}^3$ auch als zweidimensionale Fläche im vierdimensionalen Raum $\mathbb{R}^4$ definieren. Sei $p = (x, y, z) \in s$, dann ist

$$g^4 \ni p^4 = (x, y, z, F(p)) \tag{3.7}$$

der zugehörige Punkt in g^4. Visualisieren kann man solche Graphen durch **Projektionen**.

Unter einer Projektion versteht man eine Abbildung die einem Punkt ei-nes höherdimensionalen Raums mittels einer Gerade (Projektionsstrahl) einen Punkt eines niederdimensionalen Raums zuordnet.

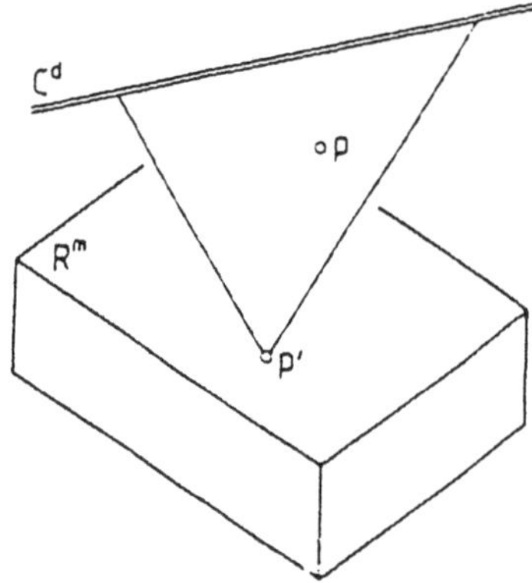

Abb. 3.3

Um eine Projektion $\pi : \mathbb{R}^n \to \mathbb{R}^m, m < n$ eindeutig festzulegen benötigt man neben dem Projektionsraum $\mathbb{R}^m$ noch das Projektionszentrum C^d, mit $d = n - m - 1$. C^d und $\mathbb{R}^m$ müssen so gewählt werden, daß sie zusammen den Raum $\mathbb{R}^n$ aufspannen, d.h. so daß ihr Durchschnitt leer ist. Die Projektion $P\prime$ eines Punktes $P \in \mathbb{R}^n \notin C^d$ erhält man, indem man den Raum aufgespannt von C^d und P mit dem Projektionsraum $\mathbb{R}^m$ schneidet.

Um aus den Projektionen wieder den ursprünglichen Graphen rekonstruieren zu können, muß man $n - m + 1$ verschieden Projektionen berechnen.

Man unterscheidet Parallelprojektionen und Zentral-(oder perspektivische) Projektionen, je nachdem ob das Projektionszentrum im endlichen oder unendlichen liegt. Eine Parallelprojektion zeichnet sich dadurch aus, daß sie Längenverhältnisse auf Geraden beibehält, und Parallelität erhält. Sie ist eine lineare Abbildung und hat somit bezüglich einer vorgegebenen Basis eine Matrixdarstellung A. Diese läßt sich einfach bestimmen indem man zunächst eine Koordinatentransformation A_0 vornimmt, so daß die Basisvektoren $b_1, ..., b_m$ der neuen Basis den Raum $\mathbb{R}^m$ aufspannen, und C^d durch die Vektoren $b_{m+1}, .., b_{n-1}$ aufgespannt wird, der letzte Basisvektor zeigt in Richtung der Projektionsstrahlen. In diesem Koordinatensystem hat die Projektionsmatrix B die folgende Form: Links oben steht eine $m \times m$ dimensionale Einheitsmatrix die restlichen Einträge sind Nullen. Für A ergibt sich also

$$A = A_0^{-1} \circ B \circ A_0. \tag{3.8}$$

Eine andere einfache Möglichkeit die Projektion eines Punktes $x = o + \sum_{i=1}^{n} x_i a_i$ zu erhalten, wenn man die Projektionen des Ursprungs o und der Punkte $e_i = (0, ..1, ..0)$ kennt, liefert das Axonometrische Prinzip, welches besagt, daß $x' = o' + \sum_{i=1}^{n} x_i a_i'$. Hierbei ist $a_i = e_i - o$ und $a_i' = e_i' - o'$.

Dabei ist zu beachten daß die Vektoren a_i' den ganzen Raum $\mathbb{R}^m$ aufspannen, ansonsten hat man eine Projektion in einen Unterraum von $\mathbb{R}^m$.

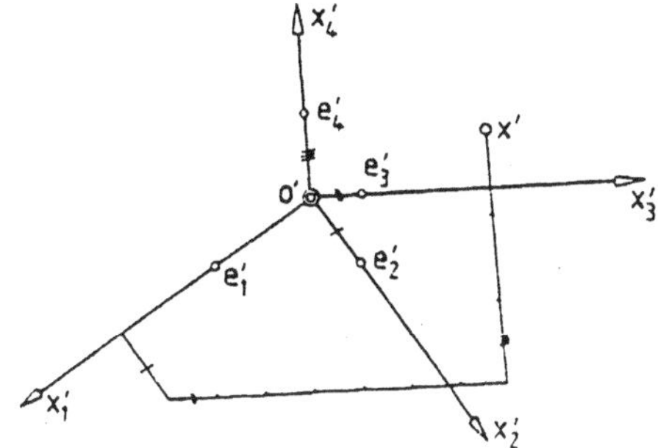

Abb. 3.4

Zentralprojektionen von 4-dim Graphen Bei der Zentralprojektion von $\mathbb{R}^4$ in $\mathbb{R}^3$ laufen alle Projektionsstrahlen durch einen festen Punkt, den "Beobachter". Dieses Verfahren erzeugt eine optische Tiefenwirkung.

Um das Projektionszentrum C^0 festzulegen wählen wir zunächst einen Punkt $c = (c_1, c_2, c_3) \in \mathbb{R}^3$.
$C^0 := (c_1, c_2, c_3, c_4) \in \mathbb{R}^4$ sei dann der Punkt auf der Normalen von $\mathbb{R}^3$ in c im Abstand c_4.

$$\pi : \mathbb{R}^4 \to R^3 = \mathbb{R}^3 \quad \pi(g^4) =: g \subset \mathbb{R}^3 \tag{3.9}$$

Bei dieser Abbildung werden Geraden auf Geraden abgebildet, Parallelen schneiden sich aber i.a. in einem Fluchtpunkt. Wie sieht nun der Zusammenhang zwischen den Punkten auf s und den zugehörigen Punkten auf g aus?
Die Grade durch p und p^4 ($\perp\mathbb{R}^3$) wird auf die Gerade durch c und p abgebildet. Dabei wird der Punkt p auf sich selbst, u^4 (der Punkt im unendlichen auf der Geraden pp^4) auf c, p^4 auf p' und v^4 (der Punkt auf der Geraden pp^4 mit vierter Komponente c_4) auf den Punkt im unendlichen auf der Geraden durch c und p abgebildet. Die Linienkongruenz, die s und g verbindet ist ein Bündel mit Zentrum c. Im Unterschied zu obigen Darstellungen mit dieser Linienkongruenz, wird hier $F(p)$ jedoch nicht durch den Abstand von p und p' visualisiert. Man erhält eine projektive Skala in der der Punkt p den Wert 0, c den Wert ∞, p' den Wert $F(p)$ und $v^{4'}$ den Wert c_4 erhält.

Der durch diese Projektion (siehe Abb. 3.5) entstehende Graph hat folgende Form:

$$g(u,v) = c + \frac{c_4}{c_4 - F(u,v)}(s(u,v) - c) \tag{3.10}$$

Um die Abbildung von Punkten ins Unendliche zu vermeiden, wird $c_4 > F_{max}$ gewählt.

Vorteil dieser Darstellung ist, daß konstante Funktionen eine der Fläche s ähnliche Form hat. Damit liefert diese Methode eine Vielzahl von Möglichkeiten

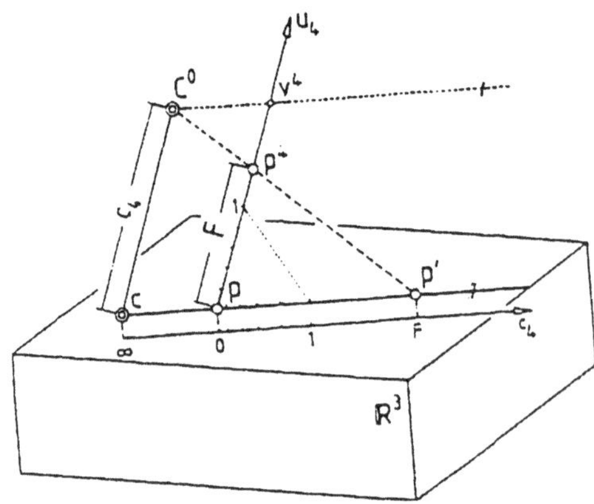

Abb. 3.5

der Visualisierung von 4-dim Graphen, wie z.B. eine Serie von Bildern, die den Graph g und den Graphen einer konstanten Funktion $F_c \equiv c$ zu unterschiedlichen Werten von c enthalten, oder eine Animation, die den Graph g und dazu g_c mit zeitlich anwachsendem c darstellt.

Parallelprojektionen von 4-dim Graphen   Die Projektion von g^4 ist gegeben durch

$$g \ni p' = p + F(p)a_4' \quad \text{mit } a_4 = e_4 - o. \tag{3.11}$$

Diese parallel Projektion entspricht einer Linienkongruenz eines Bündels paralleler Geraden l. Der Abstand pp' hat den Wert $cF(p)$ wobei $c = \|a_4'\|$. Durch die Punkte in denen die Gerade durch $p \in s$ in Richtung l eine Tangente an g bildet wird die Fläche s in Teilflächen zerteilt. Die Trennlinie ist die sogenannte "Schattengrenze".

Häufig übersichtlicher ist die Darstellung der Funktionswerte, nicht bezüglich der Fläche s, sondern bezüglich einer Ebene. Dazu wählt man das Projektionszentrum in $\mathbb{R}^3$ (möglich ist auch ∞), so wird der Raum $\mathbb{R}^3$ auf eine Ebene ϵ_0 im Projektionsraum R^3 abgebildet z.B. mit einer Orthogonalprojektion auf spann$\{o, e_1, e_2, e_4\}$.

$$\pi : p^4 \to p' = (x, y, c - F(p))$$

Diese Abbildung nennt man Frontansicht, wogegen die Orthogonalprojektion auf $\mathbb{R}^3$ der Aufsicht entspricht. Der Abstand von ϵ_0 und p' entspricht dem Funktionswert $F(p)$. Eine konstante Funktion wird als eine Ebene parallel zu ϵ_0 dargestellt.

Ausbauen kann man diese Methode indem man zum Beispiel die Richtung der Frontansicht rotieren läßt, was eine guten Einblick in die Form der Funktion F erlaubt.

3.2   Methoden zur Qualitätskontrolle von Flächen

Neben der Konstruktion von Freiform-Flächen ist die Qualitätsanalyse von Flächen von großer Bedeutung. So ist es z. B. notwendig den Designer über Eigenschaften und Verhalten der zu untersuchenden Fläche zu informieren, bevor er in den nummerischen Kontrollprozeß eintritt. So ist es zum Beispiel wichtig die Konvexität von Flächen zu testen, Wendepunkte und Flachpunkte zu lokalisieren, sowie einen Einblick in die Glätte der Fläche zu geben.

Wir stellen hier einige der Vielzahl von Methoden zur Qualitätsanalyse [3] [11] [4] [5] [6] mit jeweils speziellen Anwendungen vor.

Wir beginnen mit Fokalflächen, die hier im Gegensatz zu oben nicht zur Visualisierung von Funktionen auf Flächen, sondern von Krümmungsverhalten wie Konvexität, Flachpunkte u.s.w. einer Fläche verwendet werden. Anschließend wenden wir uns der Isophotenmethode zu, die zur Untersuchung der geometrischen Stetigkeit zusammengesetzter Flächenstücke dient. Die Reflexlinien Methode ist geeignet ästetische Qualitäten zu testen. Sie simuliert den sogenannten Lichtkäfig aus der Automobilindustrie. Eine weitere Methode zum Testen der Konvexität ist die Konstruktion der Orthonomics.

Da zur Erläuterung der unterschiedlichen Methoden der Qualitätsanalyse viele Begriffe aus der Differentialgeometrie benötigt werden, schicken wir hier nochmal die wesentlichen Grundlagen der Differentialgeometrie [9] voraus.

3.2.1   Grundbegriffe der Differentialgeometrie

Kurventheorie   Eine **parametrisierte Kurve der Klasse** C^r $r \in \mathbb{N}$ ist eine k-mal stetig differenzierbere Abbildung

$$\alpha : \mathbb{R} \supset I \to \mathbb{R}^n$$

$\alpha(t) = (x_1(t), ..., x_n(t))$ bezüglich einer Basis $e_1, ..., e_n$ in $\mathbb{R}$.

α heißt **regulär** falls für alle t $\alpha' \neq 0$.

Der **Tangentialvektor** an eine Kurve α ist gegeben durch

$$\alpha'(t) = (x_1', ..., x_n').$$

Die **Bogenlänge** der Kurve α ist

$$s(t) = \int_a^t \|\dot\alpha(t)\| dt.$$

Parametrisiert man die Kurve nach der Bogenlänge, so gilt $\|\alpha'(s)\| = 1$.
Der Tangenteneinheitsvektor ist dann

$$t(s) := \frac{\alpha'(t)}{\|\alpha'(t)\|} = \alpha'(s).$$

Der **Normaleneinheitsvektor** auf der Kurve ist

$$n(s) := \frac{\alpha''(s)}{\|\alpha''(s)\|}.$$

$k(s) := \|\alpha''(s)\|$ ist die **Krümmung** der Kurve.
Die **Schmiegeebene einer Kurve** α ist die Ebene aufgespannt durch t und
n mit Normalenvektor

$$b(s) = t(s) \wedge n(s)$$

Die **Torsion** einer Kurve ist die Abweichung aus der Schmiegeebene.

$$\tau(s) = \|b'(s)\|$$

Die Basis gebildet durch die drei Vektoren $t(s), n(s), b(s)$ heißt **Frenetsches
Dreibein**

Zusammenfassend gelten folgende Frenetsche Formeln:

$$\begin{aligned}
t'(s) &= k(s) \cdot n(s) \\
n'(s) &= -\tau(s) \cdot b(s) - k(s) \cdot t(s) \\
b'(s) &= \tau(s) \cdot n(s)
\end{aligned}$$

Flächentheorie: Eine **parametrisiert** C^r**-Fläche** ist eine C^r mal differenzierbare invertierbare Abbildung

$$X : U \to \mathbb{R}^3$$

einer offenen Teilmenge $U \subset \mathbb{R}^2$ in den Euklidischen Raum $\mathbb{R}^3$, wobei $X_1 := \frac{dx}{du}$
und $X_2 = \frac{dy}{du}$ linear unabhängig sind (d.h. die Jacobi-Matrix von X hat Rang
2).

Der zweidimensionale Unterraum $T_P X$ von $\mathbb{R}^3$ welcher durch X_1 und X_2 aufgespannt wird, heißt zweidimensionaler **Tangentialraum** von X in P.

Der **Einheitsnormalenvektor** auf X in P ist gegeben durch:

$$N_P := \frac{X_1 \wedge X_2}{\|X_1 \wedge X_2\|}$$

Die Normalenabbildung $N : X \to T_P X \quad P \mapsto N_P$ heißt **Gaußabbildung**. Da $\|N_P\| = 1$, entspricht dies einer Abbildung $N : X \to S^2$ in die Einheitssphäre.

Das Bezugssystem gegeben durch X_1, X_2, N heißt Gauss-System. Es ist im allgemeinen nicht orthogonal.

Jedes Tangentialvektorfeld Y auf der Fläche $X : U \to E^3$ kann in folgender Form dargestellt werden:

$$y(t) = \Delta u \cdot X_1(t) + \Delta \omega \cdot X_2(t)$$

Die Bilinearform auf $T_P X$

$$I_P : T_P X \to \mathbb{R} \quad w \mapsto\, < w, w >_P$$

induziert durch das innere Produkts von $\mathbb{R}^3$, heißt die **erste Fundamentalform** auf der Fläche.

Die Matrixdarstellung der ersten Fundamentalform I bezüglich der Basis $\{X_1, X_2\}$ von $T_P X$ ist gegeben durch:

$$\begin{pmatrix} g_{11} & g_{12} \\ g_{21} & g_{22} \end{pmatrix} = \begin{pmatrix} < X_1, X_1 > & < X_1, X_2 > \\ < X_2, X_1 > & < X_2, X_2 > \end{pmatrix} =: \begin{pmatrix} E & F \\ F & G \end{pmatrix}$$

Die erste Fundamentalform ist symmetrisch, positiv definit und eine geometrische Invariante. Geometrisch erlaubt die erste Fundamentalform Maße auf der Fläche (Länge von Kurven, Winkel zwischen Tangentialvektoren, Flächengrößen: $area(Q) = \int_Q \sqrt{EG - F^2}$, $Q \subset X$) zu berechnen ohne auf den Raum $\mathbb{R}_3$ zurückzugreifen.

Die zur Gauß Abbildung gehörende Tangentialabbildung

$$L : T_P X \to T_{N(P)}(X)$$

definiert durch $L := -dN$, heißt **Weingarten Abbildung**.

Da $T_N(P)S^2$ parallel zu $T_P(X)$ ist, kann man die Abbildung als Abbildung von

$T_P(X) \to T_P(X)$ verstehen.

Die lineare Abbildung II definiert durch

$$II_P(A,B) := \, < L(A), B > \ \text{ für alle } A, B \in T_P X$$

heißt **zweite Fundamentalform** der Fläche in P.

Die Matrixdarstellung von II_P bezüglich der Basis $\{X_1, X_2\}$ von $T_P(X)$ ist gegeben durch:

$$\begin{pmatrix} h_{11} & h_{12} \\ h_{21} & h_{22} \end{pmatrix} = - \begin{pmatrix} < N_1, X_1 > & < N_1, X_2 > \\ < N_2, X_1 > & < N_2, X_2 > \end{pmatrix}$$

$$= \begin{pmatrix} < N, X_{1,1} > & < N, X_{1,2} > \\ < N, X_{2,1} > & < N, X_{2,2} > \end{pmatrix} =: \begin{pmatrix} L & M \\ M & N \end{pmatrix}$$

Die Weingartenabbildung L ist selbstadjungiert, die Eigenvektoren k_1, k_2 sind daher reell und die entsprechenden Eigenvektoren h_1, h_2 sind orthogonal. Die Eigenwerte k_1, k_2 nennt man die **Hauptkrümmungen** der Fläche im Punkt P, die Eigenvektoren **Hauptkrümmungsrichtungen**.

Sei α eine Flächenkurve auf X durch P, k die Krümmung von α, n ihre Einheitsnormale und N die Flächennormale von X.
Die Zahl

$$k_n := k < n, N >$$

heißt Normalkrümmung der Kurve α in P.

Nach dem Satz von Meusnier hängt die Normalkrümmung nur von der Richtung von α in P, d.h. von $\alpha' \in T_P(X)$ in P ab.

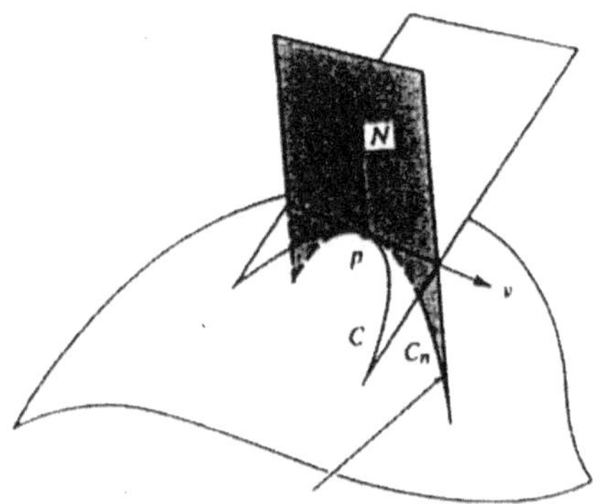

Abb. 3.6
Normalschnitt in Richtung ν

Als geometrische Interpretation der 2.Fundamentalform hat man

$$II_p(w) = k_n(p) I_p(w) = \frac{L\Delta_u^2 + 2M\Delta_u\Delta_v + N\Delta_v^2}{E\Delta_u^2 + 2F\Delta_u\Delta_v + G\Delta_v^2}$$

mit $w = (\Delta_u, \Delta_v) \in T_P(X)$

Die Hauptkrümmungen k_1, k_2 sind die maximale bzw. die minimale Normalkrümmung in P.

Die Normalkrümmung in einer beliebigen Richtung gegeben durch einen Einheitsvektor $w = cos\theta h_1 + sin\theta h_2 \in T_P(X)$ berechnet man mit Hilfe der **Eulerformel**:

$$k_n = k_1 cos^2\theta + k_2 sin^2\theta$$

Die Größe

$$K := k_1 \cdot k_2 = det(L) = \frac{det(II)}{det(I)}$$

heißt Gaußkrümmung und

$$H := Spur(L) = \frac{1}{2}(k_1 + k_2)$$

heißt mittlere Krümmung der Fläche in P.

Ein Punkt auf der Fläche heißt

Elliptisch	falls	$K > 0$
Hyperbolisch	falls	$K < 0$
Parabolisch	falls	$K = 0$ mit $k_i \neq 0$ für ein i
Flach	falls	$k_1 = k_2 = 0$.

Eine Richtung $w \in T_P(X)$ heißt asymptotisch falls die Normalkrümmung in P in dieser Richtung Null ist. Für elliptische Punkte gibt es keine asymptotische Richtung.

Zur Veranschaulichung der Verteilung der Normalkrümmung in einem Flächenpunkt trägt man von P aus in jeder Richtung w die Wurzel des **Krümmungsradius** $R := \frac{1}{k_n}$ an. Die sich ergebende Kurve nennt man **Dupinsche Indikatrix**

Aus der Euler Gleichung folgt, daß die Koordinaten der Dupinschen Matrix folgender Gleichung genügen:

$$k_1 u^2 + k_2 v^2 = \pm 1$$

Die Tangentialebenen in den Punkten einer Flächenkurve α bilden eine die Fläche X in α berührende Regelfläche auch Torse genannt. Die die Torse erzeugende Tangente t' aus dem Tangentialraum $T_P(X)$ ist in jedem Punkt P die zur Kurventangente t konjugierte Tangente.

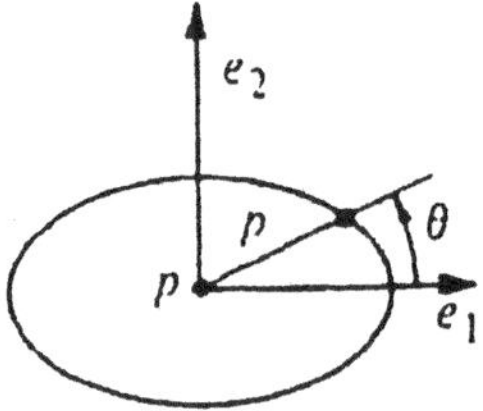
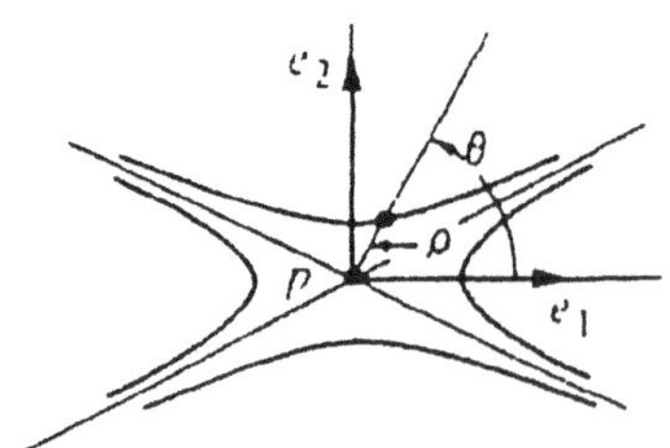

Abb. 3.7

Konjugierte Tangenten erfüllen folgende Relation:

$$L\Delta_u\Delta_{u'} + m(\Delta_u\Delta_v + \Delta_{u'}\delta_{v'}) + N\Delta_v\Delta_{v'} = 0$$

Sie artet in parabolischen Punkten aus, die Schmiegetangente ist hier zu sich selbst konjugiert. In Flachpunkten hat man für jede Flächentangente diese Entartung.

Konturenalgorithmen

Eine der naheliegendsten Möglichkeiten zur Visualisierung von Krümmungsverhalten sind Konturenlinien, z.B. Linien konstanter Krümmung.

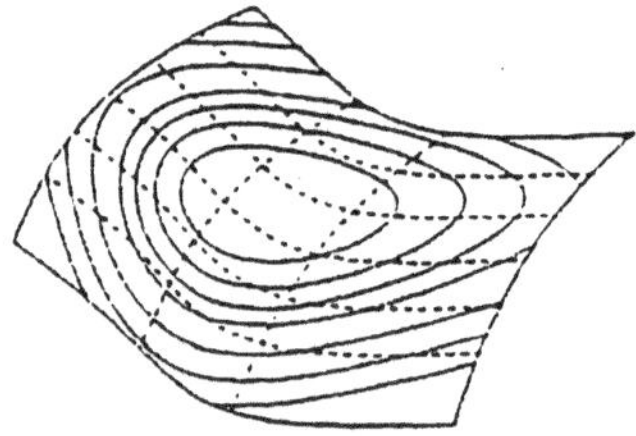

Abb. 3.8

Die Bestimmung solchen Linien bedarf eines hohen rechnerischen Aufwands. Eine Möglichkeit der Vereinfachung ergibt sich, indem man die Fläche in kleinere Teilstücke zerlegt und sie dann durch bilineare Flächenstücke annähert, auf denen man die gewünschten Linien leicht findet.

3.2.2 Fokalflächen

Verallgemeinerte Fokalflächen sind dazu geeignet einen Überblick über das Krümmungsverhalten von Flächen zu bekommen.

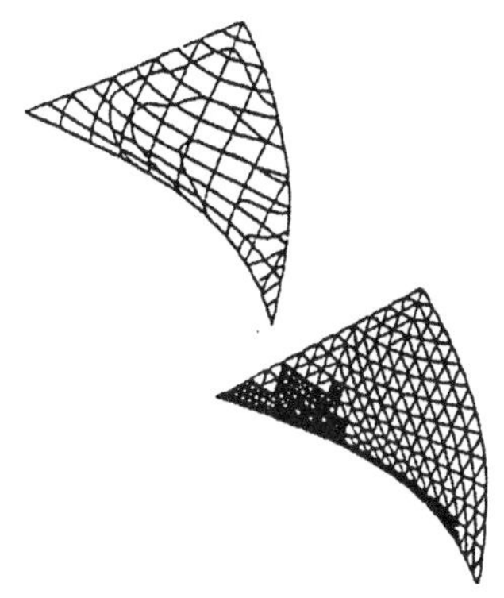

Abb. 3.9

Eine Fokalfläche ist eine spezielle Linienkongruenz. Es seien $N(u,v)$ die Normalenvektoren auf der zu untersuchenden Fläche s mit der Parametrisierung $s(u,v)$.

Die üblichen Fokalflächen sind folgendermaßen definiert:

$$F_i(u,v) := s(u,v) + k_i^{-1}(u,v) \cdot N(u,v) \quad i = 1,2 \qquad (3.12)$$

mit den Hauptkrümmungen k_1 und k_2 der Fläche s in $P = s(u,v)$.

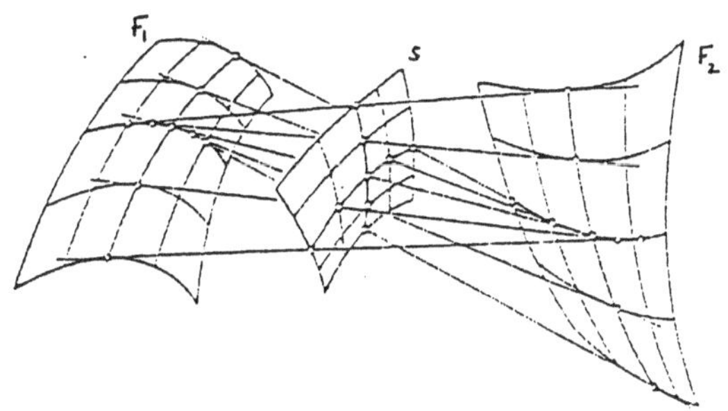

Abb. 3.10 Fläche mit ihren Fokalflächen

Man definiert folgendermaßen eine Verallgemeinerung:

$$F_i(u,v) := s(u,v) + af(k_1,k_2)(u,v) \cdot N(u,v) \qquad (3.13)$$

Hierbei ist f eine skalare Funktion der Hauptkrümmungen und die Zahl a ein Skalierungsfaktor, der jeweils so gewählt wird, daß die zu beobachtenden Effekte am Bildschirm gut zu erkennen sind.

Verschiedene Krümmungsfunktionen f visualisieren bestimmte Krümmungsverhalten.

Verteilung der Hauptkrümmung, mittleren Krümmung :
Die Originalfokalflächen mit $f_i = k_i$ geben Auskunft über die Krümmungsverteilung auf der Fläche. Durch die Fokalfläche zur Funktion $f = k_1 + k_2$ wird die mittlere Krümmung dargestellt.

Konvexitätstest :
Eine Fläche ist konvex wenn ihre Gaußkrümmung überall größer Null ist. Als Krümmungsfunktion wählt man daher

$$f(u, v) := k_1(u, v) \cdot k_2(u, v) \tag{3.14}$$

Die Schnittpunkte der Fokalfläche und der Fläche selbst sind dann die Stellen eines Vorzeichenwechsels der Gaußkrümmung $k_1 \cdot k_2$.

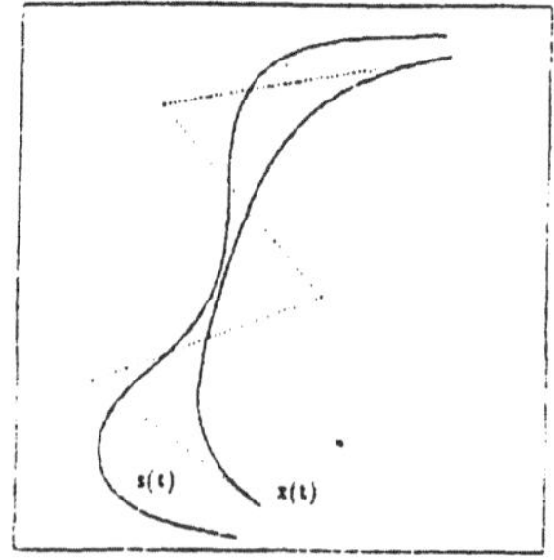
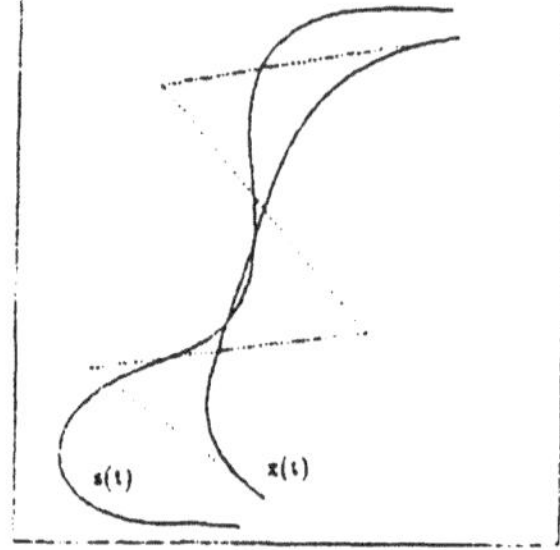

Abb. 3.11 Bezierkurven 4-ten Grades

Lokalisierung der Flachpunkte :
Flache Punkte sind im Fertigungsprozeß unangenehme Punkte und können bei konvexen Flächen unschöne Zähne bedeuten.
Flache Punkte sind dadurch charakterisiert daß, $k_1 = k_2 = 0$. Als Krümmungsfunktion bietet sich somit die Funktion

$$f(u, v) = k_1{}^2(u, v) + k_2{}^2(u, v) \tag{3.15}$$

an. Die Nullstellen dieser Funktion und somit die Berührungspunkte der Fokalfläche und der Fläche selbst, lokalisieren die Flachpunkte.

Untersuchung der Krümmungsstetigkeit :
Mit derselben Funktion visualisiert man auch die Krümmungsstetigkeit. Die Ordnung der Differenzierbarkeit der Fokalfläche liegt um zwei Grad unter der der Fläche. Eine Krümmungsunstetigkeit der Fläche hat also Sprünge der Fokalfläche zur Folge.

Visualisierung technischer Glätte :
„Technisch glatt" bedeutet, daß die Daten direkt dem Bearbeitungsprozeß zugeführt werden können. Mathematisch ist dies folgendermaßen zu verstehen,

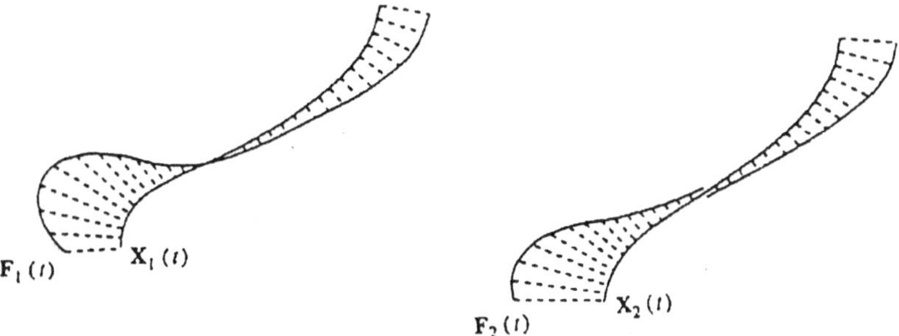

Abb. 3.12

daß das Integral über die Summe des Quadrats der Hauptkrümmungen minimiert wird.

$$\int_s (k_1{}^2 + k_2{}^2)ds \to min \qquad (3.16)$$

In diesem Sinne ist die folgender Krümmungsfunktion, ein Maß für die Glätte

$$f(u,v) = \frac{k_1{}^2 + k_2{}^2}{k_1 + k_2} \qquad (3.17)$$

Die Fokalfläche ist dann:

$$F(u,v) := s(u,v) + \epsilon f(u,v) \cdot N(u,v) \qquad (3.18)$$

dabei ist ϵ eine beliebige kleine reelle Zahl.
Es gilt:
Aus der Minimierung des obigen Integrals folgt:

$$|A(F) - A(s)| \to min \qquad (3.19)$$

wobei $A(F)$ und $A(s)$ die Flächengröße von s bzw. F ist.
Beweisskizze:
Die Flächen kann man folgendermaßen berechnen:

$$\begin{aligned}
A(s) &= \int_s |s_u \wedge s_v|ds = \int_U \sqrt{E_s G_s - F_s^2}\,du\,dv \\
A(F) &= \int_F |F_u \wedge F_v|ds = \int_U \sqrt{E_F G_F - F_F^2}\,du\,dv
\end{aligned} \qquad (3.20)$$

wobei E, G, F die jeweiligen Komponenten der ersten Fundamentalform sind. In erster Ordnung ergibt sich:

$$\begin{aligned}
E_F &= E_s - 2\epsilon L \\
G_F &= G_s - 2\epsilon N \\
F_F &= F_s - 2\epsilon M
\end{aligned}$$

L, M, N sind die Komponenten der zweiten Fundamentalform von
s. Und damit:

$$\sqrt{E_F G_F - F_F^2} = \sqrt{E_s G_s - F_s^2}(1 - 2\epsilon f H) \qquad (3.21)$$

wobei H die mittlere Krümmung ist.
Nach einigen Umformungen erhält man:

$$|A(F) - A(s)| = 2\epsilon \int_U \sqrt{EG - F^2}(k_1{}^2 + k_2{}^2)dudv \qquad (3.22)$$

$$\Rightarrow |A(F) - A(s)| \to min$$

Der Vorteil der Fokalflächendarstellung gegenüber den Konturenlinien ist, daß
man hier nicht nur Werte an diskreten Punkten hat. Gerade bei der Darstellung
von Krümmungsverhalten können dort kritische Punkte leicht durchs Netz
fallen.

3.2.3   Isophotenmethode

Diese Technik wird benutzt um geometrische Stetigkeit zwischen Teilflächen
zu untersuchen. Viele CAD Systeme modellieren aufgrund der einfachen Hand-
habe nur C^1-Flächen. Starke Sprünge in der Krümmung sind jedoch sowohl
aus ästhetischen wie auch aus fertigungstechnischen Gründen unerwünscht.

Die Isophotenmethode ermöglicht Krümmungsunstetigkeiten zu erkennen, indem sie Linien gleicher Lichtintensität, gleichen Einfallwinkels paralleler Licht-
strahlen, bestimmt.

Auch auf Flächen, bei denen auf den ersten Blick keine Unregelmäßigkeiten zu
erkennen sind, werden Sprünge in der Krümmung sichtbar.

Die Effektivität dieser Methode kann schon an recht einfachen Flächen demonstriert werden.

Es sei $s(u, v)$ eine parametrisierte Fläche, l der Richtungsvektor des einfallen-
den Lichts. Dann sind die β-Isophoten c folgendermaßen gegeben.

$$< N(u, v), l >= cos(\Pi/2 - \beta) = konst \qquad (3.23)$$

wobei β der Einfallswinkel ist.

Spezielle Isophoten zum Winkel $\beta = 0$ sind die Schattengrenzen.

Da zur Bestimmung der Isophoten die erste Ableitung der Fläche (Tangentialebene) benötigt wird, ist eine Isophote einer C^r-Fläche im allgemeinen eine
C^{r-1} Kurve.

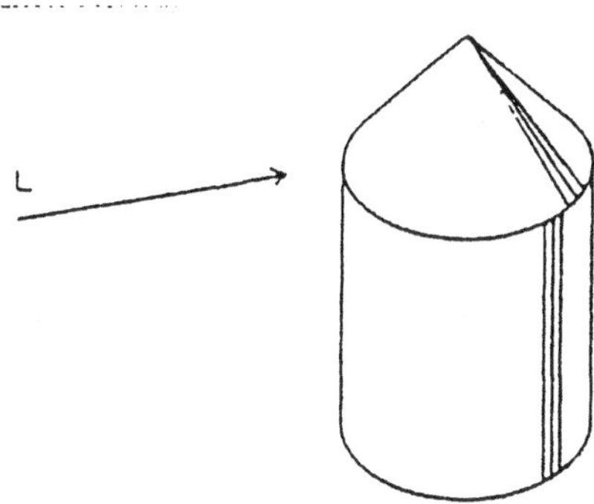

Abb. 3.13

Wir wollen nun die Isophoten etwas genauer untersuchen. Zur Vereinfachung der Sprache wählen wir lotrecht einfallendes Licht, so daß die Tangentialebenen in den Punkten auf einer β-Isophote bezüglich einer waagerechten Grundebene einen festen Neigungswinkel $\beta' = \Pi/2 - \beta$ haben.

Die Tangentialebenen in den Punkten einer Flächenkurve k erzeugen eine die Flächen s in k berührende Regelfläche auch Torse genannt. Die Tangente $t' \in T_p(s)$, welche die Torse erzeugt, ist gerade die zur Kurventangente t konjugierte.

In unserem speziellen Fall sind dies gerade die Falltangenten.

Tangenten an die Isophote sind konjugiert zu den Falltangenten.

Da die zu untersuchenden Flächen aus mehreren Teilflächen zusammengesetzt sind, welche selbst meist beliebig oft differenzierbar sind, sind die kritischen und zu untersuchenden Stellen die Punkte auf den Berührungskurven.

Aus der Voraussetzung der stetigen Differenzierbarkeit der Fläche folgt, daß die Tangentialebene an beide Flächenstücke in k dieselben sind, damit haben sie auch dieselbe umschriebene Torse. Die Indikatrizen i_1, i_2 in $P = s(u, v)$ stimmen i.a. nicht überein, aber aus der Krümmungstetigkeit der Randkurve folgt, daß sie in Richtung der Tangente an k in P eine gemeinsame Durchmesserstrecke haben.

Wir betrachten nun eine Isophote, welche durch einen Punkt P auf k geht, und untersuchen ihr Verhalten. Die Tangenten an die Isophote bezüglich der Flächenstücke s_i sind nun gerade die zur Falltangente konjugierten Tangenten t_i. Das bedeutet für unterschiedliche Indikatrizen, d.h. für Krümmungsunstetigkeit, daß die Isophote in P eine Knick aufweist.

Man sieht aber auch sofort, daß bei ungeschickt gewählten Einfallsrichtungen des Lichts, nämlich $f \equiv t$ oder $f \equiv t'$, ($\Rightarrow t' = t_1 = t_2$ bez. $t = t_1 = t_2$) trotz Krümmungsunstetigkeit kein Knick in der Isophoten auftritt. Es genügt auch

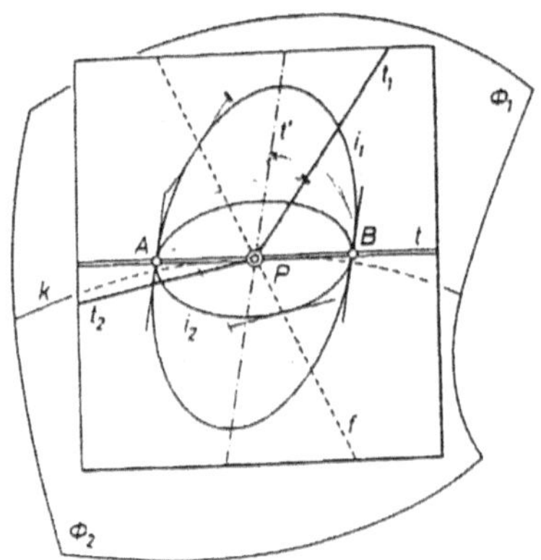

Abb. 3.14

nicht den Einfallswinkel β zu variieren. Um das Problem zu umgehen muß man Isophoten aus verschiedenen Beleuchungsrichtungen, d.h. zu unterschiedlichen Fallgeraden betrachten. Dies ist jedoch eine recht zeitaufwendige Methode.

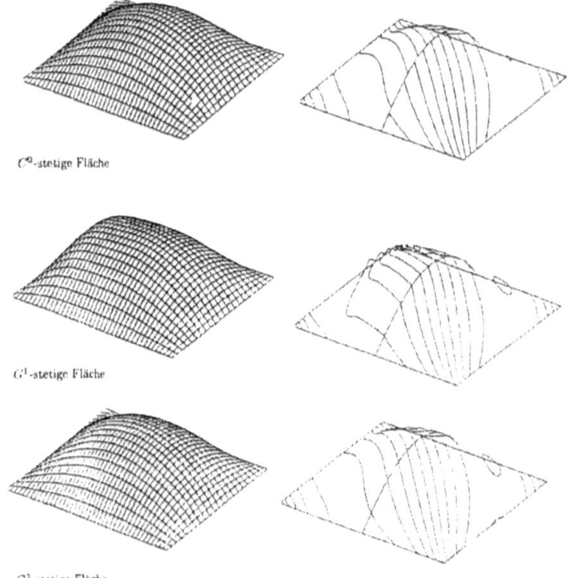

Abb. 3.15

Man braucht also einen automatischen Prozeß.

Verbesserte Isophotenmethode Da Krümmungsunstetigkeiten nur auf den Randpunkten auftreten können, verzichtet man auf die Darstellung der gesamten Isophote und konzentriert sich auf einige Punkte auf der Randkurve, in denen man den größtmöglichen Knick der Isophoten darstellt.

Man geht folgendermaßen vor:

- Als erstes wählt man eine Richtung für die Falltangente f, gegeben durch die Fortschreitrichtung $\Delta u : \Delta v$, aus.
- Als nächstes berechnet man die zu f konjugierten Tangenten t_1 ($\Delta u_1 : \Delta v_1$) und t_2 ($\Delta u_2 : \Delta v_2$) bezüglich der Indikatrizen i_1 bzw. i_2. Es gilt:

$$\frac{\Delta u_i}{\Delta v_i} = -\frac{M_i \Delta u + N_i \Delta v}{L_i \Delta u + M_i \Delta v} \quad i = 1, 2 \tag{3.24}$$

M_i, N_i, L_i sind die Komponenten der zweiten Fundamentalform der Flächenstücke s_i im Punkt P.

Bei der Berechnung der konjugierten Tangenten treten bei Flachpunkten ($L = M = N = 0$) und bei parabolischen Punkten mit Schmiegetangente t Probleme (Division durch 0) auf. Diese Stellen muß man durch geeignetes Abfragen erfassen und getrennt betrachten.

- Berechnung des Winkels α zwischen den Tangen t_1 und t_2.
- Anschließend variiert man f ($\delta u = cos\varphi$ und $\delta v = sin\varphi$) indem man φ variiert, und bestimmt dabei α_{max}. Wir beschränken uns auf die Betrachtung ungerichteter Tangenten, damit liegt α_{max} im Intervall $[0, \Pi/2]$.
- Nun wird der Winkel α_{max} angetragen. Da die explizite Lage des Tangentenpaars t_1 und t_2 einerseits in manchen Fällen nicht eindeutig bestimmt und andererseits auch nicht von wesentlicher Bedeutung ist, stellt man nicht die ´´richtige´´ Lage des Knicks dar. Anstatt dessen trägt man an die Tangente von k in P jeweils in beide Richtungen den halben Winkel $(\Pi - \alpha_{max})/2$ an.

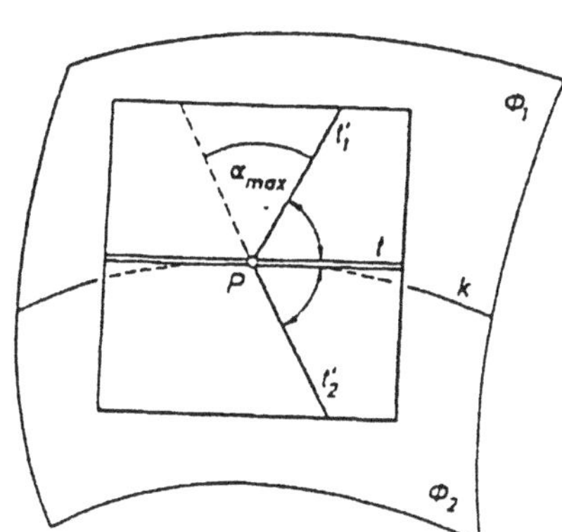

Abb. 3.16

Daß aus Krümmungsstetigkeit $\alpha_{max} = 0$ folgt ist direkt einzusehen, die Umkehrung muß jedoch noch überprüft werden.

Es gilt:

Falls in einem Punkt P $\alpha_{max} = 0$ gilt, und P nicht für beide Flächen
eine parabolischer Punkt mit gemeinsamer Schmiegetangente t ist,
so ist die Fläche in P krümmungsstetig.

Denn aus $\alpha_{max} = 0$ folgt, daß die Involution konjugierter Tangenten für s_1
und s_2 übereinstimmt auch wenn die Schritte in denen φ variiert wurde relativ groß sind. Es genügt schon eine Richtung zu beachten für die f von t
und t' verschieden ist, denn die Involution ist schon durch Angabe von zwei
Elementenpaaren festgelegt.

Falls t Schmiegetangente ist folgt mit $\alpha_{max} = 0$, daß P ein hyperbolischer
Punkt ist. und t gemeinsame Asymptote der Indikatrix ist. Aus der Bedingung
$\alpha_{max} = 0$ folgt aber auch daß die zweite Asymptote übereinstimmen muß, und
damit, daß die Indikatrizen gleich sind.

Parabolische Punkte können nur beteiligt sein, wenn die beiden Flächenstücke
eine gemeinsame Schmiegetangente ($\neq t$ nach Vor) also eine weitere gemeinsame Strecke haben. Damit hat man wieder Krümmungsstetigkeit.

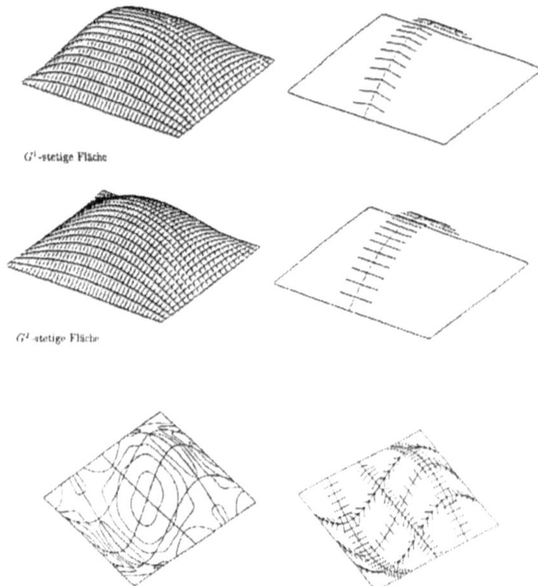

Abb. 3.17

3.2.4   Reflexionslinien Methode

Die Reflexionslinien Methode ist dazu geeignet sich unerwünschte Krümmungs-
regionen durch Irregularitäten in Reflexionslinien paralleler Lichtlinien aufzu-

decken. Kleine Zähne können auf dem Bildschirm oft nicht erkannt werden.

Gegeben sei eine sogenannte Lichtlinie in parametrisierter Form

$$L(t) = L_0 + t \cdot l_0 \quad \text{mit } t \in \mathbb{R} \tag{3.25}$$

und ein Beobachtungspunkt A.

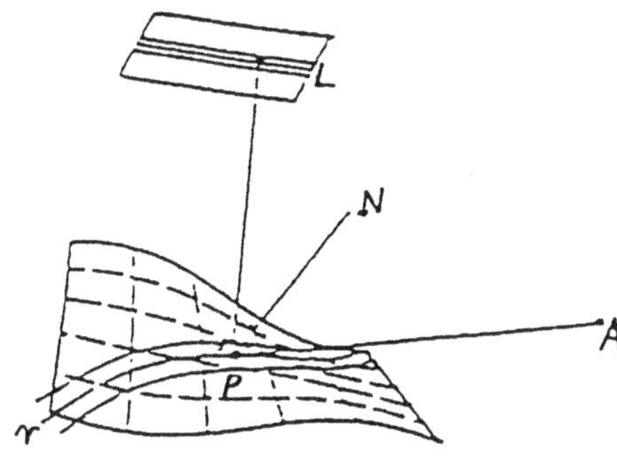

Abb. 3.18

Für die Punkte P der Reflexionslinie r auf der Fläche s, welche vom Beobachtungspunkt A gesehen werden können, ergibt sich folgende Bedingung.

$$\frac{a}{\|a\|} + \frac{b}{\|b\|} = 2 < N, \frac{a}{\|a\|} > \cdot N$$
$$= 2 < N, \frac{b}{\|b\|} > \cdot N \tag{3.26}$$

mit $a = P - A$ und $b = L(t) - P$ für ein $L(t) \in L$.

Um die Fläche zu untersuchen, benutzt man im allgemeinen eine Menge paralleler Lichtlinien in Richtung l. Für einen festen Beobachtungspunkt erhält man folgendes nichtlineares Gleichungssystem für die unbekannten Parameter u und v der Reflexionslinien.

$$b + \lambda a = 2 < N(u,v), b > \cdot N(u,v) \quad \text{mit } \lambda := \frac{\|b\|}{\|a\|} \tag{3.27}$$

Diese drei Gleichungen können durch Eliminierung von λ auf zwei reduziert werden, welche dann mit nummerischen Methoden gelöst werden können.

Es ist noch anzumerken, daß die Brauchbarkeit des Ergebnisses wesentlich von der geeigneten Wahl des Beobachtungspunktes abhängt.

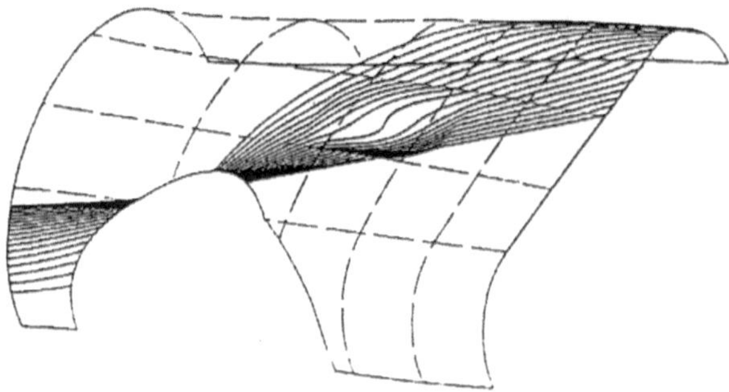

Abb. 3.19 ? eines Föhns

3.2.5　Orthonomics

Die Orthonomics liefern eine weitere Methode die Konvexität der Fläche zu testen.

Zunächst werden die 2-Orthonomics für Kurven in einer Ebene definiert. Dazu sei $\alpha(t)$ die Parametrisierung einer ebenen Kurve, P ein Punkt in dieser Ebene welcher weder auf der Kurve noch auf irgendeiner Tangente von α liegt.

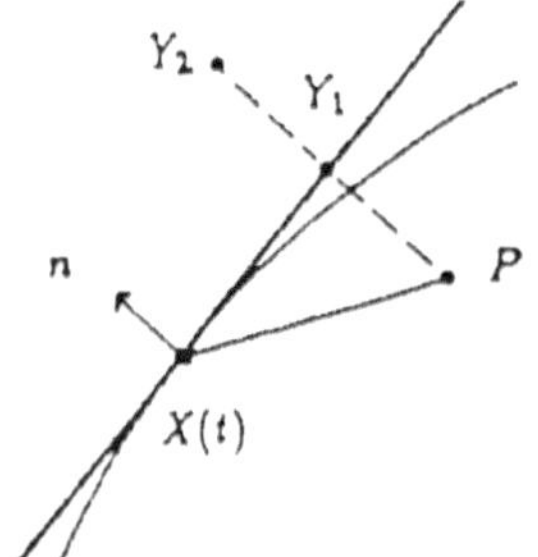

Abb. 3.20

P wird nun an der Tangente an α in $\alpha(t)$ reflektiert. Man erhält den Punkt $y(t)$. Indem man nun den Parameter t variiert, erhält man eine Kurve $y_2(t) = P + 2 < \alpha(t) - P.n(t) > \cdot n(t)$, die 2-Orthonomics zur Kurve α.

Den Faktor 2 kann man durch einen beliebigen Faktor k ersetzen. Man spricht dann von k-Orthonomics.

$$y_k(t) = P + k < \alpha(t) - P, n(t) > \cdot n(t) \tag{3.28}$$

Die k-Orthonomics y_k von α bezüglich P hat genau dann eine Singularität in $t = t_0$ wenn α in t_0 einen Wendepunkt hat.

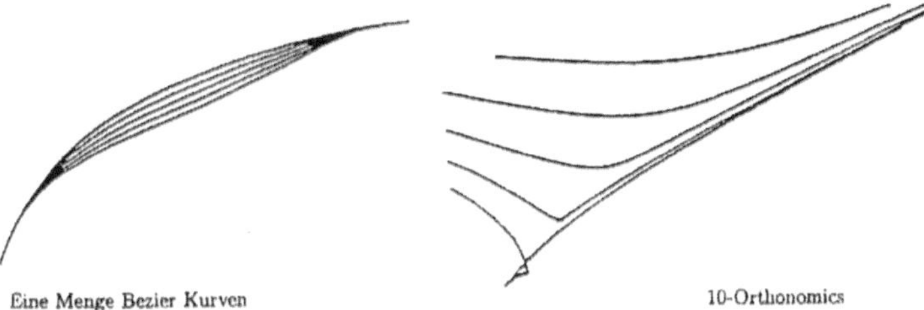

Abb. 3.21

Dieses Prinzip kann auf Flächen verallgemeinert werden. Hier ist der Ausgangspunkt eine parametrisierte Fläche $s(u, v)$ und ein Punkt P, welcher weder auf
s noch auf einer Tangentialebene $T_p(s)$ liegt. Für die 2-Orthonomics wird der
Punkt an den Tangentialebenen mit Normalenvektor $N(u, v)$ gespiegelt. Die
k-Orthonomics werden entsprechend zum 2-dim Fall dann folgendermaßen definiert.

$$y_k(u, v) := P + k < s(u, v) - P, N(u, v) > \cdot N(u, v) \tag{3.29}$$

Hier entsprechen den Singularitäten der Orthonomics $y_k(u, v)$ genau die Punkte in s, in denen die Gaußkrümmung der Fläche den Wert Null hat. So werden
die Punkte in denen die Gaußkrümmung das Vorzeichen wechselt, visualisiert
und die Methode ist zur Überprüfung der Konvexität geeignet.

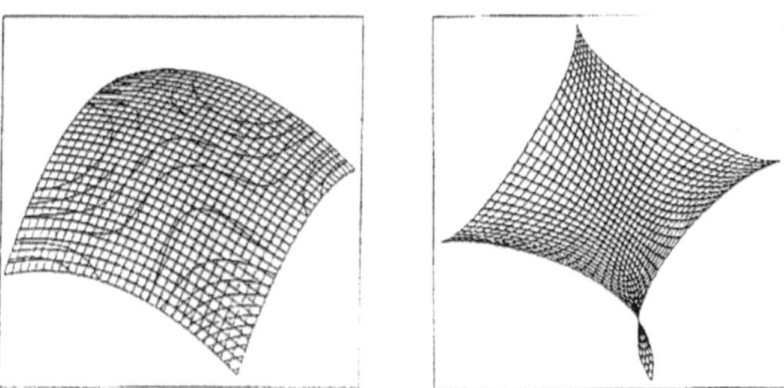

Abb. 3.22 Bezierflächen mit Vorzeichenwechsel der Gaußkrümmung in der einen Ecke.

3.2.6 Qualitätsanalyse von Flächen im $\mathbb{R}^4$

Zum Abschluß dieses Kapitels wollen wir noch kurz auf die Untersuchung von
Flächen im 4 dimensionalen Raum eingehen, wie wir sie bei der Konstrukti-

on des Graphen g^4 (siehe Seite 57) einer Interpolationsfunktion F über einer Fläche s erhalten haben.

Ein Weg ist es die Fläche nach $\mathbb{R}^3$ zu projizieren und dort die oben diskutierten Methoden zur Untersuchung von Flächen anzuwenden.

Es ist aber auch möglich die Methode der Isophotenbildung sowie die der Reflexionslinien auf Flächen im $\mathbb{R}^4$ zu erweitern.

Konstruktion der Isophoten   Für die Bildung der Isophoten müssen wir zunächst einen Punkt $L^0 \in \mathbb{R}^4$ (meist im unendlichen) als Lichtquelle wählen. Indem wir die Punkte p^4 des Graphen g^4 mit L^0 verbinden und den Winkel zwischen dem Lichtstrahl l und der Tangentenebene $T_{p^4}(g^4)$ messen, erhalten wir eine Funktion $\alpha(p^4)$ auf g^4. Indem wir die Punkte p^4 mit den entsprechenden Punkten p auf s assoziieren, erhalten wir eine Winkelfunktion $\alpha(p)$auf s. die Konturenlinien dieser Funktion sind die Orthogonalprojektion der Isophoten auf s. Mit denen dann die kritischen Regionen der Interpolationsfunktion F leicht zu lokalisieren sind.

Nun noch ein Paar Worte zur Berechnung von $\alpha(p^4)$. Die Tangentialebene in p^4 am g^4 spannt mit l i.a. einen 3-dim. Raum $T^3(p^4)$ auf. In diesem Raum bestimmen wir den Normalenvektor N von $T_{p^4}(g^4)$ mit Hilfe des äußeren Produkts von 3 Vektoren im $\mathbb{R}^4$.

$$(\, a \times b \times c = (a_{234}, -A_{134}, A_{124}, -A_{123}) \text{ mit } A_{ijk} = det \begin{pmatrix} a_i & a_j & a_k \\ b_i & b_j & b_k \\ c_i & c_j & c_k \end{pmatrix}$$

$$\text{und } a = (a_1, ..., a_4), ... \,)$$

Seien t_1 und t_2 die Vektoren die den Tangentialraum $T_{p^4}(g^4)$ aufspannen, dann erhalten wir N folgendermaßen:

$$\begin{aligned} N_0 &:= \; t_1 \times t_2 \times l &&(\perp \text{ auf } t_1, t_2, l) \\ N_1 &:= \; t_1 \times t_2 \times N_0 &&(\perp \text{ auf } t_1, t_2 \text{ in } T^3(p^4)\,) \\ N &:= \; \frac{N_1}{\|N_1\|} \end{aligned} \qquad (3.30)$$

Den Wert von α erhält man dann mittels des Skalarprodukts

$$\alpha(p^4) = \Pi/2 - arccos(< N, l >) \qquad (3.31)$$

Da die Berechnung der Isophoten die erste Ableitung benötigt, sind die Isophoten einer C^r-Interpolation i.a. nur C^{r-1} Kurven.

Dies ist nicht die einzige Möglichkeit Isophoten zu definieren, man kann zum Beispiel anstatt einer punktförmigen Lichtquelle eine Gerade L^1 wählen. Den

Einfallswinkel definiert man dann als Winkel zwischen der Tangentenebene $T_{p^4}(g^4)$ und der Ebene die p^4 und L^1 aufspannt. I.a. gibt es 2 verschiedene Winkel β_1, β_2 zwischen zwei Ebenen im 4-dim Raum. Die Isophoten kann man dann als Konturen einer Funktion $\alpha = \alpha(\beta_1, \beta_2)$ definieren.

Reflexionslinien Methode Als Lichtquelle wählt man hier eine Lichtebene L^2 und als Beobachtungspunkt einen Punkt $A \in \mathbb{R}^4$. Ein Punkt $p^4 \in g^4$ liegt auf der Reflexionslinie r falls es ein $x \in L^2$ gibt, so daß der Strahl l (durch x und p^4) in den Strahl l^* (durch p^4 und A) reflektiert wird. Anders ausgedrückt, ist r die Konturlinie der Nullstellen folgender Funktion R auf g^4.

$$R(p^4) := < l, N > \tag{3.32}$$

mit l Reflektionsstrahl von l^* durch A und p^4, N der Normalenvektor auf den Raum aufgespannt durch p^4 und l^2.

3.3 Das Streamballkonzept

In diesem Abschnitt geht es um Visualisierung von Ergebnissen aus der Strömungsdynamik. Da der enorme Anstieg der Leistungen der Computer zu einem verstärkten Gebrauch von numerischen Simulationsrechnung geführt hat, ist man immer häufiger mit einer immensen Datenmenge konfrontiert, die so ohne weiteres nicht mehr zu durchschauen ist. Daher kommt der Visualisierung eine immer größere Bedeutung für das Verständnis dieser Daten zu.

Aus der Vielzahl von Methoden zur Darstellung physikalischer Eigenschaften eines simulierten Flusses, werden wir hier nur die Methode der Streamballs [1][2] betrachten.

3.3.1 Streamballs

Der Ausgangspunkt für die Konstruktion von Streamballs sind die Teilchenorte, welche als Skelett zur Konstruktion von impliziten Flächen benutzt werden. Je nachdem, ob man die Telchenorte als einzelne Skelettpunkte betrachtet oder eine kontinuierliche Menge (Kurve) gegeben hat unterscheidet man diskrete und kontinuierliche Streamballs.

In Abhängigkeit von der Geometrie des Skeletts $S = \{s_i\}$ wird ein dreidimensionales Potentialfeld $F(S, x) \equiv F_S(x)$, durch Überlagerung der individuellen

Potentialfelder $F_i(s_i, x) \equiv F_i(x)$ der einzelnen Skelettpunkte erzeugt.

$$F_S(x) = \sum_i F_i(x) \qquad (3.33)$$

Die Isoflächen gegeben durch

$$F_S(x) = c = konstant \qquad (3.34)$$

definieren die Streamballs.

3.3.2   Diskrete Streamballs

Hier besteht das Skelett aus einer Menge diskreter Einzelpunkte $S = \{s_i\}$.
Jedem Punkt s_i wird eine Potentialfunktion F_i zugeordnet, welche dann durch
einen Überlagerungsoperator zu einem Gesamtpotential zusammengesetzt werden. Wir nehmen als Überlagerungsoperator die einfach gewichtete Summation
der Einzelpotentiale.

Als einfache geeignete Feldfunktionen wird ein Polynom 4. Grades gewählt:

$$F_i^d(x) = \begin{cases} A_i(d_i(x))^4 + B_i(d_i(x))^2 + C_i & : d_i(x) \leq R_i \\ 0 & d_i(x) > R_i \end{cases} \qquad (3.35)$$

Hierbei ist $d_i(x) := \|x - s_i\|$ für eine Norm $\|.\|$ im einfachsten Fall, die eukli-
dische. Da in dem Polynom der Abstand nur im Quadrat auftritt, spart man
sich hier die Berechnung der Quadratwurzel.

Um die Stetigkeit der Funktion zu sichern, hat man folgende Randbedingungen
für die Ableitung.

$$F_i^d(x) = 0 \text{ für } d_i(x) = 0 \text{ und für } d_i = R_i \qquad (3.36)$$

Zusammen mit der Vorgabe eines bestimmten Radius r_i für ein Isolinie $F_i(x) =$
c, kann man die Koeffizienten A_i, B_i, C_i bestimmen.

Das Potentialfeld hat dann folgende Form:

$$F^d(x) = \sum_{i=1}^{n} b_i F_i(x) \qquad (3.37)$$

Die Koeffizienten b_i sind die Gewichte der einzelnen Punkte.

Um eine bessere Vorstellung über das Aussehen der Potentialfunktionen zu
haben, ersetzt man den maximalen Radius R_i durch

$$R_i = r_i \cdot (1 + \sigma_i) \qquad (3.38)$$

σ_i bestimmt dann die Steilheit der Funktion. r_i ist die einzige skalenabhängi-
ge Größe, die mit jedem Streamball assoziiert wird. Alle anderen Parameter,
welche die Form des Streamballs beeinflussen, werden in Relation zu diesem
Parameter gewählt.

3.3.3 Kontinuierliche Streamballs

Das Skelett besteht hier aus einer kontinuierlichen Menge von Punkten (einer Kurve). Die Feldfunktion F^c hat dann folgende Form

$$F^c(x) = \int_0^{|L|} F(t,x)dt \tag{3.39}$$

mit $L : [0.|L|] \to \mathbb{R}$ eine Parametrisierung der Kurve nach der Bogenlänge. $F(t,.)$ ist eine monoton fallende Einflußfunktion in Abhängigkeit von einem Abstandsmaß von x und $L(t)$ auf der Kurve L.

Falls die Kurve eine Polylinie ist gegeben durch die Eckpunkte s_i, hat die Potentialfunktion eine ähnliche Form wie im diskreten Fall.

$$F^c(x) = \sum_{i=1}^n \int_0^{|s_i,s_{i+1}|} F_i(t,x) =: \sum_{i=1}^n F_i^c(x) \tag{3.40}$$

Mit derselben Einflußfunktion wie im diskreten Fall

$$F_i(t,x) = \begin{cases} A_i(d_i(t,x))^4 + B_i(d_i(t,x))^2 + C_i & : d_i(t,x) \leq R_i \\ 0 & d_i(x) > R_i \end{cases} \tag{3.41}$$

erhält man hier, falls das Liniensegment s_i, s_{i+1} länger als $2R_i$ ist, als Isofläche erzeugt von diesem Liniensegment einen Zylinder mit abgerundeten Ecken. Die gesamte Polylinie erzeugt eine tubenförmigen Streamball mit leichten Beulen an den Ecken. Falls die Knicke an den Ecken nicht zu groß sind, sind diese kaum zu sehen. Die Parameter A_i, B_i, C_i lassen sich durch Vorgabe des Zylinderradius zu einem bestimmten Wert von c berechnen.

Liegen die Punkte des Skeletts im diskreten Fall dicht bei einander, erhält man eine ähnlich Form, deren Radius jedoch nicht so gut zu kontrollieren ist.

3.3.4 Abbildungstechniken

Durch Variation von Form und Aussehen der Streamballs lassen sich nun verschiedene physikalische Größen darstellen.

Die Abbildungstechniken beruhen alle auf einer Abbildung des Wertebereichs D einer physikalischen Größe auf ein Streamball Attribut A, wie Radius, Farbe,.. .

$$\begin{aligned} a : D &\to A \\ d_i &\mapsto a(d_i) = a_i \end{aligned} \tag{3.42}$$

Wobei d_i die Werte der physikalischen Größe in den Skelettpunkten s_i sind, die durch eine Flußsimulation berechnet wurden.

Techniken welche die Form ändern:

Radiusabbildung :

Der Absolutwert eines skalaren Parameters des Flußfeldes ($d_i \in \mathbb{R}$) variiert den Radius der Streamballs. Im diskreten Fall setzt man $a_i = r_i$. Im kontinuierlichen Fall wählt man eine konvexe Kombination der Feldfunktionen basierend auf den Radien $r = a_i$ und $r = a_{i+1}$.

$$F_i^c(x) = \alpha F_i^c(a_i, x) + (1 - \alpha) F_i^c(a_{i+1})$$

Verzerrungs Techniken :

Dies ist eine Technik die nur bei diskreten Streamballs angewendet wird und dient zur Darstellung vektorieller Größen. Ein Vektor p_i wird dargestellt indem man den Streamball in s_i in Richtung des Vektors skaliert, durch Änderung der Metrik.

$$a : p_i \mapsto a(p_i) = M_i \in \mathbb{R}^{3 \times 3}$$

$$d_i(x) = \|M_i(x_s)\|$$

Man kann einen festen Skalierungsfaktor vorgeben und somit nur die Richtung von p_i visualisieren oder als Skalierungsfaktor den Absolutbetrag des Vektors nehmen.

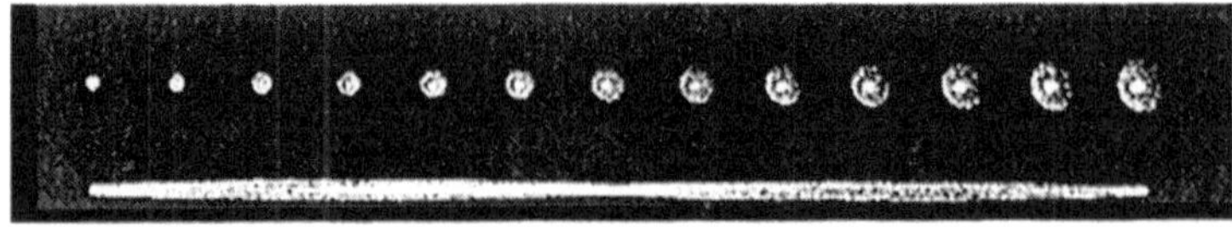

Abb. 3.23 oben: monoton wachsender Funktion dargestellt durch diskreten Streamball; unten: Sinus-Funktion dargestellt durch einen kontinuierlichen Streamball

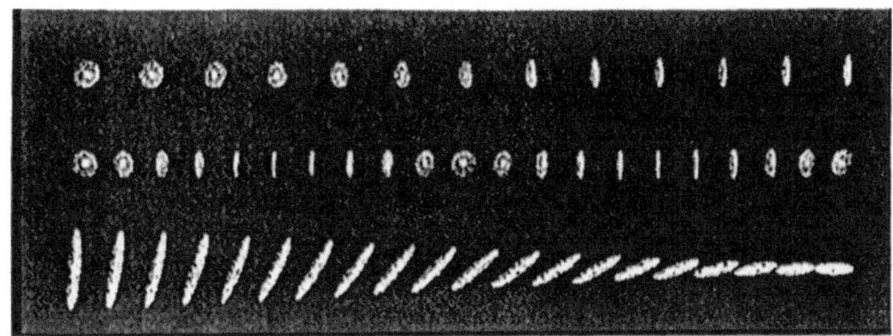

Abb. 3.24 oben: monoton fallende Funktion; mitte: Sinus-Funktion; unten: Vektorfelddarstellung

Techniken die das Aussehen der Streamballs ändern

Farbabbildung :
Zur Darstellung skalerer Größen kann man diese auf eine Farbtafel abbilden.

Transparenzabbildung :
Der Wert 0 soll total opak und der Wert 1 total transparent bedeuten. Dann
wird eine skalare Größe durch eine Abbildung auf das Intervall [0, 1] dargestellt.

Color-Spot-Abbildung :
Eine andere Möglichkeit zur Darstellung skalarer Parameter ist eine Abbildung
auf die Farbintensität. Dabei kann man mehrere skalare Größen unterschiedlichen Farben zuordnen und diese überlagern.

Der Vorteil der Streamballtechnik, ist daß man durch die Vielzahl der Abbildungsmöglichkeiten mehre Größen auf einmal in einem Bild darstellen kann,
wobei man aber darauf achten sollte, daß es übersichtlich bleibt und nicht zu
Verwirrungen führt.

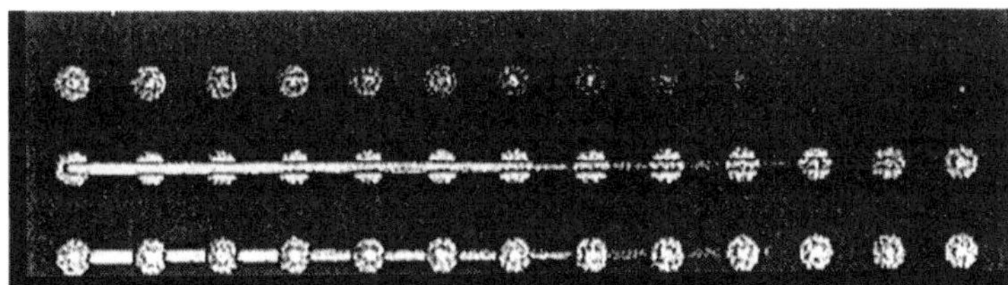

Abb. 3.25 Überlagerung von diskretem und kontinuierlichem Streamball

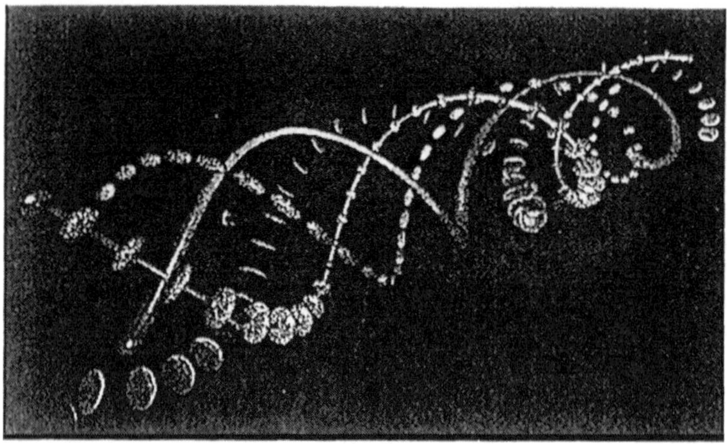

Abb. 3.26 Darstellung mehrerer Größen in einem Bild

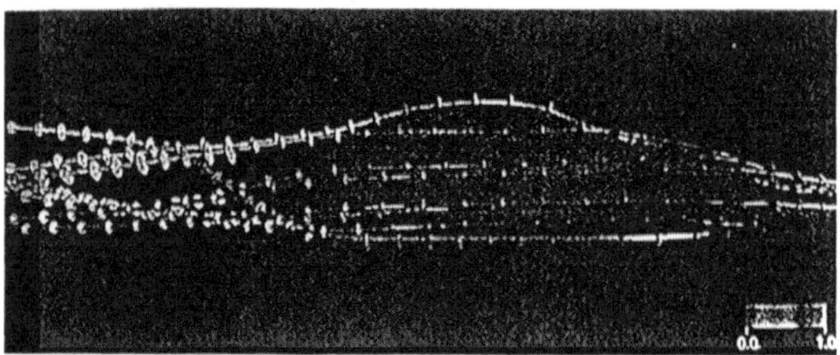

Abb. 3.27 Darstellung der Geschwindigkeit und Beschleunigung der Strömungen einer
Windkanalsimulation

Literatur

[1] H.Rodrian, H.Moock, M.Bender, H.Hagen The Streamball Concept, Uni Kaisereslautern

[2] H.Rodrian, H.Hagen Universität Kaiserslautern, K.Gaither, R.Moorhead, D.Marcum Mississippi State University Streamballs / Methods and Applications

[3] H.Pottmann Visualizing Curvature Discontinuities of Free-Form Surfaces

[4] H.Hagen, S.Hahmann, Th.Schreiber Visualization and computation of curvature behaviour of freeform curves and surfaces Computer Aided Design Vol.27 (1995)

[5] H.Hagen, St.Hahmann, Th.Schreiber Uni Kaisereslautern, E.Geschwind H.-Packard GmbH , B.Wördenweber Hella KG, Y.Nakajima Nissan Motor

CO Curve and Surface Interrogation

[6] H.Hagen, St.Hahmann, Th.Schreiber Uni Kaisereslautern, P.Hollemann-Grundstedt, , B.Wördenweber Hella KG, Y.Nakajima Nissan Motor CO Surface Interrogation Algorithms

[7] H.Hagen, St.Hahmann Uni Kaisereslautern, , B.Wördenweber Hella KG, P.Santarelli Transferzentrum RIM Variational Surface Design and Surface Interrogation

[8] H.Pottmann TU Wien, H.Hagen, A.Divivier Uni Kaisereslautern Visualizing Funktions on a Surface

[9] M.P.DoCarmo Differential Geometrie of Curves and Surfaces (1976)

[10] R.Zavodnik, H.Kopp Graphische Datenverarbeitung Hanser (1995)

[11] H.Pottmann Eine verfeinerung der Isophotenmethode zur Qualitätsanalyse von Freiformflächen CAD und Computergraphik Nr.4 (1988)

4 Aktuelle Ansätze im Bereich Feature Recognition

Dirk Schröder
Universität Kaiserslautern
Fachbereich Informatik
`schroeder@informatik.uni-kl.de`

4.1 Motivation

Zur Integration der im Produktentwicklungsprozeß zu bewältigenden Aufgaben ist es erforderlich, neben der geometrischen Bauteilgestalt nichtgeometrische Information vom Produktentwurf bis zur Fertigung und Prüfung zu berücksichtigen. Die Einführung von Objekten als Träger semantischer Informationen führt zur Verwendung von Features.

Dabei haben sich über die letzten Jahre zwei Hauptrichtungen herauskristallisiert: „feature-based modelling" und „feature recognition". Beim feature-basierenden Modellieren wird eine bottom-up-Methodik benutzt, d.h., der Benutzer fängt von Null an, um sukzessive Features aus einer Bibliothek zu entnehmen und sein Bauteil zu erzeugen. Das Erkennen von Features ist andererseits eine top-down-Methode, bei der durch die Anwendung von Regeln die Features aus einem schon existierenden CAD-Modell extrahiert werden, um sie in einem weiteren Schritt zu bearbeiten.

Die vorliegende Ausarbeitung besteht aus einer Ansammlung aktueller Beiträge aus dem Bereich feature recognition. Der erste Beitrag befaßt sich mit einem hybriden System, das versucht die beiden Hauptrichtungen in einem System zu verbinden. Dabei soll die Mächtigkeit von beiden Ansätzen voll ausgenutzt werden. Die zweite Veröffentlichung behandelt das spezielle Problem des Erkennens von Löchern in Metallplatten. Es werden zwei Typen von Löchern eingeführt, die entsprechend ihrer Anzahl von angrenzenden Flächen klassifiziert werden und ein Algorithmus zur Extraktion dieser beider Lochtypen vorgestellt. Als letztes wird ein Verfahren zur Volumenzerlegung eines Polyederobjektes erläutert. Es werden die entstehenden Zellen aus dem ursprünglichen Volumen als Features betrachtet, die durch eine zugehörige Heuristik in maschinell bearbeitbare Features umgewandelt werden.

4.2 Hybrides System zwischen Feature Recognition und Feature-based Modelling

Die Idee hinter dieser Arbeit ist die Zusammenführung der beiden Feature-Ansätze ‚feature recognition'und ‚feature-based modelling'in einem System. Dabei sollen aus beiden Welten die wichtigsten Aspekte in diesem neuen System einfließen. Dies geschieht durch die Einfüh- rung eines Zwischenmodells und die für die Verwaltung zugehörigen Module.

In der heutigen industriellen Fertigung arbeiten mehrere Ingenieure am gleichen Produkt (concurrent engineering). Ein Produkt wird von jedem einzelnen Ingenieur anders betrachtet. Während der Designer eher ästhetische Gesichtspunkte betrachtet, hat der Fertigungsingenieur die maschinelle Verarbeitung im Vordergrund. Somit kommt zur geometrischen Information eines Modells zusätzliche, semantische Information hinzu. Dies ergibt die sogenannten Features. Im Laufe der Jahre haben sich zwei Ansätze herauskristallisiert, auf die im folgenden näher eingegangen wird.

Beim Ansatz des feature-based modelling wird das Modell während der Design-Phase erzeugt. Somit wird die zusätzliche Information vom Designer direkt eingebaut. Die Nachteile bei dieser Vorgehensweise sind die Tatsachen, daß die Definitionen der Features a-priori vorliegen müssen und sich nach der Anwendung richten. Sie sind deshalb stark kontextabhängig und können nicht bei verschiedenen Anwendungen benutzt werden. Die Menge der Features ist begrenzt, da sie in Feature-Bibliotheken vordefiniert sind, die sich nicht dynamisch erweitern lassen.

Im Gegensatz dazu werden beim feature recognition-Prozeß die Features aus einem schon existierenden Bauteil extrahiert. Der Designer erfährt keine Einschränkungen, d.h. er definiert sich die Features mit Hilfe von geometrischen Primitiven. Durch die Angabe von Regeln wer- den die Elemente erkannt und für einen folgenden Schritt zur Verfügung gestellt. Die geometrische Beschreibung kann an verschiedene Anwendungen angepaßt werden, so daß jeder einzelne Ingenieur seine für sich relevanten Informationen extrahieren kann. Da nur auf geo- metrischer Ebene gearbeitet wird, geht die bekannte, funktionale

Information des Features verloren. Außerdem ist es nur möglich die Features zu erkennen, die mittels einer Regel definiert wurden.

Aus beiden Ansätzen folgt, daß jedes Verfahren für sich unangemessen ist, was zu der Einführung eines hybriden Systems führt. Ziel ist ein sich ergänzendes System mit den folgenden Eigenschaften:

- der Benutzer kann sein Modell mit Features konstruieren
- er kann aber auch aus einem geometrischen Modell ein feature-basiertes Modell erzeugen
- mischen der beiden Modi ist möglich
- die Feature-Bibliothek ist durch den Benutzer erweiterbar

Die Lösung dieses Problems führt zu der Definition eines Zwischenmodells zwischen den beiden Prozessen und eines Umwandlungsmechanismus von dem geometrischen Modell zu dem Zwischenmodell zur kontextabhängigen Feature-Darstellung und zurück.

System Architektur

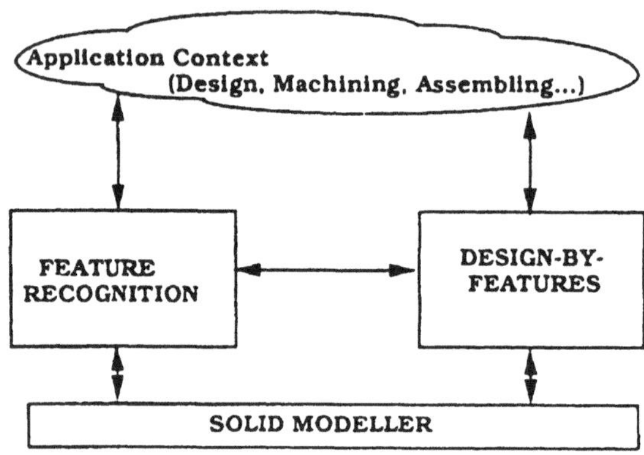

Abb. 4.1

Abbildung 4.1 definiert die grobe Struktur des Systems. Der Benutzer („Application Context") hat die Möglichkeit über die beiden Feature-Module mit einem Körpermodellierer zu kommunizieren. Die genaueren Details werden in der folgenden Abbildung 4.2 erläutert.

Die Hauptgesichtspunkte bei diesem System sind die Anwendungsabhängigkeit der Feature-Bibliothek, sowie die Verbindung zwischen den Komponenten. Diese läuft über das Zwischenmodell, das Instanzen aus beiden Teilen beinhaltet.

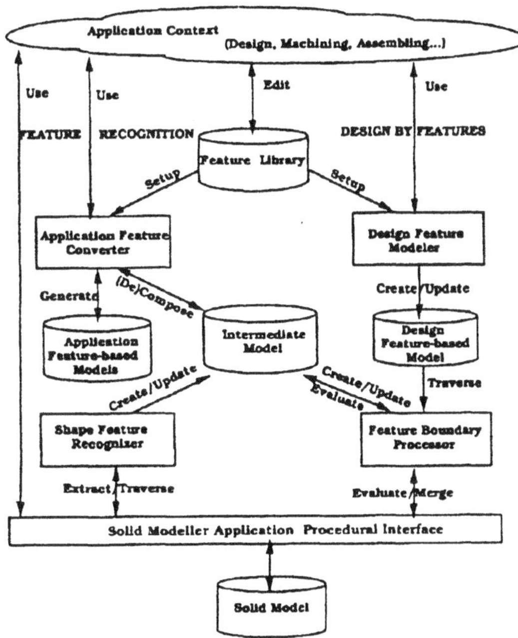

Abb. 4.2

Die Komponenten des Systems bestehen aus einem Design Feature Modeller,
der das feature-basierende Modell erzeugt und verwaltet. Diese Verwaltung
geschieht durch den Aufbau eines design-feature-Graphen. Der Feature Boundary Processor durchläuft das Modell, wertet die Volumen des Design Feature
Modeller aus und führt diese zum geometrischen Modell zusammen. Außerdem
ist er für das Auswerten des Zwischenmodells zuständig. Diese beiden Komponenten zusammen ergeben den Hauptanteil des Design-By-Feature-Moduls.

Zum Modul Feature-Recognition gehört der Shape Feature Recognizer, der für
das Extrahieren der geometrischen Features aus dem Modell, die Klassifizierung und die Aktualisierung des Zwischenmodells zuständig ist. Dabei liegt
das Modell in B-rep-Darstellung vor, wobei zur Klassifizierung der geometrischen Einheiten aus der B-rep-Struktur auch die Lage der Features zueinander
gehört. Der Application Feature Converter hat als Aufgabe die Abbildung des
Zwischenmodells in kontextabhängige Modelle. Somit werden die Features in
einer Weise angeordnet, die nur die anwendungsspezifische Information liefert.

Als letztes größeres Modul existiert der Körpermodellierer (Solid Modeller),
hinter dem sich ein gewöhnlicher 3D-CAD-Modellierer verbirgt. Dieser stellt
die üblichen Werkzeuge zur Verfügung (z. Bsp. Ziehkörper, Bool'sche Operationen auf Körper, usw.) und dient zur Erzeugung neuer Features.

Das Zwischenmodell

Der Informationsgehalt bei den Verfahren „feature recognition" und „design by features" ist unterschiedlich. Aus diesem Grund versucht man ein Modell zu definieren, das beide Mengen so gut wie möglich repräsentiert. Ein weiterer Gesichtspunkt ist die Tatsache, daß jeder Anwender eine unterschiedliche Vorstellung von einem Modell hat (Abbildung 4.3). Kern aller dieser Vorstellung ist die Geometrie des Bauteils. Hinzu kommen noch Informationen, die jeden einzelnen Ingenieur betreffen. Während der Designer unter Umständen ästhetische Gesichtspunkte betrachtet, sieht ein anderer Benutzer die maschinelle Fertigung im Vordergrund. Die Vereinigung aller dieser Repräsentationen (Feature-based-Modell) ergibt das Produktmodell.

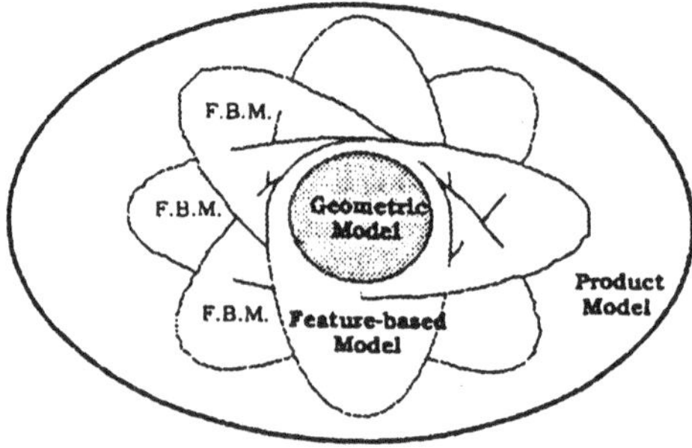

Abb. 4.3

Für eine Zusammenführung beider Ansätze muß die Darstellung des Objekts und die Beschreibung des Kontexts konsistent sein. Dies führt zu der Einführung des Zwischenmodells (Abbildung 4.4). Es speichert die Objekte als Zusammensetzung von Volumen, die im B-rep-Format vorliegen. Das Bauteil selbst besteht aus einem hierarchischen Graphen mit den B-rep-Volumen als Knoten und den Beziehungen zueinander als Bögen.

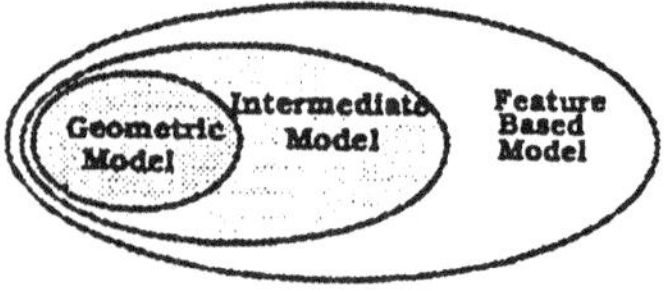

Abb. 4.4

Simplifizierung und Unterteilung sind Aktionen, die während des Aufbaus des Feature-Graphen möglich sind. Dabei vereinfacht die Simplifizierung den Graphen durch Zusammenführung von Knoten, während die Unterteilung den Graphen erweitert (siehe Abbildung 1.5).

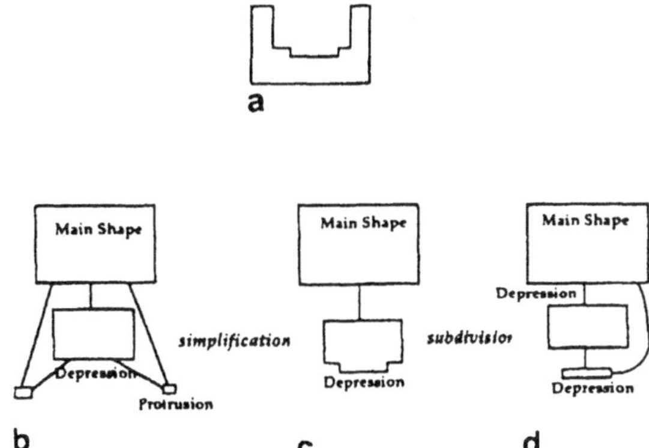

Abb. 4.5

Die Feature-Bibliothek

In der vorliegenden Version einer Feature-Bibliothek gibt es zwei Typen von Features: die vordefinierten Features, die der Benutzer aus einer Bibliothek holt, und Features, die der Benutzer sich mit Hilfe der angegebenen Module selber definieren kann.

Die vordefinierten Features bestehen aus standardmäßig vorgegebenen, geometrischen Modellen, wie zum Beispiel zylindrische Löcher, quadratische Taschen, und ähnliches. Sie sind durch einen eindeutigen Bezeichner und Namen, sowie einen einmaligen Darstellungstyp cha- rakterisiert. Zusätzlich existieren zu jedem Feature eine Liste von Parametern, sowie Restriktionen (constraints) für diese Parameter. Eine Menge von Methoden erlaubt die Bearbeitung der einzelnen Features. Abbildung 4.6 zeigt ein Beispiel für ein solches vordefiniertes Feature.

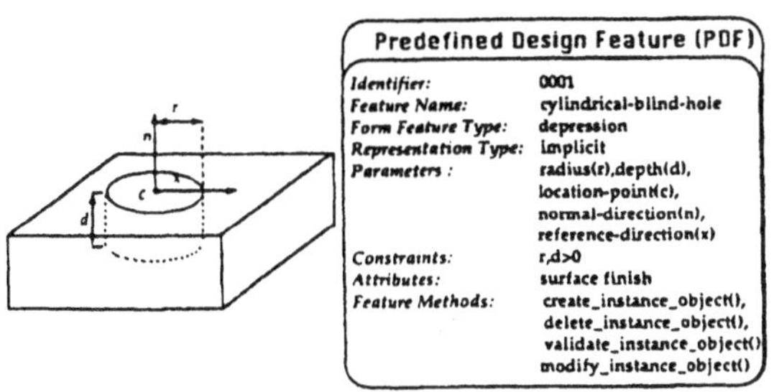

Abb. 4.6

Im Gegensatz dazu gibt es noch die benutzerdefinierten Features, die der jeweilige Anwender mit Hilfe vom ‚feature modeller‛oder dem ‚solid modeller‛erzeugen

kann. Die Darstellung erfolgt über die Geometrie. Aus technischen Gründen
hat dieser Typ von Feature weniger Informationen. Beispielsweise fehlen die
Bearbeitungswerkzeuge. Nur die Angabe von einem Bezeichner, einer Position
und der technologischen Attribute sind möglich. Abbildung 4.7 zeigt ein solches
Feature. Dabei hat der Benutzer zwei ineinander verschachtelte zylinderische
Bohrungen zu einem neuen Feature erklärt.

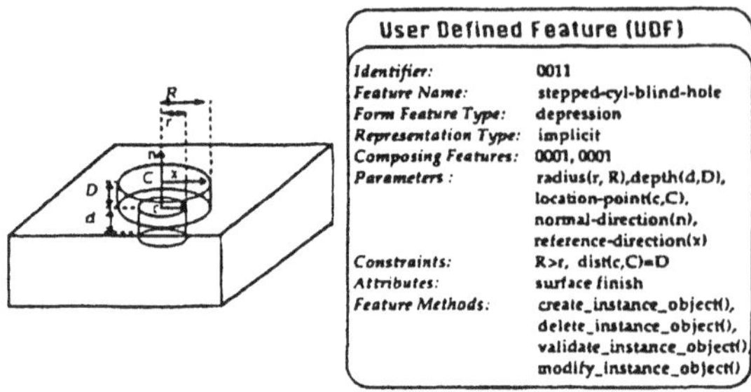

Abb. 4.7

Modul für die feature-basierte Modellierung

Dieses Modul hat zwei Aufgaben: die Erzeugung und Bearbeitung vorhandener
Features aus der Bibliothek und die Erweiterung der Bibliothek mit eigenen
Features. Ebenso ist herauszustellen, daß dieses Modul durch den ‚feature mo-
dellerÿnd den ‚feature-boundary processorÿnabhängig vom Körpermodellierer
ist.

Der *Feature Modeller* bearbeitet die Parameter der Features in einem Modell. Er ist vor allem für die interaktive Arbeit mit dem Benutzer zuständig
und bietet die Funktionalität zur Erzeugung und Manipulation von Bauteilen
mit Features. Intern verwaltet er einen feature-basierenden Graphen mit den
Features als Knoten und den topologischen Beziehungen zwischen ihnen als
Kanten.

Im Gegensatz dazu ist der *Feature-Boundary Processor* für die Zusammenarbeit mit dem Körpermodellierer zuständig. Er erzeugt sowohl das geometrische als auch das Zwischenmodell, wobei der Graph rekursiv durchlaufen
wird und für jedes Feature die Grenzflächen bearbeitet werden. Dabei dürfen
nur die Methoden aus der Feature-Definition benutzt werden. Bei der Arbeit
mit dem Körpermodellierer werden die bekannten Methoden des geometrischen Modellierens benutzt, wie zum Beispiel die Erzeugung einer Tasche durch
einen Ziehkörper und dessen Boolsche Verknüpfung mit einem anderen Körper.
Durch solche Boolsche Operationen wird das Produktmodell erzeugt. Ebenso

werden Schnittflächen erkannt und beim Löschen eines Features wiederherge-
stellt. Die Änderungen an Features werden in diesem Modul bearbeitet, wobei
alle Restriktionen beachtet werden, um einen konsistenten Zustand zu gewährleisten. Dies geschieht schon bei einer Verschiebung einer Seitenfläche einer
Tasche.

Recognition Modul

Das Problem der Erkennung der Form des Objekts und die Beschreibung
des Zusammenhangs zwischen den einzelnen Formelementen in Verbindung
zu bringen, wird mit der Hilfe von den beiden folgenden Modulen gelöst.

Der *Shape-Feature Recognizer* erkennt die Features anhand der Grenzflächen,
klassifiziert diese mittels vorgegebener Regeln und erzeugt das Zwischenmodell.

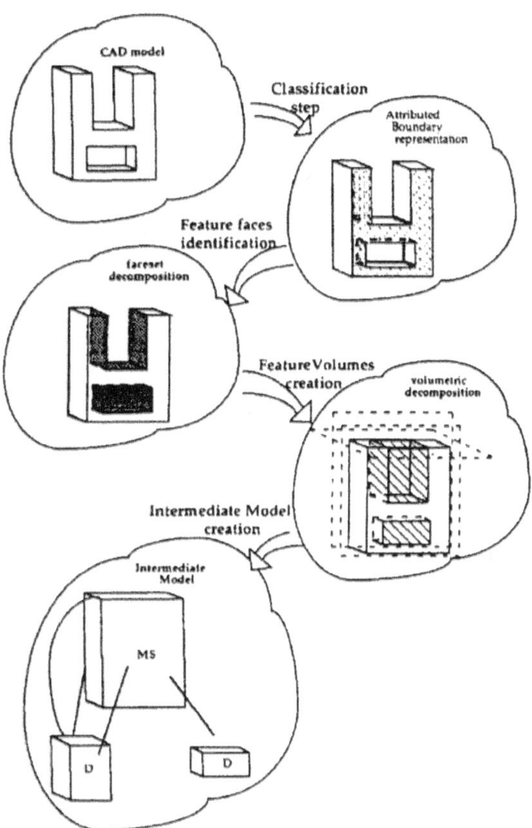

Abb. 4.8

In Abbildung 4.8 kann man die Vorgehensweise erkennen: als erstes werden die
Kanten und Schleifen als konvex oder konkav klassifiziert. Im nächsten Schritt
werden die einzelnen Flächen identifiziert, um dann im darauffolgenden Schritt
die Formelemente (Features) zu extrahieren.

Im Gegensatz dazu gibt es den *Application-Feature Converter*, der für die
Konvertierung des Zwischenmodells in ein anwendungsabhängiges, feature-
basiertes Modell zuständig ist. Dabei läuft ein Prozeß ab, der durch eine ‚Ler-
nen durch BeispieleTechnik die Features erzeugt. Der Benutzer gibt ein Beispiel für ein Feature vor. Das System erzeugt einen Graphen und sucht diesen
Teilgraphen im Graphen des Bauteils. Der Benutzer hat noch die Möglichkeit,
Operationen für diesen Subgraphen zu spezifizieren. Eine zusätzliche Aufgabe
dieses Moduls ist die Warnung an den Benutzer, falls ein Feature geändert
wurde. Dies sieht man an Abbildung 4.9, wo die Änderung der zylindrischen
Bohrung sich auf die Nut auswirkt. Intern wird der Graph entsprechend Abbildung 4.10 geändert.

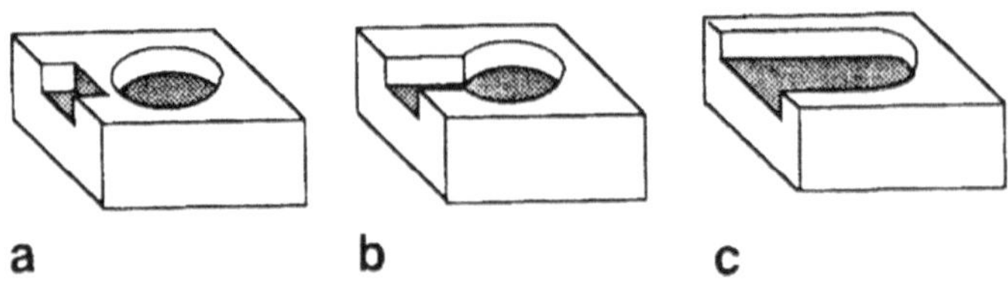

Abb. 4.9

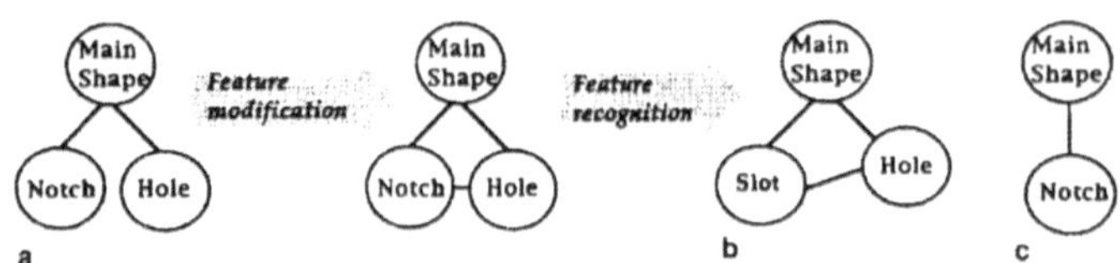

Abb. 4.10

4.3   Erkennen von Löchern in Metallplatten

In dieser Veröffentlichung wird ein Algorithmus zum Erkennen und Extrahieren von Löchern aus Metallplatten eingeführt. Dabei werden Löcher in verschiedene Kategorien unterteilt. Es gibt die sogenannten Typ 1-Löcher (siehe
Abbildung 4.11), bei der die Löcher nur auf einer Seite vom Objekt liegen.

Diese Löcher können entweder eine konvexe oder eine konkave Kontur besitzen. Typ 2-Löcher hingegen liegen auf mehr als einer Seite (siehe Abbildung 4.12).

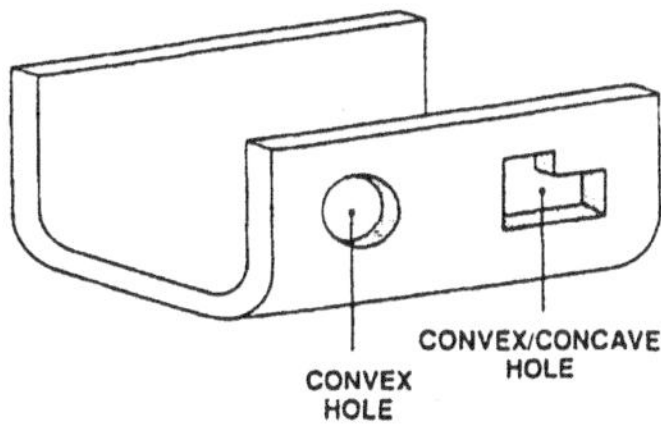

Abb. 4.11

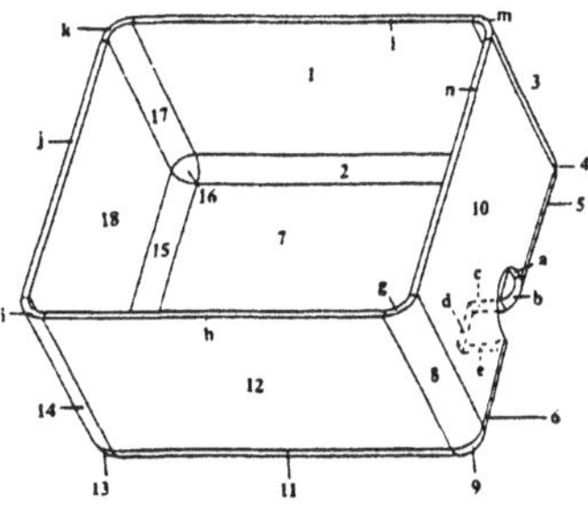

Abb. 4.12

Für den Algorithmus braucht man die folgenden Definitionen:

Definition 4.1. Ein AAG (attributed adjacency graph) ist ein Flächen-Kanten-Graph, wobei die Attribute die Topologie der Kanten darstellen (konvexe oder konkave Kante). Dabei gilt folgende Notation:

$$G = (N, A, T)$$

mit
N : Menge an Knoten
A : Menge an Bögen
T : Menge an Attributen zu A

Dabei gilt, daß jede Fläche f in der Flächenmenge F einen eindeutigen Knoten n in N hat. Außerdem hat jede Kante e in der Kantenmenge E einen eindeutigen Bogen a in A. Dieser Bogen verbindet die Knoten und, die wiederum zu den Flächen und mit e als gemeinsame Kante gehören. Jeder Bogen a in A hat ein Attribut t. t kann die Werte 0 (konkaver Winkel) oder 1 (konvexer Winkel) annehmen.

Die folgende Abbildung 4.13 zeigt ein Beispiel für diesen Graphen.

Die Idee des Algorithmus ist das Entfernen aller konvexer Flächen, also Flächen mit konvexen, eingehenden Bögen. Die restlichen Flächen werden dann als Löcher betrachtet.

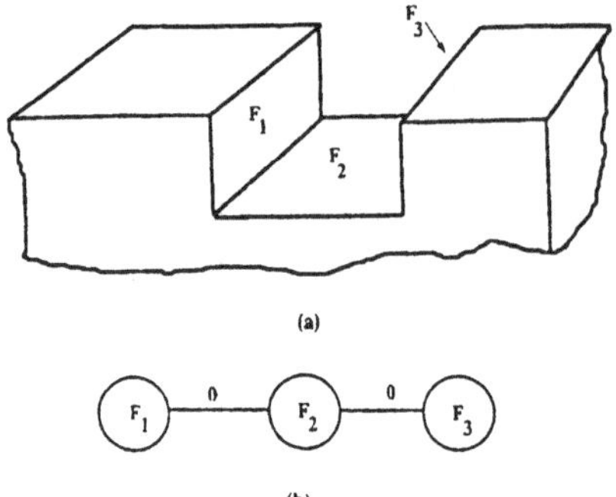

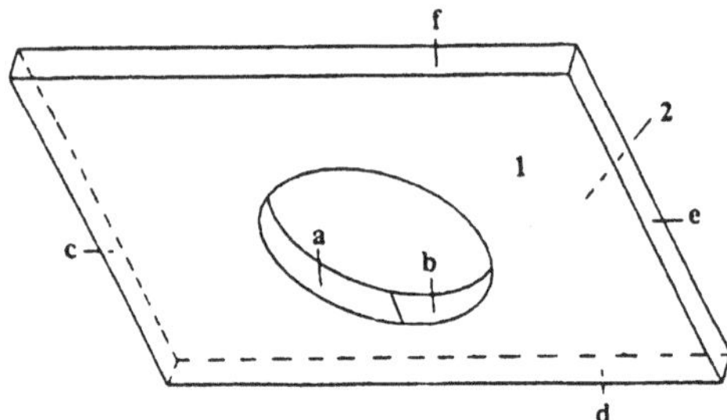

Abb. 4.13

Weitere Notationen in diesem Zusammenhang sind die folgenden Definitionen von Flächen. Eine t-Fläche (t steht für thickness) ist die Umrandung der Metallplatte, während die restlichen Flächen als s-Flächen bezeichnet werden. Die Abbildung 4.14 zeigt ein Objekt, dessen t-Flächen mit kleinen Buchstaben und die s-Flächen mit Ziffern gekennzeichnet sind.

Abb. 4.14

Als nächstes folgt die Definition eines Flächen-Nachbarschafts-Graphen, der eine Erweiterung des AAG ist.

Definition 4.2. Ein FAH (face adjacency hypergraph) von einem Objekt $S(F_s, E_s, V_s)$ ist ein Hypergraph $G = (N, A, H)$ mit den Eigenschaften:

- für jede Fläche f in F_s existiert ein eindeutiger Knoten n in N
- für jede Kante e in E_s, die zu zwei Flächen gehört, existiert ein eindeutiger Bogen a in A
- für jeden Punkt v in V_s existiert eine Untermenge von Flächen aus S, die in v zusammentreffen (ebenso im Graphen G)

Die nächste Abbildung 4.15 zeigt einen solchen Graphen für das einfache Objekt eines Würfels.

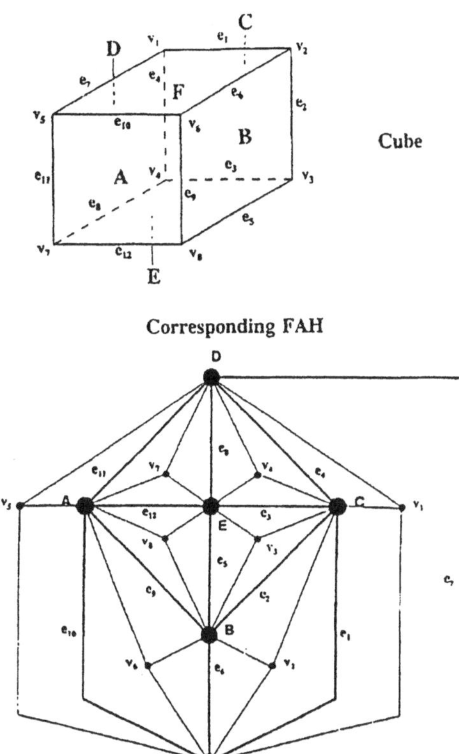

Abb. 4.15

Der Vorteil dieser Definition ist die Tatsache, daß die Flächen die dominanten
Elemente des Graphen sind. Die Kanten und die Punkte sind Elemente, die aus
den Flächen entstehen, d.h. Kanten sind die Schnitte zwischen angrenzenden
Flächen und Punkte die Schnitte zwischen mehreren Flächen.

Ein weiterer Graph ist der modifizierte Flächen-Nachbarschafts-Graph, der im
folgenden defi- niert wird.

Definition 4.3. Ein MFAH (modified face adjacency hypergraph) ist die Wei-
terführung des FAHs, wobei die Klassifizierung von Flächen entsprechend Abbildung 4.16 durchgeführt wird.

Zusätzlich werden t-Flächen-Schleifen, also Schleifen von Flächen, die aus-
nahmslos t-Flächen sind, sowie $t - s$-Bögen, ein Bogen zwischen einer t- und
einer s-Fläche, eingeführt. Ebenso gibt es noch die $t - s$-Kante, die Kante, die
zum $t-s$-Bogen gehört, sowie die zugehörige $t-s$-Kanten-Schleife, die entspre-

Name	Graphic	Gaussian curvature G	Mean curvature k	Examples
Convex parabolic		$G = 0$	$k < 0$	Partial cylinder from outside
Concave parabolic		$G = 0$	$k > 0$	Partial cylinder from inside
Concave elliptic		$G > 0$	$k > 0$	Partial torus inside facing outer perimeter
Convex elliptic		$G > 0$	$k < 0$	Partial torus outside facing outer perimeter
Hyperbolic		$G < 0$	k any value	Partial torus inside facing inner perimeter
F		$G = 0$	$k = 0$	Partial plane

Abb. 4.16

chend eine Schleife von Kanten ist, mit jeder einzelnen Kante als $t - s$-Kante.

In der folgenden Abbildung 4.17 und der Aufzählung sollen diese Definitionen beispielhaft verdeutlicht werden:

- t-Flächen-Schleife: $a, j, i, h, g, f, e, d, c, b$
- $t - s$-Bogen: $3, g$
- $t - s$-Kante: $1, i$
- $t - s$-Kanten-Schleife: e_{5k}, e_{6l}

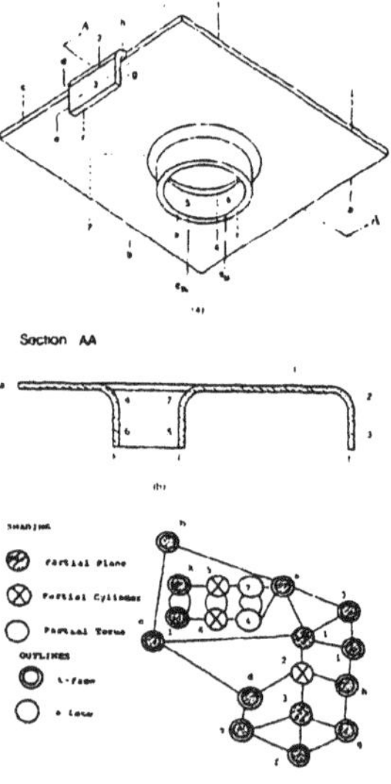

Abb. 4.17

Algorithmus zum Erkennen von Löchern

Ein Typ 1-Loch bzgl. des MFAH ist definiert als eine t-Flächen-Schleife, wobei jede einzelne t-Fläche an einer s-Fläche liegt. Dies erkennt man an folgender Abbildung 4.14, wo das Loch aus den t-Flächen a und b besteht, die beide an der s-Fläche 1 anliegen.

Im zugehörigen Graphen ist dies noch leichter zu erkennen, dadurch daß die Schleife a-1-b vorliegt (Abbildung 4.18).

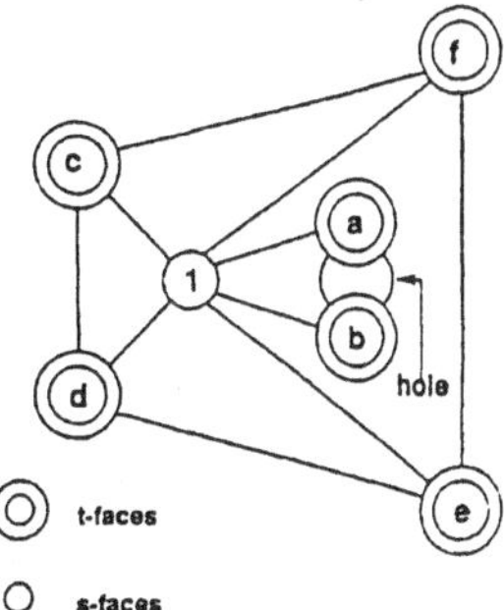

Abb. 4.18

Im Gegensatz dazu liegen bei den t-Flächen einer t-Flächen-Schleife eines Typ 2-Loches nicht mehrere t-Flächen an einer s-Fläche an. Das neue Beispiel aus Abbildung 4.19 verdeutlicht dies. Es gibt keine s-Fläche, die zu mehreren t-Flächen führt, wobei diese eine Schleife bilden.

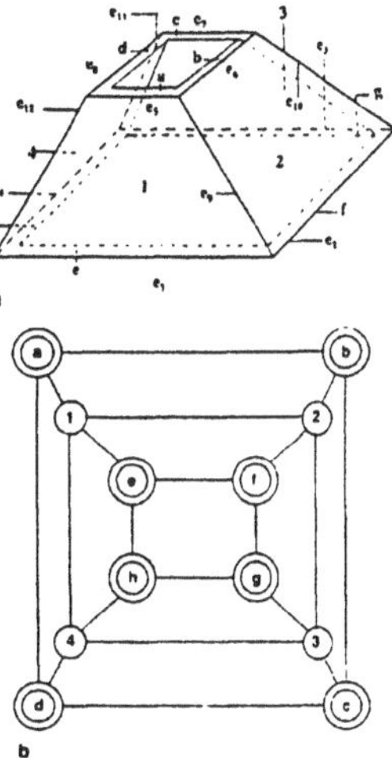

Abb. 4.19

Anwendung des Algorithmus am Beispiel

Typ 1 Loch: Das bekannte Loch aus Abbildung 4.14 und 4.18 soll nun erkannt werden. Im MFAH-Graphen sind die Flächen a bis f t-Flächen, während der Knoten 1 als s-Fläche klassifiziert wird. In diesem Graphen existieren zwei t-Flächen-Schleifen. Die erste ist die Schleife, die aus den Flächen a und b besteht, während die zweite aus den äußeren Flächen c bis f zusammengesetzt ist. Da nur die Schleife mit den Flächen a und b an einer einzigen s-Fläche angrenzt, wird somit das Loch erkannt.

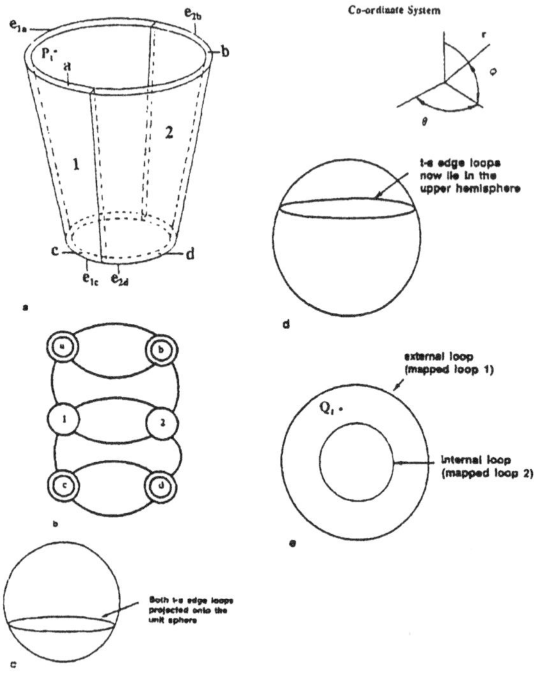

Abb. 4.20

Typ 2-Loch: Bei diesem Beispiel wird das Objekt in zwei s-Flächen (1 und 2), sowie vier t-Flächen (a, b, c, d) unterteilt. Aus dem zugehörigen Graphen (siehe Abbildung 4.20b) sind zwei t-Flächen-Schleifen erkennbar. Schleife 1 besteht aus den Flächen a und b, während Schleife 2 die Flächen c und d beinhaltet.

Betrachtet werden nun die $t - s$-Kanten-Schleifen zur Schleife 1 und 2. Bildet man diese auf den Einheitskreis ab, so entstehen zwei Kreise, die wiederum zusammenfallen. Dies sieht man in Abbildung 4.20c. Die Abbildung verläuft entlang der äußeren Kanten des Objekts. Beide Schleifen werden als nicht entartet klassifiziert, d.h. sie teilen die Kugel in zwei endliche Mengen (ein Beispiel für eine entartete Schleife folgt weiter hinten). Im nächsten Schritt wird der entstandene Kreis in die obere Hälfte der Kugel rotiert (siehe Abbildung 4.20d), um somit zu testen, ob die abgebildeten $t-s$-Kanten-Schleifen die Achse der Einheitskugel umschließen. Dies trifft bei diesem Beispiel zu. Wird nun die maximale Differenz bzgl. dem Winkel ψ zwischen den beiden Abbildungen berechnet, so erhält man $\Theta_g = 0$, woraus man direkt schließen kann, daß ein zylindrisches Loch vorliegt. Dies ist in diesem Algorithmus ein Spezialfall, der durch folgende Vorgehensweise weiterbearbeitet wird: die Schleifen werden durch Parallelprojektion zu zwei Kreisen abgebildet (Abbildung 4.20e). Außerdem wird ein interner Punkt P_1 auf einen Punkt Q_1 durch die gleiche Parallelprojektion transformiert, um dann im letzten Schritt anhand des Punktes Q_1 die interne und die externe Schleife zu bestimmen.

Das nächste Beispiel befaßt sich mit den aus Abbildung 4.12 bekannten Typ 2-Loch. Aus dem Graphen sind zwei Flächenschleifen zu erkennen. Schleife 1 besteht aus den Flächen a, b, c, d, e und f, während Schleife 2 aus den Flächen g, h, i, j, k, l, m und n zusammengesetzt ist. Durch obiges Verfahren wird Schleife 1 auf einen nicht entarteten und Schleife 2 auf einen entarteten Kreis abgebildet. Dadurch läßt sich festlegen, daß die Flächen, die zur Schleife 2 gehören, den Rand ausmachen und diejenigen, die die Schleife 1 darstellen, das Loch repräsentieren.

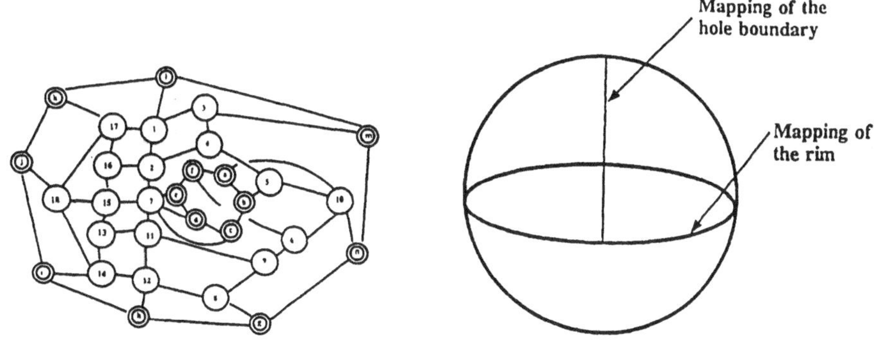

Abb. 4.21

4.4 Volumenzerlegung und Feature Recognition anhand von Polyederobjekten

Im Bereich CAD ist es oft üblich, größere, komplexe Objekte in kleinere, handlichere Objekte zu zerlegen. Dies geschieht schon bei der CSG-Modellierung, wo aus einfachen Objekten durch Boolsche Operationen auf diesen komplexere entstehen. Im allgemeinen gibt es ver- schiedene Ansätze dies zu bewältigen, wobei in dieser Arbeit eine „Zell-Zerlegung" vorge- nommen wird. Dabei wird das komplexe Objekt in Zellen zerteilt. Diese erfüllen die Nebenbedingung, daß die Vereinigung dieser Zellen wieder das Objekt selber ergibt. Im Gegensatz hierzu existieren die Voxel-Zerlegung und die Octree-Kodierung, bei denen aber die Vereinigung der Zellen nicht unbedingt das ursprüngliche Objekt ergibt.

Der Hintergrund dieser Aufteilung in Zellen ist die Betrachtung der einzelnen Zellen als Features. Die entstandenen Zellen sind die Features und der Prozeß „feature recognition" ist die Zerlegung des Delta-Volumens in Zellen. Das Ziel dabei ist die Erzeugung einer minimalen Anzahl von Zellen, die ein großes Volumen haben und aus einfachen Formen bestehen. Große Volumen haben den Vorteil, daß bei der Erzeugung (Bsp.: Fräsen) des Modells weniger Operationen nötig sind. Somit ist ein zeitaufwendiger Wechsel von Fräsköpfen unter Umständen stark reduziert. Solche Zellen werden MCCs genannt.

Definition 4.4. (MCC (maximum convex cell)) Ein MCC (maximal convex cell) eines Polyeders ist die konvexe Zelle, dessen Halbräume mit den vom Polyeder übereinstimmt und die nicht vollständig in einer anderen Zelle liegt.

4.4.1 Zellzerlegung eines Polygons

Sei P ein Polygon, V_i ein konkaver Punkt auf P und E_{ij} eine Kante, die die Punkte V_i und V_j als Endpunkte hat. N_{ij} ist die Nachbarschaft von V_i, also eine Menge an Punkten, die auf der Kante E_{ij} liegt. Als letztes wird noch der Halbraum H_{ij} der Kante E_{ij} definiert, nämlich der Halbraum der Kante, der das Polygon enthält.

4.4.2 Generierung der globalen Ausschluß-Matrix

Für die Anwendung des Algorithmus ist zusätzlich die Erstellung einer globalen Ausschluß- Matrix von Bedeutung. In dieser Matrix werden die Beziehungen zwischen den Nachbarschaf- ten abgespeichert. Es wird die Frage gestellt: Fällt einer der Nachbarn weg, wenn man die Schnittmenge zwischen dem Halbraum und dem Polygon bildet? Die zulässigen Werte werden in der folgenden Tabelle angegeben:

0   H_{ij} schließt N_{kl} und H_{kl} schließt N_{ij} nicht aus (Bsp.: Diagonale)

1   H_{ij} schließt N_{kl} aus (N_{ij} und N_{kl} sind nicht in der gleichen Menge)

2   H_{ij} schließt nicht N_{kl} aus, aber N_{ij} wird von H_{kl} ausgeschlossen

3   H_{ij} und H_{kl} fallen zusammen

Die nächste Abbildung 4.22a zeigen ein Beispiel inklusive der zugehörigen Ausschluß-Matrix. Abbildung 4.22b zeigt die MCCs, die Ziel dieses Algorithmus sind.

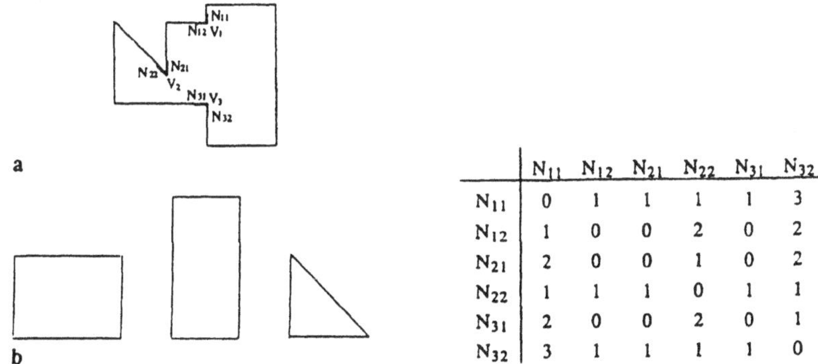

	N_{11}	N_{12}	N_{21}	N_{22}	N_{31}	N_{32}
N_{11}	0	1	1	1	1	3
N_{12}	1	0	0	2	0	2
N_{21}	2	0	0	1	0	2
N_{22}	1	1	1	0	1	1
N_{31}	2	0	0	2	0	1
N_{32}	3	1	1	1	1	0

Abb. 4.22

4.4.3 Generierung der vollständigen Mengen und testen nach den MCCs

Für die Generierung der vollständigen Mengen und die Erzeugung der Form-Features wird folgender Algorithmus (Abbildung 4.23) angewendet:

Vollständige Mengen sind dabei eine Menge von Nachbarschaften, die zusammen ein MCC definieren. Der Algorithmus selber soll anhand eines Beispiels verdeutlicht werden.

4.4.4 Durchführung anhand von Beispielen

Gegeben sei folgendes Beispiel mit der zugehörigen Ausschluß-Matrix (Abbildung 4.24):

Die Ausschluß-Matrix wird Reihe für Reihe abgearbeitet. Dabei kommt jede einzelne Nach- barschaft erst einmal auf einen Stapel, dessen Position mit [] gekennzeichnet wird.

Als erstes kommt N_{11} auf den Stapel (Position [1]), und die 0 in der Diagonale wird durch 4 ersetzt. Mit den restlichen Ziffern wird ein Test auf eine MCC gestartet. Dies geschieht dadurch, daß die Schnittmenge des Halbraums mit dem Polygon P alle restlichen Nachbarn ausschließt. Somit wird das erste MCC erkannt, nämlich das mit b gekennzeichnete MCC (Abbildung 4.24b), und N_{11} kann vom Stapel genommen werden.

Im nächsten Schritt kommt N_{12} auf den Stapel [1] und das Diagonalelement wird auf 4 gesetzt. Da noch weitere Null-Elemente in der Reihe stehen, wird der Algorithmus rekursiv durchlaufen. Es wird somit eine lokale Ausschluß-Matrix (Abbildung 4.25a) erzeugt, die im nächsten Schritt betrachtet wird.

Es kommt N_{21} auf den Stapel [2], und das Diagonalelement wird auf 4 gesetzt. Da wie im vor- herigen Schritt weitere Null-Elemente vorliegen, muß eine weitere Rekursionsstufe durchlau- fen und die zugehörige Ausschluß-Matrix (Abbildung 4.25b) angepaßt werden.

Auf der dritten Rekursionsstufe wird N_{31} auf den Stapel gelegt [3] und die Diagonale mit 4 belegt. Der Stapel besteht nun aus der Menge

$$S = \{(1,2),(2,1),(3,1)\},$$

die eine vollständige Menge ist. Es kann nun die Testroutine für die Bestim-

```
Find_sets(C)
{
    Perform the following process on every row from
    top to bottom;
    {
        If the row is not included by any of the processed
    rows
        {
            Add the neighbourhood of that row to the
            stack;
            If there are zeros in the row
            {
                Generate a local elimination matrix C';
                Call Find_sets(C');
            }
            Else
            {
                Test the set of neighbourhoods of the stack
                for an MCC.
            }
            Remove the neighbourhood of the row from
            the stack;
        }
    }
}
```

Abb. 4.23

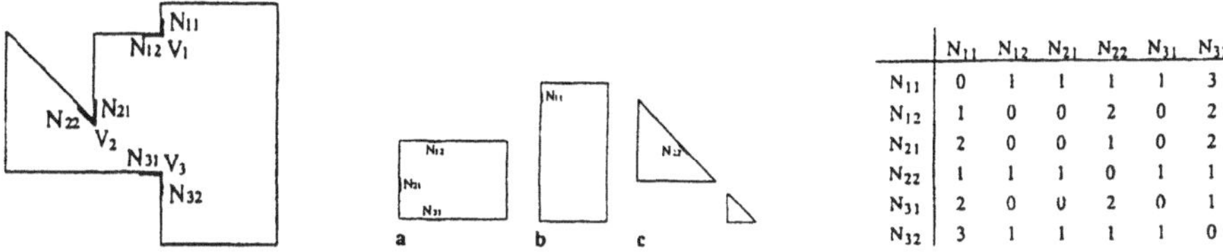

Abb. 4.24

mung der MCCs aufgerufen werden. Da alle anderen konkaven Eckpunkte beim Schnitt der Halbräume mit dem Polygon wegfallen, wird ein neuer MCC festgelegt (siehe Abbildung 3.3a). Die Rekursionsstufe ist fertig und N_{31} kann vom Stapel genommen werden.

Beim Abarbeiten des Stapels (Stufe [2]) wird die alte Matrix wieder aktiv und N_{21} wird vom Stapel genommen. Da die erste durch die zweite Reihe schon abgedeckt wurde, wird diese Rekursionsstufe abgeschlossen.

Im letzten Schritt (Stufe [1]) wird die ursprüngliche Matrix aktiv und N_21 wird vom Stapel genommen. Dafür kommt N_{22} auf den Stapel und die 0 wird zur 4. Da keine weitere Null in der Reihe steht, wird die Testroutine für MCCs aufgerufen. Diese bestimmt das obere Dreieck (siehe Abbildung 4.24c) als letztes MCC für das angegebene Beispiel.

4.4.5 Zellzerlegung eines Polyeders

Die Zerlegung eines Polyeders läuft analog zum zweidimensionalen Verfahren. Als Beispiel soll hier nur ein Bauteil mit dem zugehörigen Rohmaterial und dem Delta-Volumen dargestellt werden. Aus dem Delta-Volumen werden die Features extrahiert (Abbildung 4.26).

Ein weiterer, interessanter Aspekt bei dieser Betrachtungsweise von Features ist die Frage nach der Reihenfolge der Maschinenoperationen. Allgemein kann man vorgehen, indem man ein MCC nimmt und von den restlichen MCCs abzieht, da diese sich mit dem vorherigen höchstwahrscheinlich schneiden. Problematisch ist diese Vorgehensweise, wenn man bedenkt, daß N MCCs N! Möglichkeiten für dieses Verfahren liefern. Betrachtet man folgendes einfache Beispiel, so sieht man, daß durch diese drei Zellen sechs verschiedenen Möglich-

	N_{21}	N_{31}
N_{21}	0	0
N_{31}	0	0

	N_{31}
N_{31}	0

Abb. 4.25   a   b

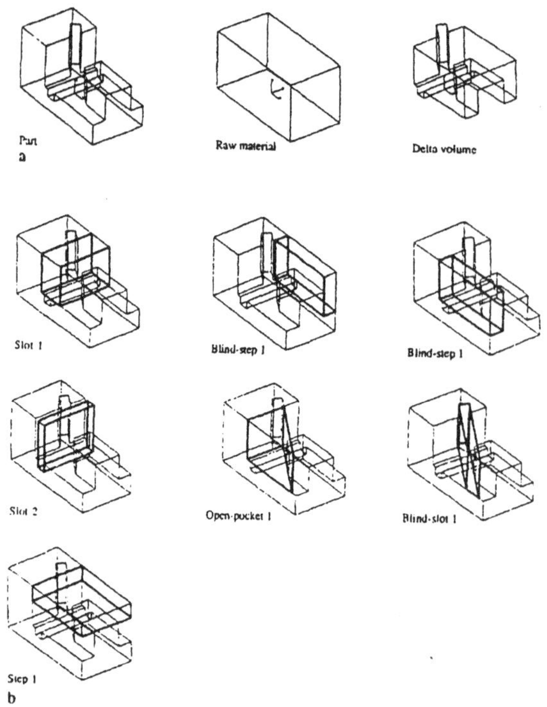

Abb. 4.26

keiten der Anordnung vorliegen (Abbildung 4.27).

Eine Heuristik, die eine effiziente Abarbeitung der Zellen liefert, wäre an dieser Stelle sinnvoll. Diese könnte folgendermaßen aussehen:

- eine flache Seite kann mit dem Ende oder der Seite eines Fräskopfes bearbeitet werden
- man suche die Seite aus, wo die meisten Features erzeugt werden können
- man nehme den größten Fräskopf, der ein Feature erzeugen kann
- man bearbeite das Objekt entsprechend der Größe der projizierten Flächen der Features

Am vorherigen Beispiel sieht dies folgendermaßen aus (Abbildung 4.28).

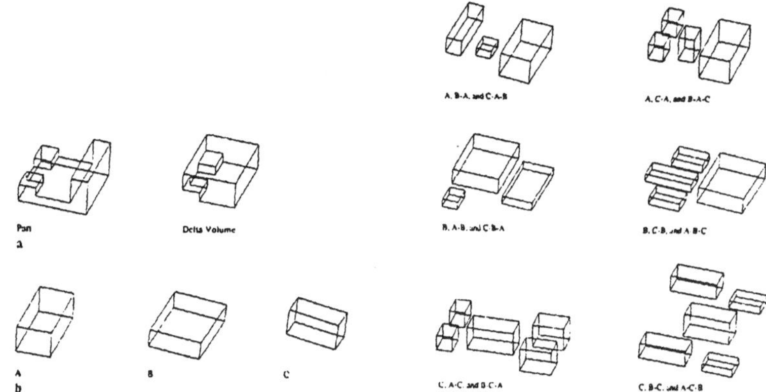

Abb. 4.27

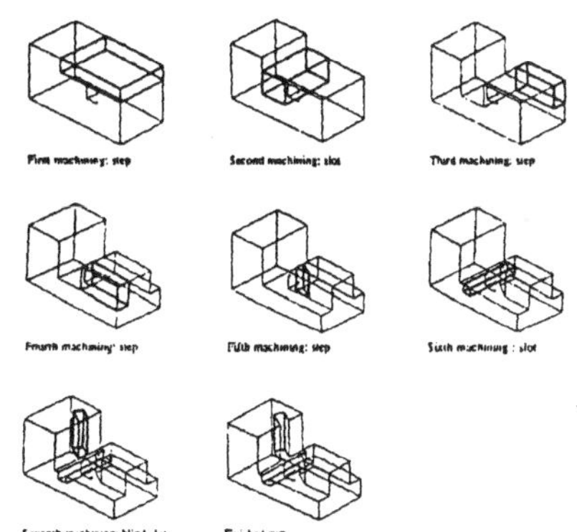

Abb. 4.28

5 Flächenmodifikation mit der Methode der finiten Elemente

Alexa Nawotki

Universität Kaiserslautern

Fachbereich Informatik

`alexa@mathematik.uni-kl.de`

Zusammenfassung:
In der Plattengleichung können die Materialparameter als Interaktionsparameter benutzt werden. Das physikalische Verhalten einer Platte wird durch eine partielle Differentialgleichung beschrieben. Ich benutze die Materialwerte in dieser Gleichung als Interaktionsparameter, um eine Fläche einfach und intuitiv verändern zu können. Dabei wird die Lösung mit der Methode der finiten Elemente berechnet. Es werden die theoretischen Grundlagen dieser Idee erläutert und die praktische Umsetzung anhand einiger Beispiele demonstriert.

5.1 Der Ansatz

Bei Freiformdesign und beim Blending ist es wünschenswert, gute und intuitiv eingängige Interaktionsmöglichkeiten zu besitzen.

Bei normalen Splineflächen kann man nur über Verschiebungen der Kontrollpunkte auf die Fläche Einfluß nehmen. Das ist gewöhnungsbedürftig und oft auch recht aufwendig.

Einige Autoren ([8]; [5] bis [3]) sind deshalb dazu übergegangen, die Flächen so zu bestimmen, daß sie eine geeignete partielle Differentialgleichung erfüllen. Dieser Ansatz macht Sinn - so weiß man zum Beispiel, daß eine harmonische Funktion (also $\triangle u = 0$) ihr Maximum auf dem Rand annimmt, und somit kann die Fläche über die Randwerte kontrolliert werden. Bei anderen Differentialgleichungen ergeben sich ähnliche Aussagen.

5.1.1 Die Berechnung der Lösung

Einige Differentialgleichungen lassen sich bei bestimmten Randwerten analytisch lösen, aber dies gelingt nicht allgemein. Also muß ein numerisches Lösungsverfahren herangezogen werden. Dabei sind Methoden ungeeignet, die diskrete Lösungen liefern, wie zum Beispiel die finiten Differenzen. Dagegen kann man die Methode der finiten Elemente benutzen. Dazu muß man zuerst eine zu der partiellen Differentialgleichung gleichwertige Variationsformulierung finden. (Gleichwertig bedeutet hier, daß die Lösung des Variationsproblems eine Lösung der Differentialgleichung ist, zumindest im Distributionssinne, siehe [7], [6].)

Das Variationsfunktional wird dann in einem endlichdimensionalen Teilraum des theoretischen Lösungsraumes minimiert. Dadurch erhält man eine Approximation der gesuchten Fläche. Dabei kann man eine gängige CAD-Basis (B-Splines, Bernsteinpolynome, ...) als Basis des Teilraumes benutzen.

Man spricht von einem Variationsansatz (vgl. [8]) bzw., da normalerweise Energie minimiert wird, von einer Energiemethode, wenn der theoretische Ausgangspunkt „partielle Differentialgleichung" weggelassen wird. Hinter den drei Begriffen verbirgt sich prinzipiell dasselbe.

5.1.2 Die Plattengleichung

Die meisten Autoren wählen als Ausgangsdifferentialgleichung die biharmonische Differentialgleichung

$$\triangle^2 u = 0$$

bzw. die dazugehörige Variationsformulierung

$$J(u) = \int_\Omega \left((\triangle u)^2 - c \cdot (u_{xx} u_{yy} - u_{xy}^2) \right) \, dx dy.$$

Dafür sprechen zwei Dinge: Erstens können hier auf dem Rand Funktionswerte *und* Ableitungen vorgegeben werden und zweitens beschreibt diese Differentialgleichung das physikalische Verhalten einer dünnen, isotropen Platte.

Über die Lösung kann man schon a priori Angaben machen:

1. Sie ist eine Minimalfläche.
2. Sie mittelt über die Randwerte, denn mit der passenden Greenschen Funktion gilt

$$u(p) = \int_{\partial\Omega} \left(u_r \frac{\partial(\triangle G)}{\partial n} - \triangle G (\frac{\partial u}{\partial n})_r \right) ds,$$

wobei $p \in \Omega$, Ω ein beschränktes Gebiet mit stückweise glattem Rand, und der Index „r" die Funktion auf den Rand $\partial\Omega$ einschränkt.

Dabei muß die Greensche Funktion G die Fundametallösung sein, d.h.

(a) $\triangle^2 G = 0$ in $\Omega \backslash \{p\}$,

(b) $G = 0$ und $\frac{\partial G}{\partial n} = 0$ auf $\partial\Omega$.

5.1.3   Die neuen Interaktionsparameter

Wie üblich wird bei der physikalischen Deduktion der Plattengleichung (siehe [14]) vorausgesetzt, daß nur kleine Verzerrungen auftreten, und außerdem wird die Formel so vereinfacht, daß eine lineare Differentialgleichung entsteht. Die Ergebnisse beweisen, daß die Formel trotzdem gut die realen Verformungszustände beschreibt. Dies habe ich im folgenden ausgenutzt (siehe auch [16]).

Dazu betrachte ich die Variationsformulierung mit allen Materialparametern

$$J(u) = \int\limits_{\Omega} \frac{Eh^3}{24(1 - \nu^2)} \left((\triangle u)^2 - 2(1 - \nu)(u_{xx}u_{yy} - u_{xy}^2) \right) \, dxdy, \qquad (5.1)$$

wobei J die potentielle Energie ist, u die Verschiebung der Fläche aus der $xy-$Ebene in $z-$Richtung, h die Dicke der Platte, E das Elastizitätsmodul, also der Proportionalitätsfaktor zwischen Kraft und der daraus resultierenden Verschiebung und ν die Querkontraktionszahl, also das Verhältnis zwischen Quer- und Längsverschiebung.

Nun habe ich die Materialparameter als Formparameter benutzt: Wenn E und ν vom Ort abhängen, dann muß sich mit ihnen auch das Aussehen der Fläche ändern. Dabei sorgen „weichere" Materialparameter für eine gleichmäßigere Verteilung der angreifenden Kräfte und „härtere" reduzieren die Ausstrahlungsweite. Wenn die Umsetzung dieses Ansatzes gelingt, besitzt man anschauliche Interaktionsparameter.

5.2   Die theoretischen Grundlagen

5.2.1   Die Existenz und Eindeutigkeit

Der erste Schritt ist die Frage nach der Existenz und Eindeutigkeit der Lösung der „polytropen" Plattengleichung, die vorher noch nie untersucht wurde. Zuerst muß man das Funktional J aus (5.1) in eine Summe einer Bilinearform und einer Linearform umschreiben mit $J(u) = \frac{1}{2}a(u, u) - l(u)$. Dies gelingt mit

$$a(u,v) \;\; := \;\; \int_{\Omega} \frac{Eh^3}{12(1-\nu^2)} \Big[\triangle u \, \triangle v +$$

$$(1-\nu)(2u_{xy}v_{xy} - u_{xx}v_{yy} - u_{yy}v_{xx})\Big] dxdy,$$

$$l(u) \;\; = \;\; 0$$

Mit Hilfe des Satzes von Lax-Milgram und einiger weiterer Überlegungen kann man die Existenz und Eindeutigkeit der Lösung nachweisen, und für die eindeutige Lösung w gilt $a(v,w) = l(v)$ für alle $v \in H$, falls der Lösungsraum ein Hilbertraum H ist und die Bilinearform stetig ($|a(u,v)| \leq \theta \, \|u\| \, \|v\|$ für ein $\theta > 0$) und $H-$elliptisch ($a(u,u) \geq \gamma \, \|u\|^2$ für ein $\gamma > 0$) ist.

Dabei ergeben sich Grenzen für die Parameter: $\frac{Eh^3}{12(1-\nu^2)} > 0$ und $0 \leq \nu < 1$. Interessanterweise erhält man mit einfachen physikalischen Überlegungen ganz ähnliche Abschätzungen, nämlich $E \geq 0$ und $0 \leq \nu \leq \frac{1}{2}$. Also haben diese Schranken physikalische Wurzeln.

5.2.2 Der theoretische Lösungsraum

Wie sieht nun der theoretische Lösungsraum aus? Wenn man die Variationsformulierung betrachtet, ist man versucht, C^2-Stetigkeit zu fordern. $C_0^2(\Omega)$ ist aber kein Hilbertraum. Also muß die Menge der Funktionen erweitert werden, aber so, daß das Integral noch ausgewertet werden kann. Das funktioniert beispielsweise für C^1-Splines: Zwar existiert an den Elementübergängen keine zweite Ableitung, da links- und rechtsseitiger Grenzwert verschiedene, endliche Werte besitzen, aber die Elementgrenzen sind global gesehen nur eine Menge vom Maß Null, so daß ihre Beiträge nicht ins Gewicht fallen.

Die Gesamtheit dieser Funktionen „mit auf Nullmengen endlichen zweiten Grenzwertdifferenzen" nennt man den Sobolevraum $H_0^2(\Omega)$. Er ist als Abschluß von $C_0^\infty(\Omega)$ bzgl. der Norm $\|f\|_2 = \sqrt{\sum_{|\alpha|\leq 2} \int (\partial^\alpha f)^2 dx}$ [1] definiert, ist also eine Hilbertraumerweiterung, die alle C^1-(Sub-)Splines enthält, die auf Ω definiert werden können.

5.2.3 Das Ritz-Verfahren

Der theoretische Lösungsraum $H_0^2(\Omega)$ ist unendlichdimensional, da schon C_0^∞ dies ist. Man kann eine Näherungslösung berechnen, wenn man diesen Raum

---

[1] ∂^α steht für die Distributionsableitung, vgl. [7], [6].

auf einen endlichdimensionalen Unterraum S_h eingeschränkt.

Für die Approximationslösung w_h muß gelten $a(v, w_h) = l(v)$ für alle $v \in S_h$.

Sei nun $\Phi_1, \ldots, \Phi_N$ eine Basis von S_h. Dann folgt mit $w_h = \sum_{j=1}^{N} z_j \Phi_j$

$$\sum_{j=1}^{N} a(\Phi_i, \Phi_j) \cdot z_j = l(\Phi_i) \quad i = 1, \ldots, N.$$

In der Matrixschreibweise liest sich das als

$$\begin{aligned}
A \cdot z &= c \quad \text{mit} \\
A_{ij} &= a(\Phi_i, \Phi_j) \qquad i, j = 1, \ldots, N \\
z^T &= (z_1, \ldots, z_N) \quad \text{und} \quad c^T = (l(\Phi_1), \ldots, l(\Phi_N)).
\end{aligned} \tag{5.3}$$

A heißt *Steifigkeitsmatrix* und das System ist endlich, symmetrisch und positiv definit. Für das Lösungsverhalten des Systems sind die Eigenschaften von A ausschlaggebend.

5.2.4   Die Konstruktion des endlichdimensionalen Unterraums

Es gibt nun ein Standardverfahren, wie bei der Methode der finiten Elemente der endlichdimensionale Unterraum des Lösungsraumes bestimmt wird, in dem dann die Approximationslösung berechnet wird: Zuerst wird das Definitionsgebiet trianguliert, und dann werden die Basisfunktionen so gewählt, daß die Einschränkung auf ein Element der Triangulierung ein Polynom ist und der Träger jeder Basisfunktion sich über möglichst wenige Elemente erstreckt. Diese Einschränkungen erleichtern die Berechnung, denn so erhält man für die Matrix eine Bandstruktur.

5.3   Die praktische Umsetzung

5.3.1   Die Auswahl der Basisfunktionen

Ich bin davon ausgegangen, daß man die Funktions- und Ableitungswerte auf dem Rand vorgegeben hat. Außerdem sollen die Basisfunktionen C^1-stetig sein, damit die sie im theoretischen Lösungsraum $H_0^2(\Omega)$ liegen.

Topologisch gesehen sind **Dreieckselemente** sehr variabel. Für einen C^1Übergang reicht es nicht aus, wenn an den Knoten Funktionswerte und die beiden partiellen Ableitungen vorgegeben werden, denn dazu muß das Polynom auf

der Kante und die Ableitung normal dazu eindeutig festgelegt sein. Wenn
das Polynom kubischen Grad hat, dann entspricht das 7 Freiheitsgraden. Also reichen sechs Eingabewerte nicht aus. Es ist zwar möglich, eine weitere
Basisfunktion hinzuzunehmen, die dann den Wert der Normalenableitung auf
der Mitte der Kante abfragt und damit bei kubischen Funktionen für genug
Informationsweitergabe sorgt; aber diese Basisfunktion ist gebrochenrational
und das erschwert die Berechnungen um einiges. Ein rein polynomialer Ansatz
gelingt nur mit vollständigen Polynomen vom Grad fünf. Bei beiden Möglichkeiten lassen sich die Freiheitsgrade außerdem nicht gleichmäßig auf die Knoten
verteilen (siehe auch [17]).

Deshalb habe ich eine **Rechteckunterteilung** gewählt. Bei bikubischen Polynomen benötige ich acht Freiheitsgrade pro Kante. C^1−Stetigkeit ist also
garantiert, wenn ich zusätzlich zum Funktionswert und den partiellen Ableitungen noch die gemischte zweite Ableitung vorgebe. Diese Elemente werden
Bogner-Fox-Schmit-Elemente genannt.

Die Splines selbst habe ich mit Bernsteinpolynomen dargestellt, da das von
mir benutzte System Bézierdarstellung verarbeitet. Genausogut kann man B-
Splines wählen, wobei dann zu beachten ist, daß die Randelemente gesondert
behandelt werden müssen.

Jetzt ist der Lösungsraum vollständig festgelegt.

5.3.2 Die Vereinfachung der Materialfunktionen

Nun habe ich eine weitere Vereinfachung durchgeführt: Die Materialparameter
sind als gebrochenrationale Terme $\frac{E}{1-\nu^2}, \frac{E}{1+\nu}$ in dem Funktional enthalten. Da
$0 \leq \nu \leq \frac{1}{2}$ gilt und ich den Parametern lokal Werte vorgeben möchte, habe ich
diese Terme zu E und $E(1 - \nu)$ vereinfacht (indem ich die Terme in geometrische Reihen entwickelt und mit dem quadratischen Term abgebrochen habe).
Dadurch wird der Rechenaufwand klein gehalten. Die Materialterme habe ich
als lineare Funktionen angesetzt, d.h. ihre Werte werden an den Knoten vorgegeben.

Außerdem kann $\frac{h^3}{24}$ weggelassen werden, da es global vor dem Integral steht
und somit nicht in die Minimierung eingeht.

5.3.3 Die Elementarmatrix

Die folgende Beziehung ergibt sich, wenn man die Approximationslösung $w_h =$
$\sum \Phi_j z_j$ in das Funktional (5.3) mit den vereinfachten Materialfunktionen ein-

setzt und nach dem Koeffizienten z_k minimiert:

$$0 \;=\; 2\sum_{i=0}^{15} z_i \cdot \int_T E(x,y)\left(\frac{\partial^2\Phi_i}{\partial x^2}\frac{\partial^2\Phi_k}{\partial x^2} + \frac{\partial^2\Phi_i}{\partial y^2}\frac{\partial^2\Phi_k}{\partial y^2} + 2\frac{\partial^2\Phi_i}{\partial x\partial y}\frac{\partial^2\Phi_k}{\partial x\partial y}\right) +$$

$$E(x,y)\nu(x,y)\left(\left(\frac{\partial^2\Phi_i}{\partial y^2}\frac{\partial^2\Phi_k}{\partial x^2} + \frac{\partial^2\Phi_i}{\partial x^2}\frac{\partial^2\Phi_k}{\partial y^2}\right) - 2\frac{\partial^2\Phi_i}{\partial x\partial y}\frac{\partial^2\Phi_k}{\partial x\partial y}\right) dxdy$$

$$=: \; 2\sum_{i=0}^{15} z_i e_{ik}.$$

Wenn $E(x,y)$ und $\nu(x,y)$ bilineare Funktionen sind, müssen die Integrale

$$\iint x^n y^m \left(\frac{\partial}{\partial x}\right)^i \left(\frac{\partial}{\partial y}\right)^j \Phi_p(x,y) \left(\frac{\partial}{\partial x}\right)^k \left(\frac{\partial}{\partial y}\right)^l \Phi_q(x,y)\, dxdy$$

mit $n, m \in \{0,1,2\}$, $i+j=2$, $k+l=2$, $i,j,k,l \in \{0,1,2\}$ und $p,q \in \{0,\dots,15\}$ ausgewertet werden.

Mit diesen ergibt sich die Matrix e_{ij}, die sogenannte Elementarmatrix für ein Element. Für bikubische Bernsteinpolynome müssen dafür im wesentlichen Fakultäten (maximal 8!) berechnet werden.

5.3.4   Die Steifigkeitsmatrix

Mit den richtigen Parameterwerten werden die Elementarmatrizen zur globalen Steifigkeitsmatrix zusammengesetzt.

Dabei sorgen die Randwerte für eine Verkleinerung des Systems, denn jeder legt einen Koeffizienten fest, so daß dieser nicht mehr minimiert werden darf und mit der zugehörigen Zeile/Spalte aus dem Gleichungssystem gestrichen wird.

Für C^0–Übergänge muß der erste Koeffizient des neuen Elements und der letzte des alten gleich sein. Also werden beide Zeilen/Spalten addiert und die Summe ersetzt die beiden Einzelzeilen/-spalten.

Bei dem C^1–Übergang ist der erste Koeffizient eines neuen Elements eine Linearkombination der beiden letzten vorhergehenden Koeffizienten. Dazu wird die Zeile/Spalte zum alten Koeffizienten gestrichen und mit Vorfaktoren versehen zu den beiden anderen addiert.

Abb. 5.1
Anordnung der Knoten

5.3.5 Das lineare Gleichungssystem

Insgesamt ergibt sich ein Gleichungssystem der Größe 4· Anzahl der inneren Knoten = 4· Anzahl der Elemente, das dünn besetzt ist. Die Bandbreite hängt von der Nummerierung der Knoten ab und kann nicht allgemein angegeben werden.

Außerdem ist es symmetrisch und positiv definit. (Letzteres folgt aus der positiven Definitheit der Bilinearform.)

5.4 Einige Beispiele

Die Flächen sind aus relativ wenigen Elementen zusammengesetzt, damit sie übersichtlich bleiben. Das Verfahren selbst enthält keine Obergrenze für die Elementanzahl. In allen Beispielen sind die Randkurven und -ableitungen fest.

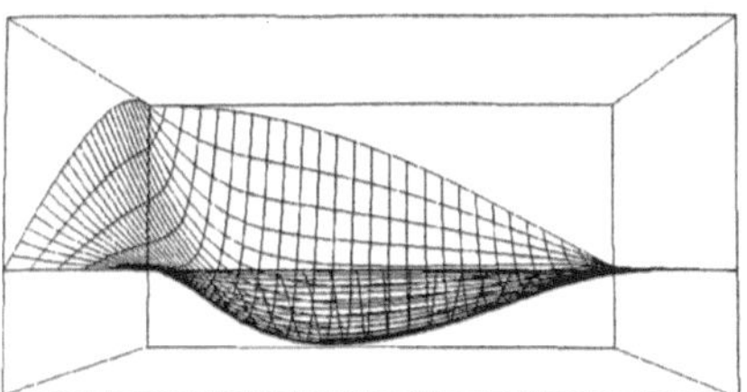

Abb. 5.2
$\nu = 0.25, \quad E = 1$

Prinzipiell sind Änderungen der Materialparameter nur dann sichtbar, wenn dort innere Spannungen vorhanden sind. Eine ebene Platte, auf die keine Kräfte einwirken, bleibt glatt, ganz gleich aus welchem Material oder Ma-

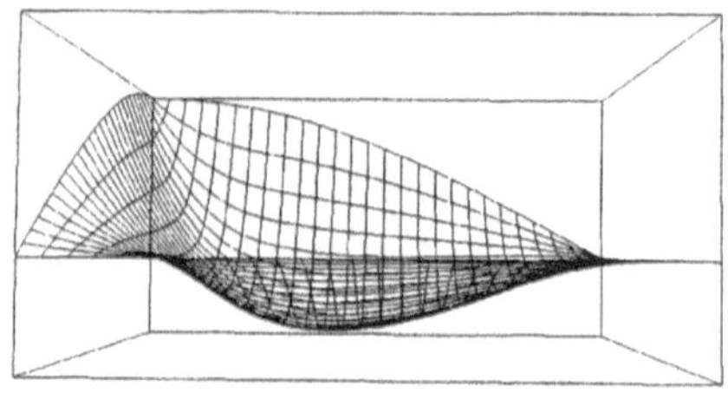

Abb. 5.3
$\nu = 0.25, \quad E = 1$

terialmix sie besteht. Die Änderung eines Parameters beeinflußt nur die Werte
der (maximal vier) Nachbarelemente, da die Materialparameter linear interpoliert werden. Trotzdem kann sich die gesamte Fläche verändern, weil der
Kräfteausgleich über die ganze Fläche stattfindet.

Alle nicht extra genannten Elastizitätswerte sind 1 [Einheit] gesetzt und die
nichtgenannten Querkontraktionswerte sind $\frac{1}{4}$.

Außerdem ist von vorneherein klar, daß eine globale Änderung des Elastizi-
tätsmoduls keinen Einfluß auf die Form der Fläche hat, da diese Änderungen
in der Gleichung einfach weggekürzt werden können. (Physikalisch gesehen
müssen bei global verschiedenen Elastizitätsmodulen unterschiedliche Kraft-
beträge aufgewendet werden, um die gleiche Fläche zu erhalten.)

Zuerst habe ich eine Fläche mit 3 x 3 Elementen betrachtet mit einer Knoten-
numerierung wie in Abbildung 5.1.

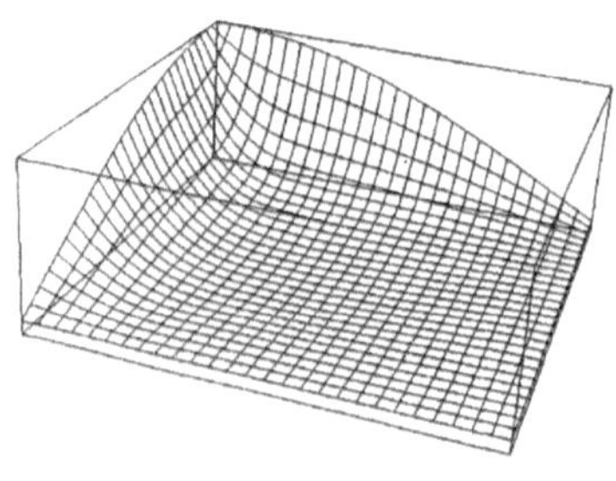

Abb. 5.4
$E_6 = E_7 = 10, \quad E_{10} = E_{11} = 100$

In y−Richtung ist links von Knoten 1 bis 4 ist ein Viertel einer Sinusperiode
(von 0^0 bis 90^0) vorgegeben und auf der hinteren x−Achse (vom Knoten 4 bis
16) ebenfalls ein Viertel dieser Kurve (von 90^0 bis 180^0). Die beiden anderen
Randkurven und die Twistvektoren sind Null gesetzt.

Die Abbildungen 5.2 und 5.3 zeigen zwei verschiedene Perspektiven dieser Flä-

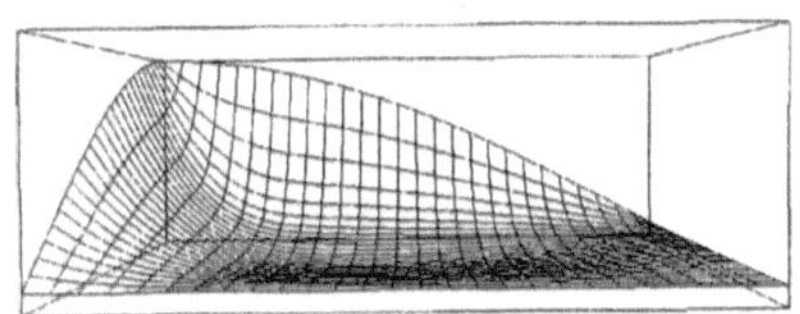

Abb. 5.5
$E_6 = E_7 = 10, \quad E_{10} = E_{11} = 100$

chen mit den Standardmaterialwerten. Wenn nun $E_6 = E_7 = 10$ und $E_{10} = E_{11} = 100$ gesetzt wird, d.h. wenn man das Material an diesen Stellen härter macht, dann erhält man eine Fläche ohne Überschwingen in der Mitte (vgl. Abbildungen 5.4, 5.5).

Wenn $\nu > 1$ gilt, sind Änderungen senkrecht zur Kraftrichtung größer als Änderungen parallel dazu. Das kommt bei realen Materialien nicht vor und außerdem ist die Näherung für die Materialfunktionen nicht mehr gut. Deshalb erhält man „unnatürliche" Effekte, siehe zum Beispiel Abbildung 5.6.

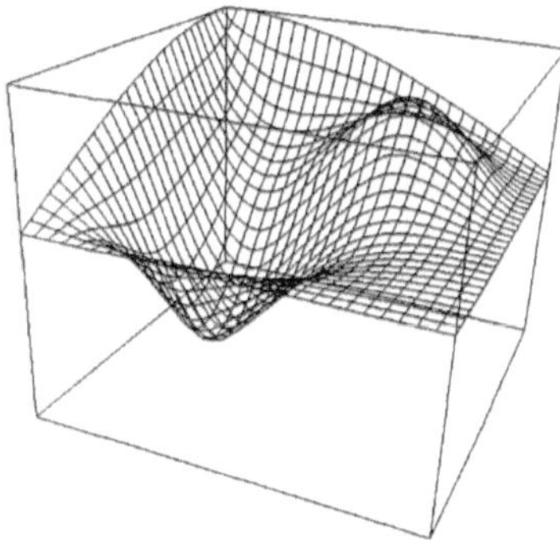

Abb. 5.6
$\nu = 40$

Des weiteren muß man beachten, daß Modifikationen an Randpunkten andere Auswirkungen haben als Veränderungen an inneren Knoten, da die Randkurve fest vorgegeben ist und nicht geändert werden kann (siehe 5.3, 5.7, 5.8).

5.4.1   Ein praxisnaher Test

Dieses Verfahren habe ich mit Daten aus dem CAD-System SYRKO der Mercedes-Benz AG getestet. Dazu habe ich Randvorgaben aus bestehenden Konstruktionen genommen, aus diesen eine Fläche erzeugt und danach mit Hilfe der Materialfunktionen Veränderungen vorgenommen. Das Verfahren arbeitet zuverlässig und intuitiv. Ein Problem ist allerdings aufgetreten: In dem

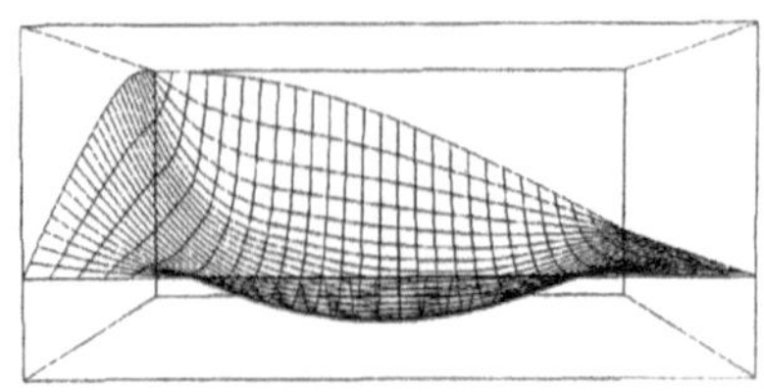

Abb. 5.7
$E_7 = 10$

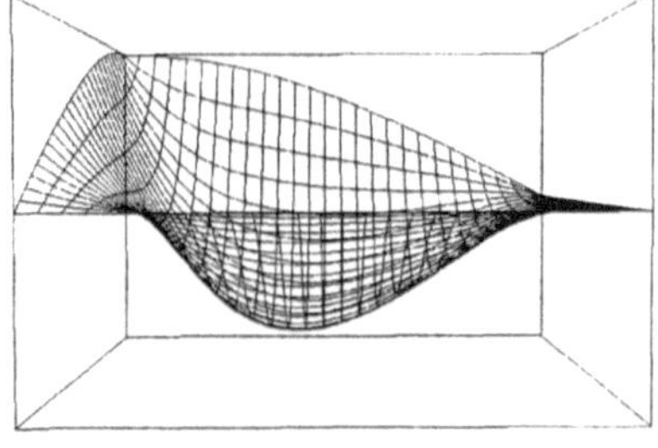

Abb. 5.8
$E_8 = 10$

Randbereich erscheinen teilweise kleine Störungen, weil die Lösung nur eine Approximationslösung ist. Das kann man durch eine Erhöhung der Elementanzahl bekämpfen, aber meist gibt es eine obere Grenze für die Anzahl der zulässigen Elemente.

Ein Vorteil dieses Verfahrens ist wiederum, daß die Daten sofort in ein FE-System gegeben und auf ihre Belastbarkeit und andere mechanische Eigenschaften geprüft werden können.

5.5   Einige andere Ansätze

In einigen Texten wird darauf hingewiesen, daß eine feste Triangulierung unflexibel ist. Sie schlagen vor, die Unterteilung nach Bedarf zu verfeinern. Dazu nehmen einige (Welch, Witkin [18]) nonuniforme B-Splines. Diese entstehen als Überlagerung von uniformen B-Splines verschiedener Auflösung (d.h. mit unterschiedlichen Knotenvektoren), die sich beliebig überlagern können. Um dabei die Glattheit an den neuen Grenzen zu gewährleisten, wird am Rand immer eine entsprechende Anzahl von Nullen eingefügt.

In einem anderen Text (Gortler, Cohen [12]) werden als Basis Wavelets benutzt. Ein Nachteil von FE-Systemen mit B-Spline-Basen ist, daß sie bei iterativen Abstiegsmethoden langsam konvergieren, da sich durch die Lokalität der Funktionen eine Änderung nur sehr langsam ausbreitet. Dies kann man durch Mehrgitterverfahren oder mit einer hierarchischen Basis kompensieren.

Bei einer Waveletbasis muß man sich überlegen, wie diese auf ein endliches Intervall eingeschränkt werden kann. Das kann entweder durch spezielle Randwavelets erfolgen oder durch Spiegelung an den Intervallgrenzen. Die Funktion einfach durch Null zu ergänzen oder sie periodisch fortzusetzen funktioniert nicht allgemein, da dazu bestimmte Voraussetzungen notwendig sind, damit das Resultat noch genügend glatt ist.

Um die Verfeinerung zu automatisieren, benutzen Gortler und Cohen ein „Orakel": Dieses testet zum einen, wie gut zusätzliche Zwangsbedingungen wie Interpolation von Kurven oder Flächensegmenten erfüllt werden und andererseits wie gut das Funktional minimiert wird. Dabei kann die erste Bedingung direkt nachgerechnet werden, aber bei einer „normalen" Splinebasis ist die zweite Bedingung nicht im voraus berechenbar. Bei einer Waveletbasis ist das hingegen möglich, denn die Größe eines Koeffizienten entspricht seinem Einfluß. Nun werden also nur Bereiche mit großen Koeffizienten weiter unterteilt. Damit es nicht zu Zirkelschlüssen kommt, kann ein deaktivierter Koeffizient nur zu bestimmten Zeitpunkten wieder aktiviert werden.

Es zeigt sich, daß bei wenigen Zwangsbedingungen der Waveletansatz überlegen ist. Bei vielen Zwangsbedingungen konvergiert der Waveletansatz zwar schneller, der einzelne Schritt ist aber aufwendiger.

Literatur

[1] M.I.G. Bloor and M.J. Wilson. Generating blend surfaces using partial differential equations. *Computer-aided design*, 21(3):165–171, april 1989.

[2] M.I.G. Bloor and M.J. Wilson. Representing pde surfaces in terms of b-splines. *Computer-aided design*, 22(6):324–331, july/august 1990.

[3] M.I.G. Bloor and M.J. Wilson. Free-form surfaces from partial differential equations. In H. Hagen, editor, *Cuve and Surface Design*, pages 173–190. SIAM, 1992.

[4] M.I.G. Bloor and M.J. Wilson. Interactive design using partial differential equations. In *Designing fair curves and surfaces*, pages 231–251. SIAM, 1994.

[5] M.I.G. Bloor and M.J. Wilson. Complex pde surface generation for analysis and manufacture. *Computing Suppl.*, pages 61–77, 1995.

[6] Klaus Boehmer. *Spline-Funktionen, Theorie und Anwendungen*. Teubner, Stuttgart, 1974.

[7] Dietrich Braess. *Finite Elemente: Theorie, schnelle Löser und Anwendungen in der Elastizitätstheorie.* Springer–Verlag, Berlin Heidelberg, 1992.

[8] George Celniker and Dave Gossard. Deformable curve and surface finite-elements for free-form shape design. *Computer Graphics*, 25(4):257–265, july 1991.

[9] P. G. Ciarlet and J. L. Lions. *Handbook of Numerical Analysis, Volume II, Finite Element Methods (Part I).* North–Holland, Amsterdam, 1991.

[10] A. Cohen, Ingrid Daubechies, and J.-C. Feauveau. Biorthogonal bases of compactly supported wavelets. *Communications on Pure and Applied Mathematics*, 45:485–560, 1992.

[11] David R. Forsey and Richard H. Bartels. Hierarchical b-spline refinement. *Computer Graphics*, 22(4):205–212, august 1988.

[12] Steven J. Gortler and Michael F. Cohen. Variational modeling with wavelets. preprint.

[13] Hans Hagen, Siegfried Heinz, and Alexa Nawotki. Variational design with boundary conditions and parameter optimized surface fitting. In *Theory and practice of geometric modeling*, 1996.

[14] L. D. Landau and E. M. Lifschitz. *Lehrbuch der theoretischen Physik, Band VII: Elastizitätstheorie.* Akademie–Verlag, Berlin, 1970.

[15] T. W. Lowe, M.I.G. Bloor, and M.J. Wilson. Functionality in blend design. *Computer-aided design*, 22(10):655–665, december 1990.

[16] Alexa Nawotki. Konstruktion von Bézierflächen aus der Plattengleichung mit variablen Materialparametern, 1995. Diplomarbeit.

[17] H. R. Schwarz. *Finite Elements Methods.* Academic Press Limited, London, 1988.

[18] Wiliam Welch and Andrew Witkin. Variational surface modeling. *Computer Graphics*, 26(2):157–166, july 1992.

6   Scattered-Data-Verfahren

Jürgen Toelke

Albert-Ludwigs-Universität Freiburg

Mannheimer Str. 5-7, Zi. 503

04209 Leipzig

Zusammenfassung:
In der Plattengleichung können die Materialparameter als Interaktionsparameter benutzt werden. Das physikalische Verhalten einer Platte wird durch eine partielle Differentialgleichung beschrieben. Ich benutze die Materialwerte in dieser Gleichung als Interaktionsparameter, um eine Fläche einfach und intuitiv verändern zu können. Dabei wird die Lösung mit der Methode der finiten Elemente berechnet. Es werden die theoretischen Grundlagen dieser Idee erläutert und die praktische Umsetzung anhand einiger Beispiele demonstriert.

6.1   Einführung in die Scattered-Data-Verfahren

Im zu diesem Text gehörenden Vortrag über effiziente Methoden der geometrischen Modellierung und der wissenschaftlichen Visualisierung möchte ich das Problem der Interpolation und Approximation unstrukturierter Daten und einige Lösungsmöglichkeiten dieses Problems vorstellen.

Formell ausgedrückt ist eine möglichst glatte Funktion $f : \mathbf{R}^k \to \mathbf{R}$ gesucht, für die eine unstruktuierte Menge von Meßwerten $(x_{i1}, x_{i2}, ..., x_{ik}, f_i); i = 1, ..., n$ gegeben ist, von denen bekannt ist, daß $f(x_{i1}, x_{i2}, ..., x_{ik}) = f_i$ gilt. Darüber hinausgehend kann zusätzlich das Problem entstehen, daß die Anzahl n der Meßdaten zu groß ist und eine zu komplexe Funktion f ergeben würde. Aus diesem Grund müssen eventuell die Meßdaten in geeigneter Weise reduziert werden, um eine gute Näherung $\tilde{f}$ von f zu erhalten.

Zur Lösung des formulierten Problems wird in sechs Schritten vorgegangen, nach denen auch dieser Vortrag aufgebaut ist, wobei der Schwerpunkt auf die Schritte 3 und 4 gelegt wird:

1. Erzeugung der Daten durch physikalische Messung oder Computersimulation
2. Datenergänzung und -verbesserung
3. Datenanalyse und -reduktion
4. Modellierung
5. Qualitätsprüfung
6. Rendering

6.2 Die Erzeugung der Daten durch Messung oder Berechnung

Auf die Erzeugung von Daten durch Computersimulation brauche ich nicht näher einzugehen, da sich jeder eine mathematische Funktion ausdenken und diese an zufällig gewählten Punkten berechnen kann. Dieses Kapitel befaßt sich daher nur mit tatsächlich gemessenen Daten, also mit den Anwendungsmöglichkeiten.

Im Text über Visualisierung von Umweltdaten von Hans Hagen, Rolf van Lengen und Thomas Schreiber wird die Vorgehensweise anhand des SO_2-Gehalts der Luft innerhalb der BRD im Jahr 1988 (vor der Wiedervereinigung) erklärt, der natürlicherweise nicht exakt an den Punkten eines Gitters gemessen wird, wie es sich z. B. aus den geographischen Längen und Breitengraden ergibt, da viele dieser Stellen unbegehbar oder uninteressant sind oder nicht innerhalb der Grenzen der BRD liegen. Es liegt vielmehr eine unstrukturierte Anordnung der Meßwerte vor, die Auswertung der Daten muß dieser Gegebenheit angepaßt werden.

Genauso kann jeder andere vom geographischen Ort und/oder von der Zeit abhängige Meßwert verwendet werden, wie z. B. die Temperatur, der Luftdruck oder die Höhe eines Orts über dem Meeresspiegel.

6.3 Die Verbesserung der Daten durch gezielte Ergänzung

Die Interpolation vorliegender unstrukturierter Daten wirft das Problem auf, daß unvollständige Datensätze zu ungenauen Funktionen führen. Es gibt z. B. große Gebiete ohne Meßpunkt, in denen erst zusätzliche Messungen durchgeführt werden müssen, um Wertschwankungen zu erfassen. Entsprechend kann die Wahl der Meßwerte stark mit ihrer Größe korrelieren, wie z. B. die SO_2-Werte, die mit Vorliebe in Großstädten gemessen werden, oder die Höhe, die größtenteils für Berggipfel gegeben ist, wodurch eine Interpolation dieser Werte in den Zwischenbereichen eine Verfälschung der daraus resultierenden Funktion ergeben würde. Die Vollständigkeit im Sinne einer guten Verteilung der Meßpunkte ist also eine wichtige Voraussetzung für die Genauigkeit rechnerischer Interpolationsverfahren.

6.4 Die Analyse und Vorverarbeitung der Daten durch Strukturierung und Reduktion

6.4.1 Einführung in die Aufgabenstellungen der Datenanalyse

Wie ich in der Einführung erwähnt habe, kann die Interpolation großer Datenmengen zu einer Funktion führen, die zu viel Speicher und bei einer globalen Auswertung auch zu viel Rechenzeit in Anspruch nimmt. Aus diesem Grund stelle ich hier einige Methoden vor, mit denen die Daten in geeigneter Weise reduziert werden können, ohne daß die Genauigkeit der herauskommenden Funktion stärker darunter leidet. Die ursprüngliche Datenmenge (p_i, f_i), $p_i = (x_{i1}, ..., x_{ik})$, $i = 1, ..., n$, wird also ersetzt durch eine kleinere Datenmenge $(\tilde{p}_j, \tilde{f}_j)$, $\tilde{p}_j = (\tilde{x}_{j1}, ..., \tilde{x}_{jk})$, $j = 1, ..., m$, $m < n$. Dabei muss jeder Datenpunkt (p_i, f_i) einem in der Nähe liegenden Punkt $(\tilde{p}_j, \tilde{f}_j)$ zugeordnet werden, die Aufgabenstellung ist also die Mimimierung des Ausdrucks

$$GN^2 := \sum\nolimits_{i=1}^{n} w_i \min_{j=1}^{m} [\|p_i - \tilde{p}_j\|^2 + \lambda^2 (f_i - \tilde{f}_j)^2]$$

λ ist ein Skalierungsfaktor, mit dem die Beziehung zwischen den Parametern und den Daten festgelegt wird, die oft verschiedene Einheiten haben. Wenn die Meßdaten noch nicht vorliegen, kann auch $\lambda = 0$ gesetzt und damit eine datenunabhängige Reduktion duchgeführt werden. w_i ist für $i = 1, ..., n$ ein Gewichtsfaktor, der die Bedeutung des Meßwerts (p_i, f_i) bestimmt und angibt, wie genau dieser approximiert werden soll. Im Fall einer gleichberechtigten Verteilung ist $w_i = 1$ für $i = 1, ..., n$.

Wenn die Repräsentantenmenge $\{(\tilde{p}_j, \tilde{f}_j) | j = 1, ..., m\}$ vorliegt, dann ergibt sich aus dieser Minimierung in natürlicher Weise eine Dirichlet-Zerlegung, also eine Unterteilung des Raumes in Cluster, die jeweils genau einen der Werte $(\tilde{p}_j, \tilde{f}_j)$ enthalten und die Menge aller Punkte darstellen, die diesen Wert, das "Zentrum" des Clusters, als nächsten Nachbarn besitzen. Dadurch werden insbesondere auch die Meßwerte (p_i, f_i) in Bereiche aufgeteilt.

6.4.2   Ein einfacher Algorithmus zur Reduktion der Daten

Mit folgendem Algorithmus kann ein lokales Minimum $\{(\tilde{p}_1, \tilde{f}_1), ..., (\tilde{p}_m, \tilde{f}_m)\}$ der Funktion GN^2 bestimmt werden:

1. Wähle jeweils einen Startwert für die Repräsentanten $(\tilde{p}_j, \tilde{f}_j)$ und bestimme die Dirichlet-Zerlegung. Dadurch wird zu jedem Punkt (p_i, f_i), $i = 1, ..., n$ der Repräsentant $(\tilde{p}_{j(i)}, \tilde{f}_{j(i)})$ bestimmt, der sein nächster Nachbar ist.

2. Ändere die Repräsentanten $(\tilde{p}_j, \tilde{f}_j)$ so, daß sie im Zentrum ihrer Cluster liegen. Es sei also

$$(\tilde{p}_j, \tilde{f}_j) := \frac{\sum_{i;j(i)=j} w_i \cdot (p_i, f_i)}{\sum_{i;j(i)=j} w_i}$$

3. Bestimme die daraus neu bestimmte Dirichlet-Zerlegung und passe die Werte von $j(i)$ an.

4. Wenn sich durch 3. eine Änderung der $j(i)$ ergibt, dann gehe zurück zu 2., ansonsten gib die Repräsentanten $(\tilde{p}_j, \tilde{f}_j)$ aus.

Es ist leicht einzusehen, daß die Schritte 2. und 3. zu einer Verkleinerung des aktuellen Werts von GN^2 führen, für den daher ein lokales Minimum bestimmt wird. Ein globales Minimum wird aber im allgemeinen Fall nicht erreicht, wie folgendes Gegenbeispiel zeigt:

Es seien die Meßdaten $v_1 = (0,0)$, $v_2 = (5,6)$, $v_3 = (10,0)$ und $v_4 = (15,6)$ gegeben und zwei Repräsentanten mit den Werten $\tilde{v}_1 = (5,0)$ und $\tilde{v}_2 = (10,6)$ initialisiert ($v_i = (p_i, f_i)$). Dann liegen v_1 und v_3 im Bereich von $\tilde{v}_1$ und v_2 und v_4 im Bereich von $\tilde{v}_2$. Da jedes der Zentren der Mittelwert der von ihm erfaßten Meßdaten ist, ist diese Zerlegung stabil und der Algorithmus gibt sie unverändert aus, es ist $GN^2 = 100$.
Es gibt aber eine bessere Wahl von Repräsentanten, nämlich $\tilde{v}'_1 = (2.5, 3)$ und $\tilde{v}'_2 = (12.5, 3)$, für die $GN^2 = 61$ gilt.

6.4.3   Verbesserungsmöglichkeiten für den Datenreduktionsalgorithmus

John R. McMahon und Richard Franke schlagen vor, diesen Algorithmus zu verbessern, indem nach erfolgtem Vorgehen nach dem ursprünglichen Verfahren die Zentren mit den wenigsten Meßdaten in ihrem Bereich um eine Distanz δ in die Richtung eines stärker besetzten Zentrums bewegt werden, um annähernd eine Gleichverteilung zu erreichen. Der Wert δ wird dabei immer mehr verkleinert, bis ein stabiler Zustand erreicht ist.

Eine andere sinnvolle Methode ist es, anstatt mit m Repräsentanten mit nur wenigen zu starten. Es kann dafür zum Beispiel der maximale und der minimale Meßwert genommen werden. Nach einer jeweiligen Stabilisierung durch die erste Methode wird mit den vorhandenen Repräsentanten eine Interpolation vorgenommen und derjenige Meßwert in die Liste eingefügt, der am stärksten von der dabei herauskommenden Funktion abweicht.

Eine Alternative dazu ist es, zum Zweck der Ausgewogenheit den jeweils punktreichsten der Bereiche weiter zu unterteilen.

Der Einfachkeit halber tun wir bei den folgenden Ausführungen so, als ob keine Datenreduktion stattgefunden hätte, und bezeichnen die Zentren als (p_i, f_i) anstatt $(\tilde{p}_j, \bar{f}_j)$.

6.4.4   Eine datenunabhängige Triangulierung der Meßpunkte

Ein weiterer, sehr nützlicher Schritt ist die Triangulierung der vorliegenden Datenpunkte (wir betrachten hier nur den Fall $k = 2$), da man für einen vorgegebenen Punkt dann sofort weiß, in welches Dreieck er fällt und zwischen welchen Punkten daher ein lokales Interpolationsverfahren angewandt werden muß.

Wir unterscheiden dabei zwischen datenunabhängigen und datenabhängigen Triangulierungen, abhängig davon, ob die Meßwerte f_i auf das verwendete Verfahren einen Einfluss haben oder nicht.

Eine datenunabhängige ist z. B. die Delaunay-Triangulierung, die dadurch erhalten werden kann, daß man den kleinsten aller Innenwinkel der Dreiecke maximiert.
Dies kann dadurch erreicht werden, daß man ausgehend von einer beliebigen Start-Triangulierung jeweils zwei Dreiecke vornimmt, die sich zu einem konvexen Viereck zusammenfügen und in diesem lokalen Teilgraphen feststellt, ob bei einer Änderung der verwendeten Unterteilungsdiagonalen (Flipping) der kleinste der Innenwinkel der herauskommenden Dreiecke größer wird.
Das wird so lange wiederholt, bis sich keines der vorhandenen konvexen Vierecke mehr verändern läßt und somit ein lokales Maximum erreicht worden ist.

Nach C. R. Lawson (Software for C^1 surface interpolation) existiert nur ein lokales Optimum dieser Aufgabenstellung, nämlich das globale, das durch das beschriebene Verfahren folglich erreicht wird.

6.4.5 Optimierungskriterien und Algorithmen für die datenabhängige Triangulierung

Kriterien

Ein datenabhängiges Optimierungskriterium für die Triangulierung wäre zum
Beispiel die Mimimierung der Winkel zwischen zwei aufeinanderstoßenden
Dreiecken (ABN-Kriterium, "angle between normals"). Wie der der Abkürzung
zugrundeliegende Name schon sagt, wird zu diesem Zweck der Winkel zwischen
den Ebenennormalen der Dreiecke bestimmt, d. h., für jede innere Kante e einer Triangulierung $\mathcal{T}$ bestimmt man

$$c(e) := \arccos \frac{< n_1, n_2 >}{\|n_1\| \cdot \|n_2\|}$$

und optimiert wird schließlich

$$C(\mathcal{T}) := \sum_{e \in \mathcal{T}_i} c(e)^2$$

wobei $\mathcal{T}_i$ die Menge der inneren Kanten von $\mathcal{T}$ ist.

Eine Verbesserung des Wertes von $C(\mathcal{T})$ kann wieder genau wie beim Delaunay-
Kriterium durch die Betrachtung einzelner Vierecke und das Flipping-Verfahren
erreicht werden.

Brown definiert in "Vertex based data dependent triangulations" eine andere
Kostenfunktion, bei der zu jedem Knoten p ein Normalenvektor n aus den
Normalen n_i der angrenzenden Dreiecke bestimmt wird. Die lokalen Kosten in
diesem Knoten sind dann definiert durch

$$c(p) := \sum_i (\arccos \frac{< n, n_i >}{\|n\| \cdot \|n_i\|})^2$$

Die globalen Kosten einer Triangulierung $\mathcal{T}$ sind zu errechnen als

$$C(\mathcal{T}) := \sum_{i=1}^{n} c(p_i)^2$$

Die Triangulierung, die diese Kostenfunktion minimiert, heißt PLC-Triangulierung.

Algorithmen

Das Problem der ABN- und der PLC-Triangulierung ist es, daß durch das lokale Flipping-Verfahren wie bei der Delaunay-Triangulierung nicht mehr notwendigerweise das globale Optimum erreicht wird.

Aus diesem Grund wird das Verfahren so abgeändert, daß es die Situation innerhalb des betrachteten Vierecks nicht immer verbessert, sondern mit einer bestimmten Wahrscheinlichkeit auch verschlechtern kann. Es wird ein "allmählicher Abkühlungsvorgang" simuliert (SA=simulated annealing), so daß diese Fehlerrate am Anfang ziemlich hoch ist und dann immer mehr absinkt.

Der Algorithmus mit der SA-Methode sieht folgendermaßen aus:

1. Wähle eine Anfangstriangulierung $\mathcal{T}_{old}$ (z. B. die Delaunay-Triangulierung) und einen Temperaturwert $T > 0$. Bestimme die Kosten $C(\mathcal{T}_{old})$.
2. Wähle zufällig eine innere Kante von $\mathcal{T}_{old}$, die zwei Dreiecke zu einem konvexen Viereck verbindet.
3. $\mathcal{T}_{new}$ unterscheide sich von $\mathcal{T}_{old}$ nur dadurch, daß im betrachteten Viereck die andere Diagonale als Kante verwendet wird. Bestimme durch lokale Betrachtung der Änderungen in diesem Viereck $C(\mathcal{T}_{new})$ aus $C(\mathcal{T}_{old})$. Es sei $\Delta C := C(\mathcal{T}_{old}) - C(\mathcal{T}_{new})$.
4. Wenn $\Delta C > 0$ dann setze $\mathcal{T}_{old} := \mathcal{T}_{new}$ und ändere entsprechend $C(\mathcal{T}_{old})$. Ansonsten tue dies nur mit der Wahrscheinlichkeit $e^{\frac{\Delta C}{T}}$.
5. Wenn für eine lange Zeit keine oder zu geringe Kostenreduktion erfolgt, dann verkleinere den Wert von T.
6. Wenn sich für eine lange Zeit die Kosten $C(\mathcal{T}_{old})$ nicht ändern, dann gib $\mathcal{T}_{old}$ aus, ansonsten setze mit Schritt 2. fort.

Eine Alternative dazu ist der TA-Algorithmus (threshold accepting), bei dem am Anfang nur Verbesserungen übernommen werden, deren Kostenreduktion den vorgegebenen Wert T überschreitet, die also für eine globale Verbesserung stark ins Gewicht fallen.

Der TA-Algorithmus ergibt sich, indem im SA-Algorithmus der Schritt 4 durch folgende Aktion ersetzt wird:

4. Wenn $\Delta C > T$, dann setze $\mathcal{T}_{old} := \mathcal{T}_{new}$ und ändere entsprechend $C(\mathcal{T}_{old})$.

6.5 Modellierung der Funktion durch Interpolation nach verschiedenen Verfahren

6.5.1 Verallgemeinerte Shepard-Verfahren

Die nächste Aufgabe ist es, die gegebene Datenmenge (p_i, f_i), $i = 1, ..., n$ durch ein geeignetes Interpolationsverfahren in eine Funktion umzusetzen.

Eine einfache Methode, die man verallgemeinertes Shepard-Verfahren oder "Inverse Distance Weighted Method" nennt, basiert darauf, diese Interpolation durch die Zuordnung einer Gewichtsfunktion zu jedem Datenpunkt zu erreichen, die mit zunehmendem Abstand von diesem Punkt abnimmt.

Die sich daraus ergebende Funktion hat die Gestalt

$$F(p) := \frac{\sum_{i=1}^{n} w_i(p) \cdot f_i}{\sum_{i=1}^{n} w_i(p)}$$

wobei

$$w_i(p) := \frac{1}{\|p - p_i\|^{2m_k} + a_k}$$

oder

$$w_i(p) := e^{-\sum_{j=1}^{k} a_{ij}(x_j - x_{ij})}$$

oder

$$w_i(p) := \frac{1}{\sum_{j=1}^{k} \cosh a_{ij}(x_j - x_{ij})^2}$$

$$(\qquad p_i = (x_{i1}, ..., x_{ik}) \quad , \qquad p = (x_1, ..., x_k) \qquad)$$

Beispiele für globale Interpolationsfunktionen sind.

Eine Verkürzung der Rechenzeit wird durch eine lokale Gewichtsfunktion wie

$$w_i(p) := \left(\frac{(R - \|p - p_i\|)_+}{R \cdot \|p - p_i\|} \right)^2$$

(Franke, Little) erreicht, weil nur die Datenpunkte p_i zu betrachten sind, deren Abstand von p kleiner als R ist.

Bemerkenswert an dieser Funktion ist auch, daß sie für $p \to p_i$ gegen unendlich konvergiert, wodurch sichergestellt wird, daß $\lim_{p \to p_i} F(p) = f_i$ erfüllt ist.

6.5.2 Hardys Multiquadriken-Methoden

Eine andere Methode ist es, eine Klasse von Basisfunktionen festzulegen, deren Anzahl der Anzahl der Datenpunkte entspricht.

Durch die Lösung eines linearen Gleichungssystems wird für F die Linearkombination von Basisfunktionen bestimmt, die für $i = 1, ..., n$ $F(p_i) = f_i$ erfüllt.

Auf diesem Prinzip basieren Hardys Multiquadriken-Methoden. Der Ansatz zum zugrundeliegenden Gleichungssystem lautet:

$$F(p) = \sum_{j=1}^{n} \alpha_j R_j(p) + \sum_{j=1}^{m} \beta_j P_j(p)$$

wobei

$$R_j(p) := (\|p - p_j\|^2 + r^2)^m$$

m, r beliebige Konstanten und P_j, $j = 1, ..., m$ linear unabhängige Polynome vom Grad kleiner als m sind.

Das lineare Gleichungssystem besteht dann aus $n + m$ Gleichungen, die folgendermaßen lauten:

Für $j = 1, ..., n$:

$$\sum_{i=1}^{n} \alpha_i R_i(p_j) + \sum_{i=1}^{m} \beta_i P_i(p_j) = f_j$$

Für $j = 1, ..., m$:

$$\sum_{i=1}^{n} \alpha_i P_j(p_i) = 0$$

Um den Sinn der Ausgleichspolynome P_j klarzumachen, stelle man sich ein einfaches Beispiel vor, bei dem $m = 1$ und $P_1(p) \equiv 1$ ist. Dann reduziert sich der zweite Teil des Gleichungssystems auf $\sum_{i=1}^{n} \alpha_i = 0$, was bedeutet, daß ein konstanter Summand auf den qualitativen Verlauf der herauskommenden Funktion keinen Einfluß hat, sondern diese nur verschiebt. Entsprechend kann diese Stabilitätsbedingung erweitert werden, indem nacheinander lineare, quadratische, u. s. w. Polynome dazugenommen werden.

Bei dieser Methode werden häufig die Spezialfälle $m = \frac{1}{2}$ (MQ) und $m = -\frac{1}{2}$ (RMQ, reziproke Multiquadriken) betrachtet, das Ergebnis des letzteren ähnelt aufgrund der Eigenschaft der Funktionen R_j, nach außen hin radial abzunehmen, stark dem funktionalen Verhalten der Daten, was eine gewisse intuitive Überprüfungsmöglichkeit gibt.

Der Wert r kann im Prinzip frei gewählt werden, aber es ist empfehlenswert, diesen proportional vom durchschnittlichen kleinsten Abstand der Datenpunkte abhängen zu lassen, also etwa

$$r^2 := \frac{4}{n} \sum_{i=1}^{n} \min_{j=1}^{n} \|p_i - p_j\|^2$$

was der Defaultwert im von T.A.Foley vorgestellten Programmpaket HARDY ist.

r kann auch durch eine Folge von Werten r_j, $j = 1, ..., n$, ersetzt werden, die von der Dichte der vorliegenden Daten in verschiedenen Bereichen abhängt; in diesem Fall sind die datenabhängigen Basisfunktionen definiert durch:

$$R_j(p) := (\|p - p_j\|^2 + r_j^2)^m$$

wobei z. B. $r_j := 2 \cdot \min_{i=1}^{n} \|p_i - p_j\|$ sein kann.

6.5.3   Die Optimierungsvorschrift für die Minimierung des Fehlers

Wenn das Gleichungssystem keine Lösung besitzt, weil es mehr Gleichungen als Variablen hat, wenn z. B. die n vorliegenden Datenpunkte in m Cluster zerlegt wurden und deren Zentren für die Entwicklung der Basisfunktion verwendet werden, dann liegt anstelle des linearen Gleichungssystems ein Approximationsproblem vor, das zu lösen ist.

Dabei ist folgender Kostenausdruck zu minimieren:

$$C((\tilde{p}_j), r, (\alpha_j), (\beta_j)) := \sum\nolimits_{i=1}^{n} (f_i - \sum\nolimits_{j=1}^{l} \alpha_j R_j(p_i) - \sum\nolimits_{j=1}^{m} \beta_j P_j(p_i))^2$$

wobei n die Anzahl der Datenpunkte, l die reduzierte Anzahl der Clusterzentren und m die Anzahl der datenabhängigen Polynome P_j ist.

In Wirklichkeit handelt es sich dabei um ein doppeltes Minimierungsproblem, nämlich

$$\min_{(\tilde{p}_j), r} \min_{(\alpha_j),(\beta_j)} C((\tilde{p}_j), r, (\alpha_j), (\beta_j))$$

wobei die innere Minimierung eine leicht lösbare analytische Aufgabe ist, die auf ein lineares Gleichungssystem zurückführt, während die äußere ein schwieriges kombinatorisches Problem erzeugt.

6.5.4   Die Interpolation auf anders gearteten Datenstrukturen

Viele dieser Methoden können auch auf den mehrdimensionalen Fall angewandt werden, in dem Meßdaten (p_i, f_i) vorliegen, für die f_i ein d-dimensionaler Vektor $(y_{i1}, ..., y_{id})$ ist.
Insbesondere lassen sich alle datenunabhängigen Reduktionsverfahren und Multiquadriken-Gleichungssysteme ohne weiteres analog auf mehrdimensionale Daten übertragen. Auch die datenabhängige Ermittlung einer Repräsentantenmenge durch Minimierung von GN^2 ist im Prinzip das gleiche Problem.
Bei der Lösung des Gleichungssystems, das jetzt anstatt in der Form $A\vec{x} = \vec{y}$ als $AX = Y$ auftritt, kann jede Komponente der gesuchten Funktion $F : R^k \rightarrow R^d$ isoliert betrachtet werden. Eine Einsparung von Rechenzeit ist dabei durch die Invertierung der Matrix A möglich, die für jede Komponente von F die gleichen Werte enthält.

Schwierig wird es, wenn der Definitionsbereich und/oder der Zielbereich von F kein Vektorraum, sondern eine beliebige Mannigfaltigkeit ist.

Angenommen, der Definitionsbereich von F wäre eine Sphäre, wie das bei geographisch abhängigen Daten auf der Erdoberfläche häufig vorkommt. Dann wird anstelle der vorher beschriebenen linearen Multiquadrikenmethode eine sphärische Multiquadrikenmethode mit den Basisfunktionen

$$R_j(p) := (1 + r^2 - 2r < p, p_j >)^m$$

für $j = 1, ..., n$ angewandt.

Eine Anwendung davon ist die Modellierung einer unbekannten sternförmigen Oberfläche aus einer Stützpunktmenge, bei der der Abstand des Punktes von einem festgelegten Zentrum in Abhängigkeit von seiner Richtung bestimmt wird.

Bei unstrukturiertem Definitionsbereich D, von dem nur die Topologie als die einer Sphäre festgelegt ist, kann folgendermaßen vorgegangen werden:

1. Finde eine Parametrisierung $B : A \to D$ des Definitionsbereichs in einem Rechteckbereich A. Für die Datenmeßpunkte p_i sei a_i so bestimmt, daß $B(a_i) = p_i$ gilt.
2. Bestimme eine bijektive Abbildung $E : A \to S$, die eine Parametrisierung der Einheitssphäre ist. Für $i = 1, ..., n$ berechne die Punkte $s_i := E(a_i)$ in S.
3. Konstruiere den Scattered-Data-Interpolanten $G : S \to Z$, der $G(s_i) = f_i$ für $i = 1, ..., n$ erfüllt.
4. Für $p \in D$ finde ein $a \in A$ mit $B(a) = p$ und berechne $F(p) := G(E(a))$.

6.5.5 Ein affin invarianter Transformationsoperator

Wenn die Komponenten des Definitionsbereichs nichts miteinander zu tun haben, also etwa $p = (x, t)$, wobei x ein metrischer und t ein Zeitwert ist, dann ist die Wahl der Norm, die einem Wert wie $\|p - q\|$ zugrundeliegt, ziemlich willkürlich. Zur sinnvollen Wahl der Metrik werden die vorliegenden Datenpunkte vorgenommen und mit dem Kehrwert ihrer Varianz skaliert, also ergibt sich aus der Datenmenge $P = \{(x_1, y_1), ..., (x_n, y_n)\}$ die Norm

$$N[p](\vec{v}) := \sqrt{\vec{v}^t Q \vec{v}}$$

mit

$$Q := \frac{1}{g} \begin{pmatrix} \sigma_y & 0 \\ 0 & \sigma_x \end{pmatrix}$$

wobei $\sigma_x := \frac{1}{n} \sum_{i=1}^n (x_i - \bar{x})^2$, $\sigma_y := \frac{1}{n} \sum_{i=1}^n (y_i - \bar{y})^2$ und $g := \sigma_x \sigma_y$ ist.

Um eine Korrelation zwischen x und y auszugleichen, wird stattdessen auch

$$Q := \frac{1}{g} \begin{pmatrix} \sigma_y & -\sigma_{xy} \\ -\sigma_{xy} & \sigma_x \end{pmatrix}$$

mit σ_x, σ_y wie oben und $\sigma_{xy} := \frac{1}{n}\sum_{i=1}^{n}(x_i - \bar{x})(y_i - \bar{y})$ sowie $g := \sigma_x\sigma_y - (\sigma_{xy})^2$ verwendet.

Der Normoperator N hat in diesem Fall die angenehme Eigenschaft, affin invariant zu sein, d. h., affine Operationen wie die Änderung von Meßskalen haben keinen Einfluß auf die metrische Anordnung des Ergebnisses. Exakt ausgedrückt gilt:

$$N[P](\vec{v}) = N[PA + b]((\vec{v}^t A + b)^t)$$

für jede Wahl einer Matrix A und eines Tupels b.

6.5.6   Frankes Thin Plate Splines

Eine andere Methode zur Interpolation sind die von Franke vorgeschlagenen Thin Plate Splines (TPS), die im Prinzip wie die Multiquadrikenmethode funktioniert, aber lokal orientiert und damit schneller ist.

Bei dieser Methode wird die Biegungsenergie einer dünnen elastischen Platte minimiert, die auf den Interpolationspunkten aufliegt. Die daraus resultierende Funktion hat im zweidimensionalen Fall die Form

$$F(x,y) = \sum_{i=1}^{m}\sum_{j=1}^{n} w_{ij}(x,y)q_{ij}(x,y)$$

Einzelheiten dieser Darstellung werden dabei folgendermaßen bestimmt:

1. Parametergebiet in Regionen R_{ij}, $i = 1...m$, $j = 1...n$ zerlegen. NPPR ist die ungefähre Anzahl von Stützstellen pro Region.
2. Konstruktion von Gewichtsfunktionen $w_k(x,y) = w_{ij}(x,y) = w_i^X(x) \cdot w_j^Y(y)$, die die Bedingungen $w_k \geq 0$ und $\sum_k w_k(x,y) = 1$ erfüllen.
3. Definiere

$$q_{ij}(x,y) := \sum_{k,p_k \in R_{ij}} [\alpha_k \|(x,y) - p_k\|^2 \cdot \log(\|(x,y) - p_k\|)] + a + bx + cy$$

Bilde ein Gleichungssystem (wie bei der Multiquadrikenmethode) aus den Koeffizientengleichungen $q_{ij}(x_k, y_k) = f_k$ und den Regularitätsbedingungen $\sum_{P_k \in R_{ij}} \alpha_k = 0$, $\sum_{P_k \in R_{ij}} \alpha_k x_k = 0$ und $\sum_{P_k \in R_{ij}} \alpha_k y_k = 0$ und löse es nach α_k, a, b und c auf.

Je kleiner die Unterteilung in 1. ist, desto lokaler ist die daraus resultierende Funktion bestimmt, da NPPR kleiner wird, aber desto weniger glatt ist auch die sich daraus ergebende Fläche.

6.6 Die Überprüfung der Qualität modellierter Flächen

Die Glattheit einer Fläche kann mit der Reflektionsmethode getestet werden. Dafür setzen wir eine gerade Linie oder ein ganzes Liniengitter in den Raum, in dem sich die Fläche befindet und sehen das Spiegelbild des Gebietes auf der Fläche an.

Es sei L ein auf dem Liniengitter liegender Punkt und $X(u,w)$ eine Parametrisierung der modellierten Fläche sowie $N(u,w)$ eine Parametrisierung der Ebenennormalen. A sei der Standpunkt des Beobachters. Dann erscheint der Punkt $P = X(u,w)$ genau dann als von L beleuchtet, wenn folgende Reflektionsgleichung erfüllt ist:

$$\vec{b} + \lambda\vec{a} = 2N(u,w) < N(u,w), \vec{b} >$$

mit $\vec{a} = A - P$, $\vec{b} = L - P$ und $\lambda = \frac{\|\vec{b}\|}{\|\vec{a}\|}$.
Einfacher formuliert:

$$\frac{\vec{b}}{\|\vec{b}\|} + \frac{\vec{a}}{\|\vec{a}\|} \| N(u,w)$$

Durch die Bestimmung der Richtung von $\vec{b}$ wird zu jedem Punkt der Fläche der sichtbare einfallende Lichtstrahl bestimmt und festgestellt, ob dieser das Liniengitter kreuzt. Die daraus resultierende Linienstruktur auf der Fläche wird betrachtet und auf Unregelmäßigkeiten untersucht.

Diese Methode wird, wie mir bekannt ist, häufig als Mittel der Qualitätsprüfung in der Automobilindustrie verwendet.

6.7 Das Rendering der Daten

Da die unstrukturierten Daten in strukturierte umgewandelt worden sind, ist die Darstellung der zugehörigen Fläche durch Kantenstrukturen oder mit Hilfe der Ebenennormalen schattierten Flächenstücken kein Problem mehr.
Die Flächenstücke können dabei Rechtecke aus dem Parameterbereich oder Dreiecke der verwendeten Triangulierung sein.

7 Invariante Gütekriterien im Kurvendesign – Einige neuere Entwicklungen

Gudrun Albrecht
Zentrum Mathematik
Technische Universität München
80290 München
albrecht@mathematik.tu-muenchen.de

Zusammenfassung:
This survey deals with invariance aspects for fairness criteria in the design of curves. It focuses on the developments of the past few years regarding both, direct or pointwise and indirect fairness criteria. Several techniques are reviewed that aim at controling the effect of parameter transformations and scalings of the curve and at achieving parameter invariance and/or scale invariance.

7.1 Einleitung

Beim Entwurf von Kurven ist in vielen Anwendungen des Computer Aided Geometric Design (CAGD), z.B. im Automobilbau, die endgültige *Gestalt* der Kurve von entscheidender Bedeutung. Dabei soll die Kurve, diktiert duch die Anwendung und/oder das menschliche Schönheitsempfinden, bestimmte Glattheitsmerkmale aufweisen, und evtl. gewissen Bedingungen genügen, die z.B. durch Forderung nach Interpolation und Approximation von Daten entstehen. Die Glattheitsmerkmale werden im CAGD mit Hilfe geometrischer Größen der Kurve mathematisch gefaßt. Sehr häufig wird die *Krümmung* κ der Kurve verwendet, für Raumkurven auch ihre *Torsion* τ. Dabei lassen sich zum einen κ und τ direkt zur (lokalen und globalen) Qualitätsanalyse und auch zur Konstruktion von Kurven verwenden; zum anderen gehen sie bei vielen Methoden zur Konstruktion (global) glatter Kurven in den Integranden eines Funktionals ein, daß es zu minimieren gilt. Auch Kombinationen von Funktionalen kommen in der Praxis häufig vor. Da die exakten Größen κ

und τ sowie die exakten Funktionale recht aufwendig in der Berechnung sind, wird oft mit Approximationen gearbeitet. Für Übersichten über die Vielzahl altbewährter Methoden siehe z.B. [7, 2, 11].

Bei dem Funktional, das wohl am weitesten verbreitet ist, handelt es sich um

$$\int \kappa(s)^2 ds. \tag{7.1}$$

Es beschreibt die Biegeenergie der Kurve mit Krümmung κ und Bogenlänge s. Eine sehr häufig verwendete Approximation von (7.1) lautet bzgl. eines beliebigen Parameters t

$$\int \|\frac{d^2\mathbf{x}(t)}{dt^2}\|^2 dt. \tag{7.2}$$

Während (7.1) als geometrische Größe der Kurve parameterinvariant ist, gilt dies für (7.2) nicht.

Mit der Problematik der Parameterinvarianz und anderer Invarianzaspekte im Zusammenhang mit Glattheitskriterien im Kurvendesign haben sich in letzter Zeit einige Autoren befaßt. Eine Auswahl solcher neuerer Methoden soll hier vorgestellt werden, wobei diese Übersicht nicht den Anspruch der Vollständigkeit erhebt. Hinweise auf weitere Arbeiten zu diesem Thema sind sehr willkommen.

Die vorliegende Arbeit ist folgendermaßen aufgebaut. In §7.2 werden zunächst die notwendigen grundlegenden differentialgeometrischen Begriffe aus der Kurventheorie aufgeführt, um eine einheitliche Notation zu schaffen. §7.3 gliedert sich in 2 Unterabschnitte, wobei im ersten sog. direkte Glattheitskriterien und die Auswirkungen von Parameterskalierungen auf Krümmungsplots behandelt werden; im zweiten Unterabschnitt (§7.3.2) werden einige indirekte Glattheitsmaße, d.h. globale Funktionale betrachtet. Dabei geht es um parameterinvariante Approximationen altbekannter Funktionale, skalierungsinvariante Funktionale und die Konstruktion neuer, geometrisch mit der Kurve verbundener exakter Funktionale.

7.2 Differentialgeometrische Grundlagen aus der Kurventheorie

Sei $I \subset I\!\!R$ ein Intervall und $t \in I$ ein Parameter. Dann ordnet eine Abbildung

$$\begin{aligned} \phi: \quad & I \longrightarrow E^d \ (d \in \{2,3\}) \\ & t \longmapsto \phi(t) = X(t) \end{aligned}$$

einem Parameterwert t einen Punkt X des d–dimensionalen euklidischen Raumes E^d zu. Variiert t in I, so beschreibt der Punkt $X \in E^d$ eine Kurve c, deren Parameterdarstellung durch den Ortsvektor $\mathbf{x}(t) = \overrightarrow{OX}(t)$ gegeben ist. Zum besseren Verständnis der Kurven $\mathbf{x}(t)$ werden in der Differentialgeometrie — gegebenenfalls unter geeigneten Regularitätsvoraussetzungen — die folgenden Begriffe betrachtet (für Details siehe z. B. [9]):

1. Eine Abbildung

$$
\begin{aligned}
f : J &\longrightarrow I \\
u &\longmapsto f(u) = t
\end{aligned}
$$

mit $\frac{df}{du} \neq 0 \ \forall u \in J$ heißt zulässige Parametertransformation. Durch Hintereinanderschalten der Abbildungen ϕ und f ($\tilde{\phi} = \phi \circ f$) läßt sich die Parametrisierung der Kurve c ändern: $\tilde{\phi}(u) = \phi(f(u)) = \phi(t)$. Dabei bleibt die Gestalt der Kurve unverändert.

2. Eine mit c verknüpfte Größe nennt man *geometrisch*, wenn sie sowohl bewegungsinvariant als auch parameterinvariant für alle zulässigen Parametertransformationen ist.

3. $\dot{\mathbf{x}}(t_0) = \frac{d\mathbf{x}}{dt}|_{t=t_0}$ bezeichnet den Tangentenvektor der Kurve c im Punkt $X(t_0)$. Seine Länge ist gegeben durch $\|\dot{\mathbf{x}}(t_0)\| = \sqrt{\dot{\mathbf{x}}(t_0)^T \dot{\mathbf{x}}(t_0)}$.

4. Ist $I = [a, b]$ ($b > a \in \mathbb{R}$) ein endliches Intervall, dann heißt

$$
s := \int_a^b \|\dot{\mathbf{x}}(t)\| dt
$$

die Bogenlänge der Kurve c von $X(a)$ nach $X(b)$.

5. Jede reguläre Kurve c ($\dot{\mathbf{x}} \neq 0 \ \forall t \in I$) kann durch eine zulässige Parametertransformation auf ihre Bogenlänge s bezogen werden. Ist c auf Bogenlängenparameter bezogen ($\mathbf{x}(s)$), dann bezeichnen $\mathbf{x}'(s)$, $\mathbf{x}''(s)$, ... die Ableitungen bzgl. der Bogenlänge s.

6. Die Kurve c sei auf ihre Bogenlänge s als Parameter bezogen.

• Ableitungsgleichungen im E^2:

Seien $\mathbf{e}_1(s) = \mathbf{x}'(s)$, $\mathbf{e}_2(s) = \mathbf{x}''(s) / \| \mathbf{x}''(s) \|$. Dann gilt:

$$
\begin{aligned}
\mathbf{e}_1'(s) &= &\kappa(s)\mathbf{e}_2(s) \\
\mathbf{e}_2'(s) &= -\kappa(s)\mathbf{e}_1(s)
\end{aligned}
\tag{7.3}
$$

mit der Krümmung $\kappa(s) = \det(\mathbf{x}'(s), \mathbf{x}''(s))$.

• Ableitungsgleichungen im E^3:

Seien $\mathbf{e}_1(s) = \mathbf{x}'(s)$, $\mathbf{e}_2(s) = \mathbf{x}''(s) / \| \mathbf{x}''(s) \|$,

$\mathbf{e}_3(s) = \mathbf{e}_1(s) \times \mathbf{e}_2(s)$. Dann gilt:

$$
\begin{aligned}
\mathbf{e}_1'(s) &= & \kappa(s)\mathbf{e}_2(s) & \\
\mathbf{e}_2'(s) &= -\kappa(s)\mathbf{e}_1(s) & & +\tau(s)\mathbf{e}_3(s) \\
\mathbf{e}_3'(s) &= & -\tau(s)\mathbf{e}_2(s) &
\end{aligned}
\qquad (7.4)
$$

mit der Krümmung $\kappa(s) = \parallel \mathbf{x}''(s) \parallel$ und der Torsion

$$
\tau(s) = \det(\mathbf{x}'(s), \mathbf{x}''(s), \mathbf{x}'''(s)) / \parallel \mathbf{x}''(s) \parallel^2 .
\qquad (7.5)
$$

7. Hauptsatz der Kurventheorie:
Im E^2 ist eine Kurve durch Vorgabe ihrer Bogenlänge s und ihrer Krümmung $\kappa(s)$ bis auf Bewegungen eindeutig bestimmt. Im E^3 ist eine Kurve durch Vorgabe ihrer Bogenlänge s, ihrer Krümmung $\kappa(s)$ und ihrer Torsion $\tau(s)$ bis auf Bewegungen eindeutig bestimmt.

7.3 Einige Gütekriterien und ihre Invarianzeigenschaften

Nach dem Hauptsatz der Kurventheorie ist eine ebene Kurve durch Vorgabe ihrer Bogenlänge s und ihrer Krümmung $\kappa(s)$ bis auf Bewegungen vollständig bestimmt; für Raumkurven werden zu diesem Zweck Bogenlänge s, Krümmung $\kappa(s)$ und Torsion $\tau(s)$ benötigt. Diese, eine Kurve charakterisierenden Größen bieten sich als Gütekriterien für die Analyse und Konstruktion von Kurven an. Dabei unterscheidet man *direkte* Kriterien, die die Größen κ und τ *direkt* verwenden, und sowohl zur *Qualitätsanalyse* als auch zur *Konstruktion* von Kurven benutzt werden, von *indirekten* Kriterien, bei denen κ und τ in den Integranden eines zu minimierenden Funktionals eingehen, und in der Regel zur *Konstruktion* möglichst "glatter" Kurven eingesetzt werden. Im folgenden wird auf Invarianzaspekte solcher direkter und indirekter Gütekriterien eingegangen.

7.3.1 Direkte Gütekriterien und Skalierung des Parameters

Als direktes Kriterium für *ebene C^2-Spline-Kurven* $\mathbf{x}(t)$ über einer Partition $\{t_i\}_{i=-\infty}^{\infty}$ mit Krümmung $\kappa(t)$ und Bogenlänge s wird häufig verwendet (vgl. z.B. [14, 1, 12, 6]):

- Die Sprünge in der 1. Ableitung der Krümmung $\kappa(t)$ nach der Bogenlänge s an den Knoten t_i sollten so klein wie möglich sein. Diese Sprünge lassen sich quantifizieren als

$$z_i := \left| \frac{d\kappa(t_i^-)}{ds} - \frac{d\kappa(t_i^+)}{ds} \right|,$$

und als lokales Gütemaß in den einzelnen Knoten t_i verwenden. $\zeta := \sum_i z_i$ dient als globales Gütemaß.

Eine Kurve gilt dann als "gut", wenn der Graph der Krümmung $\kappa = \kappa(t)$ keine "scharfen Ecken" besitzt und aus möglichst wenigen monotonen Segmenten besteht.

Analog läßt sich ein direktes Gütekriterium für C^2-*Raum*kurven einführen. Gemäß [12] gilt eine C^2-Raumkurve als "gut", wenn

- der Graph der Krümmung $\kappa = \kappa(t)$ aus möglichst wenigen monotonen Segmenten besteht, der Graph der Torsion $\tau = \tau(t)$ möglichst stetig ist, aus möglichst wenigen monotonen Segmenten besteht, möglichst wenig Vorzeichenwechsel aufweist und die Torsion in allen Kurvenpunkten möglichst klein ist.

Ein ähnliches Kriterium für Raumkurven enthält [3].

Aufgrund dieser Kriterien wird in der Praxis häufig der optische Verlauf des Graphs der Krümmung $\kappa(t)$ zur Qualitätsanalyse und Verbesserung der Kurve $\mathbf{x}(t)$ verwendet. In vielen Anwendungen, wie z.B. beim Karrosseriedesign im Automobilbau, sind die realen Größenordnungen von t und κ meistens so verschieden, daß der Graph von $\kappa(t)$ nicht in dem realen Verhältnis $\kappa : t = 1 : 1$, sondern in dem skalierten Verhältnis $\kappa : t = 1 : A$ mit $A \in I\!\!R^+$ wiedergegeben wird, um überhaupt brauchbar zu sein. Diese Situation wird durch eine Skalierung des Parameters t, d.h. eine lineare Parametertransformation ohne Translationsanteil der Form $t \mapsto At$ erreicht. Die Krümmung $\kappa(t)$ ist zwar als geometrische Größe von $\mathbf{x}(t)$ invariant gegenüber solchen Skalierungen, aber der Winkel θ_i, den die Tangenten von κ in einer Unstetigkeitsstelle von $\dot{\kappa}(t)$ einschließen, wird beeinflußt und damit der optische Verlauf des Graphen von $\kappa(t)$.

Sapidis und Koras [15] haben diese Situation vor kurzem für ebene C^2-Splinekurven über einer Partition $\{t_i\}_{i=-\infty}^{\infty}$ untersucht. Für den unskalierten Graphen von $\kappa(t)$ führen sie dazu mit ϕ_i^- den Winkel der Tangente von $\kappa(t)$ in t_i^- mit der t-Achse und mit ϕ_i^+ den Winkel der Tangente von $\kappa(t)$ in t_i^+ mit der t-Achse ein, wobei $-\pi/2 < \phi_i^\pm < \pi/2$ ist. Damit erhalten sie für den Winkel θ_i zwischen den beiden Tangenten

$$\theta_i = \pi - |\phi_i^+ - \phi_i^-|$$

mit $0 \leq \theta_i \leq \pi$. Die analogen Winkel für den unskalierten Graphen $K = K(T)$ mit

$$T = At \ , \ K = \kappa$$

werden mit

$$\Phi_i^\pm := \Phi_i^\pm(A), \quad \Theta_i := \Theta_i(A), \quad 0 \leq \Theta_i \leq \pi$$

bezeichnet. Die Analyse der möglichen Fälle wird anhand der Fallunterscheidung

$$
\begin{array}{llll}
Ia & \phi_i^+ > 0 > \phi_i^- &, \quad Ib & \phi_i^- > 0 > \phi_i^+ \\
IIa & \phi_i^+ > \phi_i^- > 0 &, \quad IIb & \phi_i^- > \phi_i^+ > 0 \\
IIc & 0 > \phi_i^+ > \phi_i^- &, \quad IId & 0 > \phi_i^- > \phi_i^+
\end{array}
\tag{7.6}
$$

durchgeführt, wobei noch die Größen

$$f_i := \tan \phi_i^+ \;, \quad g_i := \tan \phi_i^-$$

benötigt werden. In allen Fällen (7.6) wird die Winkelfunktion $\Theta_i(A)$ des skalierten Krümmungsgraphen untersucht und mit dem Winkel θ_i des unskalierten Krümmungsgraphen verglichen. Daraus ergeben sich dann Richtlinien für die Interpretation von skalierten Krümmungsgraphen, die hier zusammengefaßt wiedergegeben werden (vgl. [15]):

A) $\theta_i \approx \pi$ induziert eine scharfe Ecke Θ_i, falls

(1) θ_i ein Fall–I–Winkel ist (vgl. (7.6)) und A sehr klein ist.

(2) θ_i ein Fall–II–Winkel ist ((vgl. (7.6)) und $A \approx \sqrt{f_i g_i}$ und $\Theta_i(A)$ klein ist.

B) (1) Gilt für den unskalierten Graphen $\theta_j < \theta_i$, so induziert das im skalierten Graphen $\Theta_i < \Theta_j$, falls A *entweder* zu klein *oder* zu groß ist, aber nie in beiden Fällen.

(2) In der Praxis wird meistens ein Skalierungsfaktor $A < 1$ verwendet. In diesem Fall behält eine Skalierung mit A genau dann die Winkelfolge $\{\ldots < \theta_k < \theta_l < \theta_m < \ldots\}$ bei, wenn für jedes Knotenpaar t_i, t_j gilt:

$$\sqrt{\Phi_{ij}} \notin [A,1], \quad \text{wobei } \Phi_{ij} = \frac{f_j g_j |f_i - g_i| - f_i g_i |f_j - g_j|}{|f_j - g_j| - |f_i - g_i|}.$$

C) Eine sehr scharfe Ecke θ_i induziert $\Theta_i \approx \pi$, falls

(1) θ_i ein Fall–I–Winkel ist und A sehr groß ist

bzw.

(2) θ_i ein Fall–II–Winkel ist und A weder sehr groß noch sehr klein ist.

Für den Fall eines direkten Gütekriteriums, nämlich für den optischen Verlauf des Graphen der Krümmung oder natürlich auch der Torsion einer Kurve, erlaubt die vorgestellte Methode, mit den Auswirkungen von in der Praxis häufig verwendeten Skalierungen des Kurvenparameters umzugehen und sie richtig zu interpretieren.

7.3.2　Indirekte Gütekriterien

Im Gegensatz zu *direkten* oder *punktweisen* Glattheitsmaßen für Kurven, die
die geometrischen Größen κ und τ direkt analysieren, wird bei den sogenannten *indirekten* Glattheitsmaßen eine Kurve $\mathbf{x}^*(t)$ einer gewissen Kurvenklasse
X gesucht, die gewisse Bedingungen, z.B. Interpolation von Punkt– und Ab-
leitungsdaten, erfüllt und zusätzlich ein sog. Glattheitsfunktional

$$
\begin{aligned}
E: \quad X &\longrightarrow \quad [0,\infty[\\
\mathbf{x} &\longmapsto \quad E(\mathbf{x}) := \int F(\kappa(s),\tau(s))ds
\end{aligned}
\tag{7.7}
$$

minimiert. Dabei bezeichnen s, $\kappa(s)$ und $\tau(s)$ die Bogenlänge, die
Krümmung und die Torsion von $\mathbf{x}$. Als Kurvenklasse X wird in der Regel
die Klasse der polynomialen Kurven der Form

$$
\mathbf{x}(t) = \sum_i \mathbf{a}_i A_i(t)
$$

zugrundegelegt. Als Bindefunktionen $A_i(t)$ werden im CAGD meistens Bernsteinpolynome, normalisierte B–Splines oder Hermite Basis–Funktionen verwendet (siehe z.B. [4, 8]). Nach Festlegung eines Teils der Parameter $\mathbf{a}_i$ durch
die von vorneherein zu erfüllenden Bedingungen (z.B. Interpolationsbedingungen) werden die verbleibenden Parameter zur Minimierung des Funktionals
(7.7) verwendet. Da es sich bei den in das Funktional eingehenden Größen κ
und τ um geometrische Größen der Kurve $\mathbf{x}$ handelt, wird der Wert von E weder durch Änderungen des Parameters durch zulässige Parametertransformationen (siehe §7.2) noch durch Bewegung der Kurve $\mathbf{x}$, d.h. durch Anwendung
einer Abbildung der Form

$$
\mathbf{x} \longmapsto A\mathbf{x} + \mathbf{b}
\tag{7.8}
$$

mit orthogonaler Matrix A beeinflußt. Altbekannte Funktionale der Form (7.7)
ergeben sich für $F_1 = \kappa^2(s)$ bzw. $F_2 = 1$, was die Minimierung der Biegeenergie
der Kurve $\mathbf{x}$ bzw. der Bogenlänge von $\mathbf{x}$ zur Folge hat. Für F_1 führt das auf die
sog. nichtlinearen Splines und Minimierung der Kombination $\int F_1 ds + \rho \int F_2 ds$
führt auf die bekannten nichtlinearen Splines in Tension (siehe z.B. [7, 2]).
Bezüglich eines beliebigen Parameters $t \in [a,b]$ lauten die Funktionale $E_i(\mathbf{x}) =
\int F_i ds$, $i = 1, 2$:

$$
\begin{aligned}
E_1(\mathbf{x}) &= \int_a^b \kappa(t)^2 \|\dot{\mathbf{x}}(t)\| dt, \\
E_2(\mathbf{x}) &= \int_a^b \|\dot{\mathbf{x}}(t)\| dt.
\end{aligned}
\tag{7.9}
$$

Da ihre Minimierung auf stark nichtlineare Probleme führt, werden die Funktionale (7.9) in der Praxis häufig durch

$$\bar{E}_1(\mathbf{x}) = \int_a^b \|\ddot{\mathbf{x}}(t)\|^2 dt,$$

$$\bar{E}_2(\mathbf{x}) = \int_a^b \|\dot{\mathbf{x}}(t)\|^2 dt \qquad (7.10)$$

approximiert. $\bar{E}_1$, $\bar{E}_2$ haben zwar den Vorteil, wesentlich einfacher zu minimieren zu sein als ihre exakten Gegenstücke, sie stellen aber nicht immer gute Approximationen von E_1, E_2 dar und haben den großen Nachteil, nicht geometrisch mit der Kurve verbunden zu sein.

In jüngster Zeit wird immer mehr Wert auf die Invarianz von Glattheitsfunktionalen bzgl. verschiedener Transformationen gelegt; dabei konzentrieren sich die Untersuchungen bisher auf die Konstruktion neuer, geometrisch mit der Kurve verbundener Funktionale, auf die Konstruktion parameterinvarianter Approximationen von altbekannten Funktionalen sowie auf die Konstruktion von Funktionalen, die bzgl. Skalierungen der Kurve $\mathbf{x}$

$$\mathbf{x} \longmapsto \alpha\mathbf{x}. \qquad (7.11)$$

invariant sind. Eine solche Skalierung (7.11) wird beispielsweise durch einheitliche Skalierung der die Kurve festlegenden Bedingungen induziert.

7.3.3 Altbekannte Funktionale und ihre Approximationen

Veltkamp und Wesselink [18] (siehe auch [20]) untersuchten vor kurzem die Kombination

$$E(\mathbf{x}) = \sum_{i=1}^3 \alpha_i E_i(\mathbf{x}), \quad \alpha_i \in [0,1]; \quad \sum_{i=1}^3 \alpha_i = 1 \qquad (7.12)$$

von Funktionalen, wobei sie für Raumkurven noch die sog. "Twist"–Energie

$$E_3(\mathbf{x}) := \int_a^b \tau(t)^2 \|\dot{\mathbf{x}}(t)\| dt \qquad (7.13)$$

zu (7.9) hinzunehmen. Dabei legen sie die Klasse X der integralen B–Spline–Kurven zugrunde und erhalten durch Vorgabe gewisser Interpolationsbedingungen lineare Bestimmungsgleichungen für einen Teil der Kontrollpunkte. Approximation von E durch

$$\bar{E}(\mathbf{x}) := \sum_{i=1}^3 \alpha_i \bar{E}_i(\mathbf{x}); \quad \alpha_i \in [0,1]; \quad \sum_{i=1}^3 \alpha_i = 1 \qquad (7.14)$$

mit $\bar{E}_1, \bar{E}_2$ gemäß (7.10) und

$$\bar{E}_3(\mathbf{x}) := \int_a^b \|\mathbf{x}^{(3)}(t)\|^2 dt \qquad (7.15)$$

liefert eine quadratische Funktion in den Komponenten der Kontrollpunkte. Insgesamt ist somit im Unterschied zur Minimierung von E lediglich eine quadratische Funktion unter linearen Nebenbedingungn zu minimieren.
Wesselink [19] untersucht für ebene Kurven ($\tau = 0$) das Verhalten von $\bar{E}$ bei linearen Parametertransformationen $\phi : t \longmapsto \gamma t + \delta$ und findet

$$\bar{E}_1(\mathbf{x} \circ \phi) \;=\; \frac{1}{\gamma^3} \int_{a'}^{b'} \|\ddot{\mathbf{x}}(t)\|^2 dt = \frac{1}{\gamma^3} \bar{E}_1(\mathbf{x})$$

$$\bar{E}_2(\mathbf{x} \circ \phi) \;=\; \frac{1}{\gamma} \int_{a'}^{b'} \|\dot{\mathbf{x}}(t)\|^2 dt = \frac{1}{\gamma} \bar{E}_2(\mathbf{x}) \qquad (7.16)$$

mit $b' - a' = (b-a)/\gamma$. Als Abhilfe schlägt er deswegen vor, E aus (7.14) durch

$$\bar{\bar{E}}(\mathbf{x}) = \alpha_1 (b - a) \bar{E}_1(\mathbf{x}) + \alpha_2 (b - a)^3 \bar{E}_2(\mathbf{x}) \qquad (7.17)$$

zu ersetzen. Dadurch wird erreicht, daß beide Summanden in (7.17) bei einer linearen Parametertransformation mit dem gleichen Faktor multipliziert werden:

$$\bar{\bar{E}}(\mathbf{x} \circ \phi) = \frac{1}{\gamma^4} \bar{\bar{E}}(\mathbf{x}) \qquad (7.18)$$

Nicht erreicht wird damit allerdings Parameterinvarianz des Funktionals $\bar{\bar{E}}$.
Um Parameterinvarianz zu erreichen, schlägt Wesselink [19] eine datenabhängige Approximation der exakten Funktionale E_1, E_2 vor. Dazu nimmt er eine bekannte Kurve $\mathbf{c}(t)$ zu Hilfe, die "genügend nah" an $\mathbf{x}(t)$ liegt. Damit definiert er

$$\tilde{E}_1(\mathbf{x}; \mathbf{c}) := \int_a^b \Delta_{\mathbf{c}}(\mathbf{x})^T \Delta_{\mathbf{c}}(\mathbf{x}) \|\dot{\mathbf{c}}\| dt \qquad (7.19)$$

mit $\Delta_{\mathbf{c}}(\mathbf{x}) := \dfrac{\ddot{\mathbf{x}}}{\dot{\mathbf{c}}^T \dot{\mathbf{c}}} - \dfrac{(\dot{\mathbf{c}}^T \ddot{\mathbf{c}})\dot{\mathbf{x}}}{(\dot{\mathbf{c}}^T \dot{\mathbf{c}})^2}$ und

$$\tilde{E}_2(\mathbf{x}; \mathbf{c}) := \int_a^b \frac{\dot{\mathbf{x}}^T \dot{\mathbf{x}}}{\dot{\mathbf{c}}^T \dot{\mathbf{c}}} \|\dot{\mathbf{c}}\| dt \qquad (7.20)$$

und zeigt, daß $\tilde{E}_i(\mathbf{x}; \mathbf{c})$ eine gute Approximation von E_i ist, falls $\mathbf{c}$ bzgl. einer gewissen Norm nah an $\mathbf{x}$ liegt. Für eine beliebige zulässige Parametertransformation $\phi : t \longmapsto \phi(t)$ läßt sich nachrechnen, daß gilt:

$$\tilde{E}_i(\mathbf{x} \circ \phi; \mathbf{c} \circ \phi) = \tilde{E}_i(\mathbf{x}; \mathbf{c}); \quad i = 1, 2. \qquad (7.21)$$

Damit ist auch das Funktional

$$\tilde{E}(\mathbf{x};\mathbf{c}) := \alpha_1 \tilde{E}_1(\mathbf{x};\mathbf{c}) + \alpha_2 \tilde{E}_2(\mathbf{x};\mathbf{c}); \quad \alpha_i \in [0,1]; \quad \alpha_1 + \alpha_2 = 1 \qquad (7.22)$$

invariant gegenüber allen zulässigen Parametertransformationen. Wesselink [19] gibt auch an, wie sich die Funktionale $\tilde{E}_1, \tilde{E}_2$ gegenüber einer einheitlichen Skalierung (7.11) der Kurven $\mathbf{x}, \mathbf{c}$ verhalten:

$$\tilde{E}_1(\alpha\mathbf{x};\alpha\mathbf{c}) = \frac{1}{\alpha}\tilde{E}_1(\mathbf{x};\mathbf{c}),$$

$$\tilde{E}_2(\alpha\mathbf{x};\alpha\mathbf{c}) = \alpha\,\tilde{E}_2(\mathbf{x};\mathbf{c}); \qquad (7.23)$$

er schlägt deswegen vor, $\tilde{E}$ aus (7.22) durch

$$\tilde{\tilde{E}}(\mathbf{x};\mathbf{c}) := \alpha^2\alpha_1\tilde{E}_1(\mathbf{x};\mathbf{c}) + \tilde{E}_2(\mathbf{x};\mathbf{c}) \qquad (7.24)$$

zu ersetzen. Damit erreicht er

$$\tilde{\tilde{E}}(\alpha\mathbf{x};\alpha\mathbf{c}) = \alpha\,\tilde{\tilde{E}}(\mathbf{x};\mathbf{c}). \qquad (7.25)$$

Diese Methode hat allerdings den Nachteil, daß man den Skalierungsfaktor α kennen muß, und $\tilde{\tilde{E}}$ nicht skalierungsinvariant ist. Wesselink [19] zeigt weiter, daß es sich bei $\tilde{E}$ um eine quadratische Funktion in den Komponenten der B–Spline–Kontrollpunkte handelt und hat damit ein quadratisches Programmierungsproblem mit linearen Nebenbedingungen zu lösen. Die Lösung erfolgt iterativ, wobei jeweils die im k–ten Iterationsschritt erhaltene Näherung $\mathbf{x}_k(t)$ von $\mathbf{x}(t)$ als Referenzkurve $\mathbf{c}$ im $(k+1)$–ten Iterationsschritt eingesetzt wird. Im 1. Schritt wird, falls noch keine Approximation $\mathbf{c}$ von $\mathbf{x}$ vorhanden ist, die mit Hilfe des Funktionals $\tilde{E}$ erhaltene Lösung für $\mathbf{c}$ verwendet. Die Methode der Minimierung von $\tilde{E}$ hat somit mit derjenigen von $\bar{E}$ gemeinsam, auf ein quadratisches Programmierungsproblem mit linearen Nebenbedingungen zu führen und ist trotzdem, genau wie das exakte Funktional E, geometrisch mit der Kurve $\mathbf{x}$ verbunden.
Gemäß (7.23) sind die Funktionale $\tilde{E}_1, \tilde{E}_2$ allerdings nicht invariant gegenüber Skalierungen (7.11); dabei verhalten sie sich genauso wie ihre exakten Gegenstücke E_1, E_2.

7.3.4 Skalierungsinvariante Funktionale

Der Skalierungseffekt

$$E_1(\alpha\mathbf{x}) = \frac{1}{\alpha}E_1(\mathbf{x}) \ , \ E_2(\alpha\mathbf{x}) = \alpha E_2(\mathbf{x})$$

(vgl. (7.23)) wird auch von Sequin et al. [16] bemerkt. Da für wachsendes α die Bogenlänge der Kurve $\mathbf{x}$ immer größer wird und das Integral $\int \kappa(s)^2 ds$

immer kleiner wird, beobachten sie, daß sich die Kurve $\mathbf{x}$ für große Werte von α ins Unendliche ausdehnen kann. Um diesen Effekt zu vermeiden, schlagen sie vor, das Funktional $E_1(\mathbf{x})$ durch folgendes skalierungsinvariantes Funktional zu ersetzen:

$$\hat{E}_1(\mathbf{x}) := E_2(\mathbf{x})E_1(\mathbf{x}) \tag{7.26}$$

Die Glattheit der durch Minimierung von $E_1(\mathbf{x})$ unter bestimmten Nebenbedingungen erhaltenen ebenen Kurven wird nach Beobachtungen der Autoren von [16] im allgemeinen durch die Wahl des Funktionals über der Variation der Krümmung κ bzgl. der Bogenlänge $s = \int ds = E_2$, nämlich

$$E_4(\mathbf{x}) := \int \left(\frac{d\kappa}{ds}\right)^2 ds \tag{7.27}$$

übertroffen. Ohne Nebenbedingungen führt die Minimierung dieses Funktionals auf Kreise. E_4 ist nach Konstruktion geometrisch mit der Kurve $\mathbf{x}$ verbunden, aber es wird durch Skalierungen der Form (7.11) folgendermaßen beeinflußt:

$$E_4(\alpha\mathbf{x}) = \frac{1}{\alpha^3}E_4(\mathbf{x}) \tag{7.28}$$

Als skalierungsinvariante Variante von E_4 schlagen Sequin et al. [16] analog zu (7.26) vor:

$$\hat{E}_4(\mathbf{x}) := (\int ds)^3 E_4(\mathbf{x}) \tag{7.29}$$

Für Raumkurven betrachten sie zunächst (siehe auch [10])

$$E_5(\mathbf{x}) := \int \left(\frac{d(\kappa\mathbf{e}_3)}{ds}\right)^2 ds \tag{7.30}$$

mit dem Krümmungsvektor $\kappa\mathbf{e}_3$, was sich zu

$$E_5(\mathbf{x}) = \int \left(\left(\frac{d\kappa}{ds}\right)^2 + \kappa^2\tau^2\right) ds \tag{7.31}$$

umformen läßt. Hierbei handelt es sich wiederum um ein mit der Kurve $\mathbf{x}$ geometrisch verknüpftes Funktional, das sich aber unter Skalierungen folgendermaßen verhält:

$$E_5(\alpha\mathbf{x}) = \frac{1}{\alpha^3}E_5(\mathbf{x}). \tag{7.32}$$

Damit wird als skalierungsinvariantes Gegenstück

$$\hat{E}_5(\mathbf{x}) := (\int ds)^3 E_5(\mathbf{x}) \tag{7.33}$$

vorgeschlagen. Als besser geeignet für Raumkurven wird von den Autoren allerdings das bewegungs- und parameterinvariante Funktional

$$E_6(\mathbf{x}) := \int \left(\frac{d\kappa}{ds}\right)^2 + \left(\frac{d\tau}{ds}\right)^2 ds \tag{7.34}$$

empfunden, das durch

$$\hat{E}_6(\mathbf{x}) := (\int ds)^3 E_6(\mathbf{x}) \tag{7.35}$$

skalierungsinvariant gemacht wird.

Gemäß [10, 16] werden die Funktionale E_1, E_4, E_5, E_6 dazu benutzt, zu gewissen Interpolationsbedingungen und G^2-Stetigkeitsbedingungen eine stückweise quintische polynomiale Kurve $\mathbf{x}(t)$ in Hermiteform so zu konstruieren, daß sie das entsprechende Funktional minimiert. Ausgehend von einer Startkurve geschieht das in einem iterativen Prozeß. Gemäß [16] zeigen Experimente, daß die skalierungsinvarianten Funktionale $\hat{E}_1, \hat{E}_4, \hat{E}_5, \hat{E}_6$ langsamer konvergieren als ihre skalierungsabhängigen Gegenstücke. Dafür besteht aber nicht mehr die Gefahr von sich ins Unendliche ausdehnenden Lösungskurven.

7.3.5 Neue, parameterinvariante Funktionale

Um den vielfältigen Anforderungen an "glatte" Kurven gerecht zu werden, führen Roulier und Rando [13] eine Vielzahl neuer Glattheitsfunktionale ein. Sie gehen dabei von einer *beliebigen* parametrisierten Kurve $\mathbf{x}(s) \subset E^3$ des dreidimensionalen euklidischen Raumes aus, die gewisse Bedingungen wie z.B. Interpolation und Approximation von Daten im E^3 erfüllt und außerdem über Freiheitsgrade in Form von Parametern verfügt. Diese Parameter werden dann dazu verwendet, die Bogenlänge einer Kurve $\mathbf{c}(s) \subset E^3$ zu minimieren, die sich nur aus *geometrischen* Größen der Kurve $\mathbf{x}$ zusammensetzt, nämlich aus den Beinvektoren $\mathbf{e}_1, \mathbf{e}_2, \mathbf{e}_3$ des Frenetschen Dreibeins, der Krümmung $\kappa(s)$, der Torsion $\tau(s)$, des Krümmungsradius $\rho(s) = 1/\kappa(s)$, des Torsionsradius $\sigma(s) = 1/\tau(s)$ und $\mathbf{x}$ selbst. Diese Kurve $\mathbf{c}$ hat die allgemeine Form:

$$\mathbf{c} = \epsilon\,\mathbf{x} + f_1(\kappa, \tau, \rho, \sigma)\,\mathbf{e}_1 + f_2(\kappa, \tau, \rho, \sigma)\,\mathbf{e}_2 + f_3(\kappa, \tau, \rho, \sigma)\,\mathbf{e}_3, \tag{7.36}$$

mit $\epsilon \in \{0, 1\}$ und Funktionen f_1, f_2, f_3. Roulier und Rando [13] untersuchen die Auswirkungen der Bogenlängenminimierung von $\mathbf{c}$ auf die Kurve $\mathbf{x}$ für verschiedene Wahlen von f_1, f_2, f_3.

Für $\epsilon = 1, f_1 = f_3 = 0$ und $f_2 = \rho$ erhalten sie für **c** den Ort der Krümmungsmittelpunkte von **x**, für $\tau = 0$ die Evolute von **x**. Die Forderung nach Minimierung der Bogenlänge von **c** führt in diesem Fall auf das Funktional

$$E_7(\mathbf{x}) := \int_0^{S_r} (\rho^2 \tau^2 + (\rho')^2)^{\frac{1}{2}} ds \qquad (7.37)$$

wobei $S_r = \int_a^b \|\dot{\mathbf{x}}(t)\| dt$ die Bogenlänge von **x** über dem Parameterintervall
$[a, b]$ bezeichnet. Anschaulich bewirkt die Minimierung von E_7, den Ort der
Krümmungsmittelpunkte möglichst "kurz" zu halten und damit **x** selber soweit
wie möglich einem Kreis anzunähern. Ist $\epsilon = 0, f_1 = f_2 = 0$ und $f_3 = \rho$, so
führt das gemäß [13] auch auf das Funktional E_7 aus (7.37), das allerdings
nicht verwendbar ist, falls die Kurve **x** Wendepunkte ($\kappa = 0, \rho = \infty$) hat.
Insgesamt betrachten Roulier und Rando 9 solche Glattheitskriterien, die für

1) $\epsilon = 1, f_1 = f_3 = 0, f_2 = \rho$
2) $\epsilon = 0, f_1 = f_2 = 0, f_3 = \rho$
3) $\epsilon = 0, f_1 = f_2 = 0, f_3 = \kappa$
4) $\epsilon = 0, f_1 = f_3 = 0, f_2 = \kappa$
5) $\epsilon = 0, f_1 = \kappa, f_2 = f_3 = 0$
6) $\epsilon = 0, f_1 = f_3 = 0, f_2 = 1$
7) $\epsilon = 0, f_1 = f_3 = 0, f_2 = \rho^2$
8) $\epsilon = 0. f_1 = \rho^2, f_2 = f_3 = 0$
9) $\epsilon = 1, f_1 = 0, f_2 = \rho, f_3 = \rho'\sigma$

entstehen. Dabei tendieren die zu 1), 2), 7), 8) gehörenden Glattheitsmaße
eher dazu, die Kurve **x** eine "runde" Gestalt annehmen zu lassen und die zu
3), 4), 5) gehörigen Metriken dazu, sie zu ver"ebnen". In 9) handelt es sich
bei der Kurve **c** um den Ort der sphärischen Krümmungsmittelpunkte. Alle 9
Metriken sind geometrisch mit der Kurve **x** verbunden und damit parameterinvariant; sie minimieren alle (bis auf 6)) in irgendeiner Weise die *Änderung* der
Krümmung bzw. des Krümmungsradius und "glätten" somit — nach Sprech-
weise der Autoren — die Kurve **x**.
Was die praktische Durchführung der Methode betrifft, so schlagen Rando
und Roulier 3 verschiedene Verfahren vor, um die zu berechnende Bogelänge
von **c** zu approximieren. Der 1. Vorschlag besteht darin, das Parameterintervall äquidistant zu unterteilen und die Bogenlänge durch die Summe der
zugehörigen Kurvensehnenlängen zu approximieren. Als zweites denken sie an
Standardverfahren zur numerischen Integration wie z.B. Rombergintegration
(siehe [17]). Als drittes schlagen sie eine Methode vor, deren Anwendbarkeit
sich zwar auf Glattheitsfunktionale beschränkt, die als totale Variation einer
geometrischen Größe der Kurve **x** dargestellt werden können, dafür aber recht
einfach und elegant sind. Für eine solche totale Variation, von z.B κ, wie sie
in Fall 3) für ebene Kurven ($\tau = 0$) vorliegt, läßt sich die Bogenlänge von

Kurvenstücken monotoner Krümmung von **c** leicht angeben und das Problem reduziert sich darauf, Punkte von **x** zu ermitteln, in denen ein Wechsel in der Monotonie der Krümmung erfolgt. Die Lösung der Gleichung $\kappa' = 0$ kann dann mit numerischer Nullstellenbestimmung erfolgen. Die Einfachheit dieser Integrationsmethode motiviert die Autoren von [13] dazu, nach sinnvollen Glattheitsmaßen zu suchen, die als totale Variation geometrischer Größen von **x** darstellbar sind.

Literatur

[1] R. E. Barnhill, N. S. Sapidis, Direct Methods for Fairing Curves Using Curvature Analysis, *Computer Aided Geometric Design: From Theory to Practice* (P. D. Kaklis & N. S. Sapidis, eds.), 31–40, (1995).

[2] G. Brunnett, H. Hagen, P. Santarelli, Variational design of curves and surfaces, *Surv. Math. Ind.* **3**, 1–27, (1993).

[3] M. Eck, R. Jaspert, Automatic Fairing of Point Sets, *Designing Fair Curves and Surfaces* (N. S. Sapidis, ed.), 45–60, SIAM, Philadelphia (1994).

[4] G. Farin, *Curves and Surfaces for Computer Aided Geometric Design*, Academic Press Inc.(1990).

[5] G. Farin, Degree Reduction Fairing of Cubic B–Spline Curves, *Geometry Processing for Design and Manufacturing* (R. E. Barnhill, ed.), 87–99, SIAM, Philadelphia (1994).

[6] G. Farin, N. Sapidis, Curvature and the Fairness of Curves and Surfaces, *IEEE Computer Graphics and Applications*, 52–57, (March 1989).

[7] H. Hagen, G. Schulze, Variational Principles in Curve and Surface Design, *Geometric Modeling, Methods and Applications* (H. Hagen, D. Roller, eds.), 161–184, (1991).

[8] J. Hoschek, D. Lasser, *Grundlagen der geometrischen Datenverarbeitung*, B. G. Teubner, Stuttgart (1992).

[9] E. Kreyszig, *Differential geometry*, Dover Publications, New York (1991).

[10] M. P. Moreton, C. H. Séquin, Minimum Variation Curves and Surfaces for Computer–Aided Geometric Design, *Designing Fair Curves and Surfaces* (N. S. Sapidis, ed.), 123–159, SIAM, Philadelphia (1994).

[11] H. Nowacki, Mathematische Verfahren zum Glätten von Kurven und Flächen, *Geometrische Verfahren der Graphischen Datenverarbeitung* (J. L. Encarnacoao, J. Hoschek, J. Rix, eds.), 22–45, Springer, Berlin (1990).

[12] K. G. Pigounakis, N. S. Sapidis, P. D. Kaklis, Fairing Spatial B–spline Curves, Preprint 1995, *Journal of Ship Research*, to appear.

[13] J. Roulier, Th. Rando, Measures of Fairness for Curves and Surfaces, *Designing Fair Curves and Surfaces* (N. S. Sapidis, ed.), 75–122, SIAM, Philadelphia (1994).

[14] N. S. Sapidis, G. Farin, Automatic fairing algorithm for B–spline curves, *Computer–Aided Design* **22** No. 2, 121–129, (1990).

[15] N. S. Sapidis, G. D. Koras, Visualization of curvature plots and evaluation of fairness: an analysis of the effect of 'scaling', *Comput. Aided Geom. Design* **14**, 299–311, (1997).

[16] C. H. Séquin, P.-Y. Chang, H. P. Moreton, Scale–Invariant Functionals for Smooth Curves and Surfaces, *Computing Suppl.* **10**, 303–321, (1995).

[17] Stoer, J., *Einführung in die Numerische Mathematik I*, Springer, Berlin, 1983.

[18] R. C. Veltkamp, W. Wesselink, Modeling 3D Curves of Minimal Energy, *Computer Graphics Forum* **14**(3), 97-110 (1995).

[19] J. W. Wesselink, Variational Modeling of Curves and Surfaces, Diss. Techn. Univ. Eindhoven (1996).

[20] J. W. Wesselink, R. C. Veltkamp, Interactive design of constrained variational curves, *Comput. Aided Geom. Design* **12**, 533–546, (1995).

8 Design mit energieoptimierten Twists

Axel Becker
Institut für Techno– und Wirtschaftsmathematik e.V.
Erwin–Schrödinger Straße
D–67663 Kaiserslautern
becker@itwm.uni-kl.de

8.1 Einleitung und Motivation

Bei der Konstruktion einer Karosserie in der Automobilindustrie oder eines
Schiffs– oder Flugzeugrumpfes wird nach ästhetischen oder funktionellen Ge-
sichtspunkten ein Modell entworfen, z.B. ein formschönes Fahrzeug mit ström-
ungstechnisch günstigen Eigenschaften.
Damit die Form des Konstruktes bequemer am Computer weiter optimiert
werden kann wird das Modell diskretisiert, also nach einem bestimmten Raster
abgetastet und die so erhaltenen Informationen in einer Datenbank verfügbar
gehalten. Diese Informationen werden in diesem Beitrag immer wieder auftau-
chen als Punkte im Raum und Ableitungsgrößen.
Das Problem, um das es im folgenden gehen wird, ist die Frage, wie aus diesen
Punkten und Ableitungsgrössen wieder eine optimale Fläche zu erzeugen ist.
Eine Fäche kann optimal sein, wenn sie eine *minimalen Oberflächenspannung*
hat, wie z. B. Seifenhäuten in einem vorgegebenen Rand.

Es gibt zwei Möglichkeiten, die Punkte und Ableitungsgrößen zu interpolieren: Entweder direkt durch eine Fläche anzunähern oder erst ein Kurvennetz
zu konstruieren, das durch die Punkte geht und in diesen Punkten die entsprechenden Ableitungen hat und dann dieses Kurvennetz durch eine Fäche anzunähern. Beim *ersten Ansatz* wird mit *B–spline–Flächen* gearbeitet so daß es
passieren kann, daß sehr lange Tangentenvektoren zu Stande kommen können,
wenn die zu interpolierenden Punkte räumlich nahe beieinander liegen. Daraus
entstehen die Artefakte "rollback" und "bump".

Der *zweite Ansatz* ist in der Praxis der erfolgversprechendere da er dem Computerdesigner eine bessere Kontrolle über die endgültige Form der Oberfläche ermöglicht. Dazu muß der Designer allerdings in den Punkten die zweite gemischte Ableitung, den sogenannten *Twistvektor abschätzen.*

Also: Eine Bedingung an den Twistvektor ist zu entwickeln damit das Flächendesign vollständig automatisiert werden kann.

Die kommenden Überlegungen sind zwar mathematischer Natur, obwohl der Twistvektor zum Studium geometrischer Eigenschaften uninteressant ist, da er keine geometrische Invariante gegenüber einer einfachen Umparametrisierung darstellt, aber die Untersuchung des Twistvektors ist durch die oben beschriebene praxisrelevante Situation motiviert. Daß er keine geometrische Invariante ist ist leicht einzusehen: Es sei $\Theta(s,t)$ eine lokale Parametrisierung der Fläche, d.h. $\Theta(s,t) : U \subset R^2 \to R^3$ eine zweimal stetig differenzierbare Abbildung einer offenen Menge $U \subset R^2$ in den R^3 und es sei der Twistvektor $\Theta_{st}(0,0)$ ungleich Null. Dann beschreibt die Umparametrisierung $\Theta(s^2,t^2)$ genau die gleiche Fläche, aber es ist nun eben $\Theta_{st}(0,0) = 0$.
Den Twistvektor "abzuschätzen", indem er rigoros gleich Null gesetzt wird, ist die triviale Lösungsmethode, die D. R. Ferguson [24] in einem Pseudocode vorgeschlagen hat und die tatsächlich für sogenannte *Translationsflächen* sinnvoll ist. Eine Translationsfläche $\Omega(s,t)$ wird durch zwei Polygonzüge $c_1 : I_1 \to R^3$ und $c_2 : I_2 \to R^3$ erzeugt, indem man setzt:

$$\Omega(s,t) := c_1(s) + c_2(t) - a, \qquad (8.1)$$

wobei $a = c_1(\bar{s}) = c_2(\bar{t})$ der "Ursprung" der Fläche sei. Alle isoperimetrischen Linien auf der Fläche sind also verschobene Randkurven. Daher der Name "Translationsfläche". Gleichung (8.1) kann sofort entnommen werden, daß die Translationsfäche aus Parallelogrammen besteht und da *der Twistvektor mißt, wie stark ein Flächenpatch von einem Parallelogramm abweicht*, ist er einfach Null. Die Klasse der Translationsflächen ist die einzige Klasse von Flächen, bei der ein "Nulltwist" Sinn macht. Im Allgemeinen treten sonst beim Nulltwist an den Rändern der einzelnen Flächenpatches, die zu einer Fläche geglättet werden sollen, unerwünschte Flachpunkte auf.
Das Problem des Twistvektors ist also nichttrivial und es muß zu einer adäquaten Untersuchung etwas weiter ausgeholt werden.
Diese Arbeit ist so organisiert, daß im zweiten Abschnitt gezeigt wird, wie aus den Punkten und Ableitungen ein Netz von Kurven gewonnen wird, dessen Form über die sogenannten Spannungsparameter kontrolliert wird. In Abschnitt 8.3 wird hergeleitet, wie dieses Kurvennetz durch eine Fläche interpoliert wird und darüber hinaus werden Begriffe aus der Differentialgeometrie

eingeführt. Diese Begriffe werden gebraucht um in einer lokalen Karte die Energie darstellen zu können. Analog dazu wird das verallgemeinerte Thin Plate Modell behandelt werden. In dem vierten Abschnitt wird das sogenannte Thin Plate Modell, sozusagen einem Spezialfall der Energie, behandelt. Es wird gezeigt, wie ein Twistvektor zu wählen ist, damit die Energie ein Minimum annehmen kann. Der Abschnitt über das Thin Plate Modell baut *nicht* auf der Konstruktion des Kurvennetzes auf. Doch es ist sehr wichtig, daß gerade diese beiden Dinge hier zusammen behandelt werden, denn: die Bedingung an den Twistvektor, die aus dem Thin Plate Modell zur Energieminimierung hergeleitet wird, ist wie schon erwähnt nur eine notwendige, und zwar in *Normalenrichtung*. Man hat noch Freiheitsgrade in Tangentialrichtung. Und diese Freiheitsgrade werden gerade durch die vorgestellte Konstruktion der Fläche, die gegebene Tangentialvektoren interpoliert, abgedeckt. So kann das Design einer glatten Fläche theoretisch vollständig automatisiert werden, was schließlich ein Ziel des CAGD ist.

8.2 Konstruktion eines Netz von Kurven mit kontrollierbarer Spannung

Es gibt viele Flächenparameter, mit denen man die Interpolation einer Fläche designen kann, z.B. durch Variation der Stützpunkte, die angenähert werden sollen, ihrer Gewichtungen, der Torsion, die angibt, wie stark eine Fläche ïiverdrilltïi ist, der verschiedenen Kümmungsgrößen oder der Oberflächenspannung. Die Krümmungen und die Oberfächenspannung finden von diesen vielen Parametern am meisten Beachtung, weil sie für die Designer am intuitivsten sind. Bei der Konstruktion einer Kurve, die über die Spannung α_i zu kontrollieren ist, ist folgendermaßen vorzugehen:
Gegeben ist eine Menge von Punkten $\{P_0, P_1, ..., P_m\} \subset R^3$ und eine Menge von Tangentenvektoren $\{T_0, T_1, ..., T_m\} \subset TR^3 = R^3$. Die *hermitische Splinekurve* ist wie folgt definiert:

Definition 8.1. Es heißt eine Kurve $\theta : [0, m] \to R^3$ eine hermitische Splinekurve, falls mit $P_i, T_i \in R^3$

$$\theta(t) := \sum_{i=0}^{m} H_1(t - i)P_i + \sum_{i=0}^{m} H_2(t - i)T_i,$$

wobei die H_1 und H_2 die Hermitischen Basisfunktionen sind:

$$H_1(t) = \begin{cases} 1 - 3t^2 - 2t^3 & : \quad -1 \leq t < 0 \\ 1 - 3t^2 + 2t^3 & : \quad 0 \leq t < 1 \\ 0 & : \quad sonst \end{cases}$$

und

$$H_2(t) = \begin{cases} t + 2t^2 + t^3 & : \quad -1 \leq t < 0 \\ t - 2t^2 + t^3 & : \quad 0 \leq t < 1 \\ 0 & : \quad sonst. \end{cases}$$

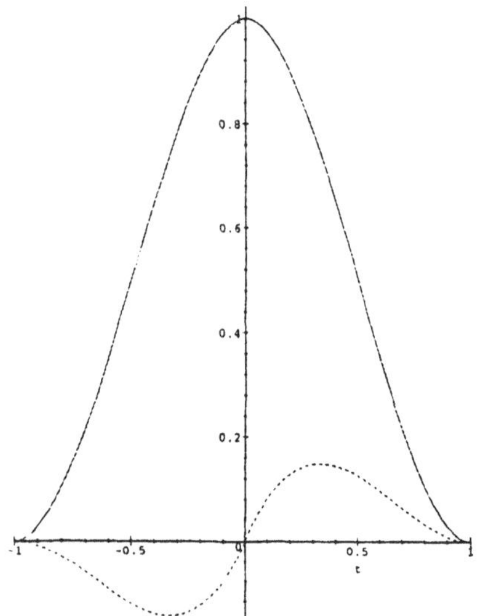

Abb. 8.1
Die hermitischen Basisfunktionen. Durchge-
zogen: $H_1(t)$; gestrichelt: $H_2(t)$

Die hermitische Splinekurve interpoliert die Punkte P_i und hat als Ableitungen in diesen Punkten die Tangentenvektoren T_i:

$$\theta'(t) = \sum_{i=0}^{m} H_1'(t - i)P_i + \sum_{i=0}^{m} H_2'(t - i)T_i$$

$$= \begin{cases} \sum_{i=0}^{m}\{-6(t - i) - 6(t - i)^2\}P_i + \sum_{i=0}^{m}\{1 + 6(t - i) + 3(t - i)^2\}T_i \\ \sum_{i=0}^{m}\{-6(t - i) + 6(t - i)^2\}P_i + \sum_{i=0}^{m}\{1 - 6(t - i) + 3(t - i)^2\}T_i \\ \hspace{10cm} 0. \end{cases}$$

Folglich gilt mit t in einer hinreichend kleinen Umgebung um die Stelle $t = i$ für die Kurve

$$\theta(i) = \begin{cases} P_i & : & -1 \le (t-i) < 0 \\ P_i & : & 0 \le (t-i) < 1 \\ 0 & : & sonst \end{cases}$$

und für ihre Ableitung

$$\theta'(i) = \begin{cases} T_i & : & -1 \le (t-i) < 0 \\ T_i & : & 0 \le (t-i) < 1 \\ 0 & : & sonst. \end{cases}$$

Bezeichnet man die Tangentenvektoren T_i neu mit P_i^t und fordert noch, daß gilt

$$P_{i-1}^t + 4\alpha_i P_i^t + P_{i+1}^t = 3(P_{i+1} - P_{i-1}), \tag{8.2}$$

wobei $i = 1, 2, 3, \ldots, m - 1$ und $\alpha_i \in R \setminus \{0\}$, dann wird mit dem Parameter α_i angegeben, wie "nahe" die Interpolation $\theta(t)$ in einer Umgebung von $t = i$ am Polygonzug der Bezierpunkte bleibt (vgl. Abbildung 8.2). Das motiviert für α_i die Bezeichnung *Spannungsparameter*.

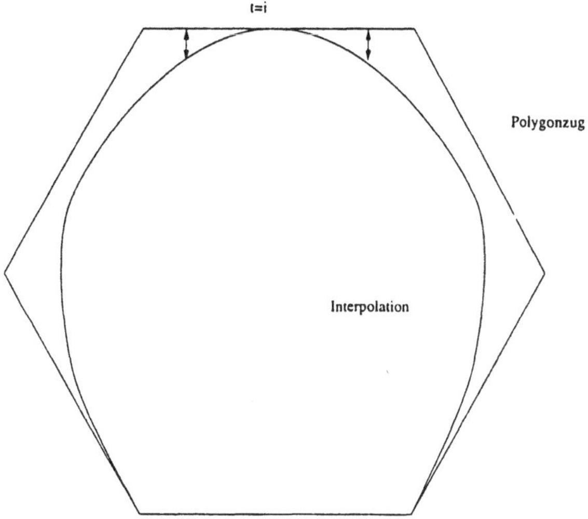

Abb. 8.2 Mit dem Spannungsparameter α_i wird bestimmt, wie "nahe" die Interpolation θ bei $t = i$ am Polygonzug bleibt.

Wegen der Nebenbedingung (8.2) gilt für die rechts– und linksseitigen zweiten Ableitungen $\theta''(t+)$ und $\theta''(t-)$ der Kurve $\theta(t)$ in $t = i$

$$\frac{d^2}{dt^2}\theta(i+) = -6P_i + 6P_{i+1} - 4P_i^t - 2P_{i+1}^t$$

$$= 6P_{i-1} - 6P_i + 2P_{i-1}^t + 4P_i^t + 8(\alpha_i - 1)P_i^t$$

$$= \frac{d^2}{dt^2}\theta(i-) + 8(\alpha_i - 1)\frac{d}{dt}\theta(i),$$

d.h. die sogenannte *Sprungbedingung*

$$\theta''(i+) - \theta''(i-) = 8(\alpha_i - 1)\theta'(i)$$

ist erfüllt. Geometrisch bedeutet das, daß die Differenz der links– und rechtsseitigen zweiten Ableitungen parallel zum Tangentenvektor ist. D. h. es ist hier also die *geometrische Stetigkeit G^2* erfüllt.

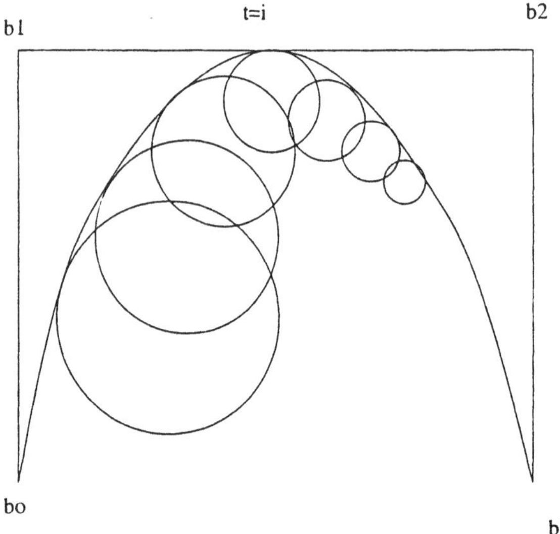

Abb. 8.3 Geometrische Stetigkeit von θ: es sind *zwei* Bezierpolygonzüge $b_0, b_1, \theta(i)$ und $\theta(i), b_2, b_3$ sowie die Kurve $\theta(t)$ dargestellt. Die Kurve θ muß für $i = t$ nicht von der Klasse C^2 sein, aber krümmungsstetig. D.h. die Schmiegekreise müssen stetig ineinander übergehen, was die technische Verwertbarkeit von Kurven ausmacht.

Die Nebenbedingung und die geometrische Stetigkeit machen natürlich nur einen Sinn, wenn $\theta''(i+)$ und $\theta''(i-)$ existieren. In den Punkten $\theta(0)$ und $\theta(m)$ bedarf es außerdem noch Randbedingungen. Es gibt verschiedene Möglichkeiten zu diesen Randbedingungen zu kommen:

Entweder

a.) die Kurve wird geschlossen (d.h. Anfangs– und Endpunkt der Kurve sind gleich), oder

b.) aus der Situation heraus werden brauchbare Tangentenvektoren im Anfangs– und Endpunkt definiert, oder schließlich

c.) die sogenannten "natürlichen" Randbedingungen gewählt, wie im Folgenden:

$$(1 + \alpha_0)P_0^t + P_1^t \;=\; -3P_0 + 3P_2 \tag{8.3}$$

$$P_{m-1}^t + (1 + \alpha_m)P_m^t \;=\; -3P_{m-2} + 3P_m. \tag{8.4}$$

Satz 8.1. *Unter der Voraussetzung, daß die natürlichen Randbedingungen erfüllt sind, gilt*

$$lim_{\alpha_i \to \infty} \|P_i^t\| = 0. \tag{8.5}$$

Geometrisch bedeutet dieser Satz folgendes: Wenn der Spannungsparameter α_i gegen Unendlich geht, konvergieren die Tangentenvektoren P_i^t sowie P_{i+1}^t gegen den Nullvektor. Das Kurvenstück $\theta_i(t)$ geht darum gegen den Polygonzug der Bezierpunkte. Also bleibt die Interpolation $\theta(t)$ in einer Umgebung von $t = i$ für betragsmäßig große α_i "nahe" am Polygonzug, der die Bezierpunkte miteinander verbindet.

Beweis:

1. Fall: $i = 0$

$$(1 + \alpha_0)P_0^t + P_1^t \;=\; -3P_0 + 3P_2$$

$$|1 + \alpha_0|\,\|P_0^t\| \;=\; \underbrace{\| - 3P_0 + 3P_2 - P_1^t\|}_{=:\,C \quad \text{konstant in} \quad \alpha_0,}$$

es folgt daher

$$\|P_0^t\| = \frac{1}{|1 + \alpha_0|}C \longrightarrow 0 \qquad \text{für} \quad |\alpha_0| \to \infty, \tag{8.6}$$

d.h. P_0^t geht gegen den Nullvektor.

2. Fall: $i = m$

$$|1 + \alpha_m|\,\|P_m^t\| \;=\; \underbrace{\| - 3P_{m-2} + 3P_m\|}_{=:\, C \quad \text{konstant in} \quad \alpha_m,}$$

es folgt daher

$$\|P_m^t\| \;=\; \frac{\|-3P_{m-2}+3P_m\|}{|1+\alpha_m|} \to 0 \qquad \text{für} \quad |\alpha_m| \longrightarrow \infty.$$

3. Fall: $i = 1, 2, \ldots, (m-1)$

$$P_{i-1}^t + 4\alpha_i P_i^t + P_{i+1}^t \;=\; 3(P_{i+1}-P_{i-1})$$

$$\alpha_i P_i^t \;=\; \underbrace{\frac{3}{4}\left(P_{i+1}-P_{i-1}\right)-\frac{1}{4}\left(P_{i-1}^t+P_{i+1}^t\right)}_{=:\,C \qquad \text{konstant in}\quad \alpha_i,}$$

es folgt daher

$$\|P_i^t\| = \frac{3}{4\alpha_i}\|C\| \longrightarrow 0 \qquad \text{für}\quad |\alpha_i|\to\infty. \tag{8.7}$$

Das bisher Gezeigte läßt sich als Hauptergebnis von diesem ersten Teil des Beitrags zusammenfassen zu:

Satz 8.2. *Zu einer gegebenen Punktemenge $\{P_{ij}\}$ mit den Spannungsparametern $\{\alpha_{ij},\beta_{ij}\}$, wobei $i = 0,1,2,\ldots,m$ und $j = 0,1,2,\ldots,n$, in die beiden Koordinatenrichtungen s und t, gibt es ein Netz von kubischen G^2-stetigen polynomialen Kurve $C^j(t)$ und $D^i(s)$, so daß gilt*

$$\begin{aligned} C^j(i) &= P_{ij}, & i &= 0,1,2,\ldots,m,\\ D^i(j) &= P_{ij}, & j &= 0,1,2,\ldots,n \end{aligned}$$

und die Spannungsparameter (α_{ij},β_{ij}) bestimmen die Form des Kurvennetzes

8.3　　Konstruktion einer interpolierenden Fläche

Gegeben ist eine Menge von Punkten $\{P_{ij}\}$ mit $i = 0,1,2,\ldots,m$ und $j = 0,1,2,\ldots,n$, sowie Tangentenvektoren $\{P_{ij}^s\}$ und $\{P_{ij}^t\}$ in $s-$ und in $t-$Richtung und Twistvektoren $\{P_{ij}^{st}\}$.

Definition 8.2. Eine bikubische hermitische Spline–Fläche $\theta(s,t)$ ist definiert als

$$
\begin{aligned}
\theta(s,t) \;=\; & \sum_{i=0}^{m} \sum_{j=0}^{n} H_{i,1}(s)H_{j,1}(t)P_{ij} \\
+ & \sum_{i=0}^{m} \sum_{j=0}^{n} H_{i,2}(s)H_{j,2}(t)P_{ij}^{s} \\
+ & \sum_{i=0}^{m} \sum_{j=0}^{n} H_{i,1}(s)H_{j,2}(t)P_{ij}^{t} \\
+ & \sum_{i=0}^{m} \sum_{j=0}^{n} H_{i,2}(s)H_{j,2}(t)P_{ij}^{st}.
\end{aligned}
$$

Dabei sind die Funktionen $H_{i,j}(.) = H_j(. - i)$ mit $j \in \{1,2\}$ die hermitischen Basisfunktionen aus Definition 8.1.

Die Fläche $\theta(s,t)$ interpoliert die obigen Vektorenmenge, im folgenden Sinne:

$$
\begin{aligned}
\theta(i,j) \;&=\; P_{ij}, \\
\frac{\partial}{\partial s}\theta(i,j) \;&=\; P_{ij}^{s}, \\
\frac{\partial}{\partial t}\theta(i,j) \;&=\; P_{ij}^{t}, \\
\frac{\partial^{2}}{\partial s\partial t}\theta(i,j) \;&=\; P_{ij}^{st}.
\end{aligned}
$$

Nach Konstruktion ist klar, daß die Fläche $\theta(s,t)$ das Netz der kubischen G^2-stetigen polynomialen Kurven $C^j(t)$ und $D^i(s)$ interpoliert. Jeder Patch von $\theta(s,t)$ ist ein bikubischer hermitischer Flächenpatch.

Es geht nun um die zentrale Aufgabe: Finde einen geeigneten Twistvektor P_{ij}^{st} so, daß die Fläche $\theta(s,t)$ minimale Energie hat, daß das Energiefunktional also minimal ist.

Welches Engergiefunktional minimiert wird, d.h. in *welchem Sinne* die Fläche geglättet wird, hängt von der Modellierung des Problems ab. Die natürlichste Wahl für die Energie einer Fläche ist die (*Oberflächen-) Spannung* einer Fläche:

Definition 8.3. Die Spannung einer Fläche

$$
\theta(s,t) : [0, L_1] \times [0, L_2] \to R^3 \tag{8.8}
$$

ist definiert als

$$
\begin{aligned}
E(\theta) \;&=\; \int\!\!\int_{\theta} (\kappa_1^2 + \kappa_2^2) \; d\sigma \\
&=\; \int_0^{L_1} \int_0^{L_2} (\kappa_1^2 + \kappa_2^2)\sqrt{g} \; dtds,
\end{aligned}
$$

wobei $g = \det(g_{ij})$ ist und die Matrix g_{ij} die erste Fundamentalform bezeichnet:

$$g_{11} = \left\langle \frac{\partial\theta}{\partial s}, \frac{\partial\theta}{\partial s} \right\rangle,$$

$$g_{12} = \left\langle \frac{\partial\theta}{\partial t}, \frac{\partial\theta}{\partial s} \right\rangle$$

$$= g_{21},$$

$$g_{22} = \left\langle \frac{\partial\theta}{\partial t}, \frac{\partial\theta}{\partial t} \right\rangle.$$

Dabei stehen κ_1 und κ_2 für die erste und die zweite Hauptkrümmung.

Definition 8.4. Es sei

$$\theta : [0, L_1] \times [0, L_2] \longrightarrow R^3 \tag{8.9}$$

eine reguläre Fläche und sei

$$S_p^1\theta = \{x \in T_p\theta : g_p(x, x) = 1\} \tag{8.10}$$

der Einheitskreis im Tangentialraum $T_p\theta$ an der Stelle $p \in \theta$. Dann heißt ein $x_0 \in S_p^1\theta$ Hauptkrümmungsrichtung, wenn die zweite Fundamentalform h_p in $x_0 \in S_p^1\theta$ einen stationären Wert besitzt, d.h.

$$h_p(x, x) = -\langle dN_p(x), x \rangle$$

mit $x \in S_p^1\theta$ nimmt in x_0 ein Minimum oder Maximum an. Dabei bezeichnet $dN_p(x)$ das Differential der Gaußabbildung im Punkt $p \in \theta$.

Nachdem $S_p^1\theta$ kompakt ist, gibt es ein Minimum *und* ein Maximum, also zwei Hauptkrümmungsrichtungen x_1 und x_2. Die zugehörigen Zahlen

$$\kappa_1 := h_p(x_1, x_1)$$
$$\kappa_2 := h_p(x_2, x_2)$$

heißen die beiden *Hauptkrümmungen*.
Die geometrische Anschauung dieser Begriffsbildung ist die folgende: Durch einen Punkt $p \in \theta$ werden alle regulären Kurven $\{\alpha\}$ betrachtet. Bestimme zu jeder Kurve α die Krümmung κ_α im Punkt p. Projiziere jeden Vektor $\kappa_\alpha n$ (n sei der Normalenvektor von α im Punkt $p \in \theta$) auf den Normalenvektor N der Fläche θ in p und bestimme die Länge der resultierenden Projektion. Die größte und die kleinste Länge sind die erste und die zweite Hauptkrümmung. Das Vorzeichen der Krümmungen richtet sich dabei nach der Orientierung der Fläche.

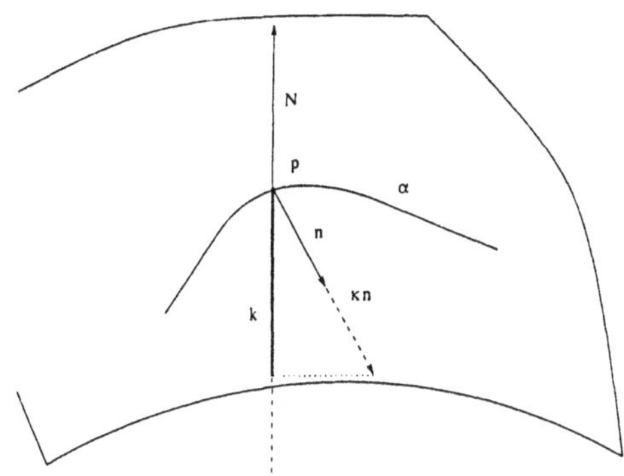

Abb. 8.4 Normalenkümmung von α in $p \in \theta$

Definition 8.5. Es heißen

$$H = \frac{1}{2}(\kappa_1 + \kappa_2)$$

die mittlere Krümmung und

$$K = \kappa_1 \cdot \kappa_2$$

die Gaußkrümmung. In einer lokalen Karte gilt:

$$K = \kappa_1 \cdot \kappa_2$$
$$= \frac{\det(h_{ij})}{\det(g_{ij})}$$
$$H = \frac{1}{2}\sum_{i,k=1}^{2} h_{ij} \cdot g^{ij}$$
$$= \frac{h_{11}g_{22} + h_{22}g_{11} - g_{21}(h_{12} + h_{21})}{2 \cdot \det g_{ij}}.$$

Dabei ist g^{ij} die zu g_{ij} inverse Matrix und h_{ij} die Matrizeneinträge der zweiten Fundamentalform h_p.

Satz 8.3. *In lokalen Koordinaten (s,t) gilt für die Spannung (oder Energie) einer Fläche $\theta : [0, L_1] \times [0, L_2] \to R^3$*

$$E(\theta) = \int_0^{L_1} \int_0^{L_2} \left\{ \frac{h_{11}g_{22} + h_{22}g_{11} - g_{21}(h_{12} + h_{21}))^2 - 2gh}{g^2} \right\} \sqrt{g}\, dsdt. \quad (8.1$$

Beweis:

Wegen

$$
\begin{aligned}
(2H)^2 &= (\kappa_1 + \kappa_2)^2 \\
&= \kappa_1^2 + 2\kappa_1\kappa_2 + \kappa_2^2 \\
&= \kappa_1^2 + \kappa_2^2 + 2K
\end{aligned}
$$

d.h. also

$$
(\kappa_1^2 + \kappa_2^2) = (2H)^2 - 2K,
$$

folgt die Behauptung unmittelbar aus der Definition 8.5.

8.4   Bestimmung eines optimalen Twistvektors mit Methoden der Variationsrechnung

Wie bereits erwähnt, ist das Hauptproblem das Minimieren der Energie der Interpolationsfläche . Der Zusammenhang zwischen der Energieminimierung und dem Finden eines optimalen Twistvektors besteht darin, daß z. B. in dem konkreten Fall von Gleichung (8.11) die Größe h_{ij} ($i \neq j$) vom *Twistvektor* bestimmt wird. Die Energie hängt vom Twistvektor ab. Auch wurde schon erwähnt, daß es alternative Energien zu (8.11), dem sogenannten Thin Plate Modell von Farin, H. Hagen und G. Schulze, gibt. Alternativen zur Spannung wären das "Membranmodell" mit der Energie

$$
E(\theta) = \int\int \left(\|\theta_s\|^2 + \|\theta_t\|^2 \right) \quad dsdt \tag{8.12}
$$

oder das verallgemeinerte Thin Plate Modell von M. Kallay und B. Ravani mit der Energie

$$
E(\theta) = \int\int \left(\Delta^T Q \Delta \right) \quad dsdt. \tag{8.13}
$$

Ausführlich behandelt wird der Zugang von G. Farin, H. Hagen und G. Schulze, sowie später der von M. Kallay und B. Ravani.

8.4.1   Thin Plate Modell

In diesem Abschnitt geht es *konkret* darum, zu dem Energiefunktional

$$
E(\theta) = \int\int \frac{(h_{11}g_{22} + h_{22}g_{11} - 2g_{12}h_{12})^2 - 2gh}{g^2} \sqrt{g} \quad dsdt \tag{8.14}
$$

mit der sogenannten *ersten Variation der Energie* die *Euler –Lagrange –Gleichung* aufzustellen und damit wiederum Bedingungen abzuleiten, was der Flächendesigner *mindestens* bei der Wahl seines Twistvektors zu beachten hat. Aus der ersten Variation erhält man nämlich nur eine notwendige Bedingung. Durch Quadrieren und weitere elementare Umformungen erhält man

$$
\begin{aligned}
E(\theta) = {} & \\
& \int\int \frac{(h_{11}g_{22} + h_{22}g_{11} - 2g_{12}h_{12})^2 - 2gh}{g^2}\sqrt{g}\,dsdt \\
= {} & \int\int \left\{ \frac{g_{11}^2 h_{22}^2 + g_{22}^2 h_{11}^2 - 4g_{12}h_{12}g_{22}h_{11} - 4g_{12}h_{12}g_{11}h_{22}}{g^{\frac{3}{2}}} \right\} dsdt \\
+ {} & \int\int \left\{ \frac{2g_{11}h_{22}g_{22}h_{11} + 4g_{12}^2 h_{12}^2 - 2gh}{g^{\frac{3}{2}}} \right\} dsdt \\
= {} & \int\int \left\{ \frac{2(h_{12}^2 g_{11}g_{22} - h_{12}^2 g_{12}^2) + 4g_{12}^2 h_{12}^2 - 4h_{12}h_{22}g_{12}g_{11}}{g^{\frac{3}{2}}} \right\} dsdt \\
+ {} & \int\int \left\{ \frac{-4h_{12}g_{12}g_{22}h_{11} + g_{11}^2 h_{22}^2 + 2g_{11}h_{22}g_{22}h_{11} + g_{22}^2 h_{11}^2}{g^{\frac{3}{2}}} \right\} dsdt \\
= {} & \int\int \left\{ \frac{2h_{12}^2(g_{11}g_{22} - g_{12}^2) + h_{12}^2 4g_{12}^2 - 4h_{12}g_{12}g_{11}h_{22}}{g^{\frac{3}{2}}} \right\} dsdt \\
+ {} & \int\int \left\{ \frac{-4h_{12}g_{12}g_{22}h_{11} + g_{11}^2 h_{22}^2 + 2g_{11}h_{22}g_{22}h_{11} + g_{22}^2 h_{11}^2}{g^{\frac{3}{2}}} \right\} dsdt.
\end{aligned}
$$

Wie bereits erwähnt, schlägt sich die Wahl des Twistvektors in dem Eintrag h_{ij} ($i \neq j$) der zweiten Fundamentalform nieder. Die Energie $E(\theta)$ wird *variiert*, indem ein weiterer in Frage kommender Twistvektor gewählt wird, der den Beitrag $\widetilde{h_{ij}}$ liefert, und statt h_{ij} den Term $(h_{ij} + \lambda\widetilde{h_{ij}})$ für hinreichend kleines λ in das Energiefunktional (8.11) eingesetzt wird. Man variiert den Twistvekor um λ in Richtung $\widetilde{h_{ij}}$. Um den Formalismus zu vereinfachen sei $u = h_{12}$ und $v = \widetilde{h_{ij}}$; des weiteren sei die Fläche stetig differenzierbar. Es gilt

$$
\begin{aligned}
E(u + \lambda v) = {} & \\
& \int\int \left\{ (u + \lambda v)^2(2g + 4g_{12}^2) - 4(u + \lambda v)g_{12}(g_{11}h_{22} + g_{22}h_{11}) \right. \\
& \left. + (g_{11}h_{22} + g_{22}h_{11}^2 - 2gh_{11}h_{22} \right\} g^{-\frac{3}{2}}\,dsdt.
\end{aligned}
$$

Notwendige Bedingung dafür, daß die Energie minimal ist, ist natürlich

$$
\frac{d}{d\lambda}E(u + \lambda v)\big|_{\lambda=0} \overset{!}{=} 0,
$$

d.h. genauer, daß

$$\frac{d}{d\lambda} E(u + \lambda v)|_{\lambda=0} =$$

$$\int \int \left(2(u + \lambda v)v(2g + 4g_{12}^2) - 4vg_{12}(g_{11}h_{22} + g_{22}h_{11})\right)g^{-\frac{3}{2}} ds dt \Big|_{\lambda=0}$$

$$= \int \int \left(2uv(2g + 4g_{12}^2) - 4vg_{12}(g_{11}h_{22} + g_{22}h_{11})\right)g^{-\frac{3}{2}} \, ds dt$$

$$\overset{!}{=} 0.$$

Darum hat man als Bedingung:

$$v(2u(2g + 4g_{12}^2) - 4g_{12}(g_{11}h_{22} + g_{22}h_{11})) = 0.$$

O.B.d.A. ist $v \neq 0$, denn schließlich sollen *nichttriviale* Twistvektoren untersucht werden. Also hat man als notwendige Bedingung dafür, daß $u = h_{12}$ optimal ist, die Gleichung

$$2h_{12}(2g + 4g_{12}^2) - 4g_{12}(g_{11}h_{22} + g_{22}h_{11}) \overset{!}{=} 0$$

beziehungsweise

$$h_{12} = \frac{g_{12}(g_{11}h_{22} + g_{22}h_{11})}{g + 2g_{12}^2}. \tag{8.15}$$

Andererseits wurde schon für die mittlere Kümmung

$$H = \frac{g_{11}h_{22} + g_{22}h_{11} - 2h_{12}g_{12}}{2g} \quad \text{bzw.}$$

$$2gH + 2h_{12}g_{12} = (g_{11}h_{22} + g_{22}h_{11})$$

hergeleitet, die in Gleichung (8.15) eingesetzt werden kann. Insgesamt wurde damit der folgende Satz hergeleitet:

Satz 8.4. *Eine Fläche θ, die in jedem Punkt p die Bedingung*

$$h_{12} = 2g_{12}H$$

erfüllt, ist glatt in dem Sinn, daß

$$\int_0^{L_1} \int_0^{L_2} \left(\kappa_1^2 + \kappa_2^2\right)\sqrt{g} \; ds dt \to \min. \tag{8.16}$$

Es soll noch bewiesen werden, daß sich diese Lösungsmethode von G. Farin, H. Hagen und G. Schulze gutartig verhält, in dem Sinne, daß aus ihr die geometrische Stetigkeit der konstruierten Fläche folgt:

Satz 8.5. *Gegeben sei ein Netz von krümmungsstetigen Kurven $C^j(t)$ und $D^i(s)$, mit $C^j(i) = P_{ij} = D^i(j)$ $i = 0, 1, 2, 3, \ldots, m$ und $j = 0, 1, 2, 3, \ldots, n$. Wählt man den Twistvektor P_{ij}^{st} im Punkt P_{ij} derart, daß $h_{12} = 2g_{12}H$ erfüllt ist, dann ist die Gaußkrümmung K in P_{ij} stetig.*

Beweis:
Die Krümmungsstetigkeit der Kurven C^j und D^i bedeutet, daß

$$
\begin{aligned}
C^j(i-) &= C^j(i+) \\
\frac{\partial}{\partial t}C^j(i-) &= \gamma_1 \frac{\partial}{\partial t}C^j(i+) \\
\frac{\partial^2}{\partial^2 t}C^j(i-) &= \gamma_1^2 \frac{\partial^2}{\partial^2 t}C^j(i+) + \mu_1 \frac{\partial}{\partial t}C^j(i+)
\end{aligned}
$$

sowie einfach analog in die andere Koordinatenrichtung. Daraus folgt für die links- und rechtsseitigen Koeffizienten der ersten und der zweiten Fundamentalform

$$
\begin{aligned}
g_{11} &= \langle \frac{\partial}{\partial t}C^j(i-), \frac{\partial}{\partial t}\partial t C^j(i-) \rangle \\
&= \gamma_1^2 \langle \frac{\partial}{\partial t}C^j(i+), \frac{\partial^{j}}{C}(i+) \rangle \\
&= \gamma_1^2 \widetilde{g}_{11} \\
g_{12} &= \gamma_1 \gamma_2 \widetilde{g}_{12} \\
g_{22} &= \gamma_2^2 \widetilde{g}_{22} \\
h_{12} &= \gamma_1^2 \widetilde{h}_{12} \\
h_{22} &= \gamma_1^2 \widetilde{h}_{22}.
\end{aligned}
$$

Wegen der Voraussetzung, daß im Punkt P_{ij} die Bedingung der natürlichen Randbedingungen (8.4.) erfüllt ist, wird $\widetilde{h}_{12}$ wie folgt berechnet:

$$
\begin{aligned}
h_{12} &= 2g_{12}H \\
&= \frac{g_{12}(g_{11}h_{22} + g_{22}h_{11})}{g_{11}g_{22} + g_{12}^2} \\
&= \gamma_1 \gamma_2 \frac{\widetilde{g}_{12}(\widetilde{g}_{11}\widetilde{h}_{22} + \widetilde{g}_{22}\widetilde{h}_{11})}{\widetilde{g}_{11}\widetilde{g}_{22} + \widetilde{g}_{12}^2}.
\end{aligned}
$$

Die folgende Rechnung beweist, daß die links- und rechtsseitige Gauß 'sche

Krümmung übereinstimmt:

$$
\begin{aligned}
K &= \frac{\det h_{ij}}{\det g_{ij}} \\[2mm]
&= \frac{(\gamma_1\gamma_2)^2 \det \widetilde{h}_{ij}}{(\gamma_1\gamma_2)^2 \det \widetilde{g}_{ij}} \\[2mm]
&= \frac{\det \widetilde{h}_{ij}}{\det \widetilde{g}_{ij}} \\[2mm]
&= \widetilde{K}.
\end{aligned}
$$

8.4.2 Bemerkungen und Eigenschaften des Thin Plate Modells

Designkriterium.

Wie schon erwähnt wird die Form der Fläche durch die Spannungsparameter bestimmt. Die Bedingung aus Satz 8.4. ist eine notwendige Bedingung für ein Energieminimum, keine hinreichende. Aber die Bedingung stellt Anforderungen in *Normalenrichtung*. Anforderungen in *Tangentialrichtung* sind durch die Tangentenvektoren P_{ij}^t und P_{ij}^s gegeben. Das bedeutet, daß alle Freiheitsgrade abgedeckt sind. Das Designkriterium ist also vollständig erfüllt, wenn der Bedingung 8.4. Genüge getan ist und das Flächendesign kann vollständig automatisiert werden.

Krümmungslinien.

Nach dem eben Bewiesenen gilt, daß $h_{12} = 0$ ist, falls $g_{12} = 0$, d.h. falls das lokale Koordinatensystem eine *orthogonale Basis* ist. Geometrisch bedeutet $h_{12} = 0 = g_{12}$, daß die Parameterlinien $\theta(t, konst.)$ und $\theta(konst., s)$ sogenannte "Krümmungslinien" sind. Eine Kurve $c : I \rightarrow R^3$ auf der Fläche θ heißt Krümmungslinie, falls $c_i'(t) \neq 0$ und $\frac{c_i'(t)}{\|c_i'(t)\|}$ Hauptkrümmungsrichtung für alle $t \in I$ ist. Für die Praxis relevant ist, daß die Tangentenvektoren dem Designer anzeigen, in welcher Richtung die Normalenkrümmung maximal bzw. minimal wird. Am Verlauf der Parameterlinien kann der Designer also Krümmungseigenschaften ablesen. Mathematisch beweist man die Aussage, daß die Parameterlinien Krümmungslinien sind, falls $h_{12} = 0$, sowie $g_{12} = 0$ mit Hilfe der *Weingartenabbildung*. Wegen $h_{12} = 2g_{12}H$, folgt das sogar nur unter der Voraussetzung, daß die Parameterlinien orthogonal sind.

Lokale Konsequenz.

Vorteilhaft am Thin Plate Modell ist, daß eine Variation des Twistvektors nur *lokale* Konsequenzen hat. Das heißt: Wird der Twistvektor verändert, dann hat das nur Konsequenzen für die vier benachbarten Punkte der ursprünglich gegebenen Menge von Raumpunkten.

Orthogonalität, Orthonormalität.

In einer ersten Arbeit , in der H. Hagen und G. Schulze das Thin Plate Modell vorgestellt haben (vgl. [31]), wurde in der Herleitung noch die Annahme benutzt, daß $g_{12} = 0$ sei (Orthogonaliät der partiellen Ableitungen). Bis dahin haben z.B. R. Walter in der Luft– und Raumfahrt oder H. Nowacki im Schiffsbau noch vorausgesetzt, daß g_{11} und g_{22} eins sei. Wegen der relativ starken Voraussetzung $g_{12} = 0$ in [31] wurde der Vorschlag von H. Hagen und G. Schulze von manchen Autoren (vgl. [51]) abgelehnt. Wie man gerade gesehen hat, konnten G. Farin und H. Hagen diese Einschänkung fallen lassen.

8.4.3 Verallgemeinertes Thin Plate Modell

Die "Energie" der Fläche, die in diesem Abschnitt minimiert werden soll, kann sich der Benutzer selbst definieren. In dem Sinne, daß unter dem Begriff "Energie" nur das Integral über einer beliebigen positiv definiten Quadratform zu verstehen ist. Insofern ist es eine Verallgemeinerung gegenüber dem Modell von G. Farin, H. Hagen und G. Schulze. Wie genau diese Quadratform nun beschaffen ist, kann eben der Anwender bestimmen. Daß das Vorteile für "real world" Probleme bringen kann, wird in xxx diskutiert.
Im Wesenlichen ist die Vorgehensweise bei der Minimierung des Energiefunktionals identisch mit derjenigen, die im letzten Abschnitt vorgestellt wurde, nur der formale Apparat ist ein anderer.

Definition 8.6. Unter der verallgemeinerten Energie einer Fläche $\theta : [0, L_1] \times [0, L_2] \to R^3$ mit $\theta(s,t) = (X(s,t), Y(s,t), Z(s,t))$ versteht man das Funktional

$$E(\theta) = \int\int_\theta (\Delta^T Q \Delta) \quad dsdt \tag{8.17}$$

mit $\Delta = [X_{ss}, X_{st}, X_{tt}, Y_{ss}, Y_{st}, Y_{tt}, Z_{ss}, Z_{st}, Z_{tt}]^T$ und Q einer symmetrischen (3×3)–Matrix.

Es sei für $(i,j) \in \{(1,1),(1,2),(2,1),(2,2)\}$ der Vektor

$$A^{ij} = \begin{pmatrix} H_{0,i}(s)H_{0,j}(t) \\ \cdots\cdots\cdots\cdots \\ H_{0,i}(s)H_{n,j}(t) \\ \cdots\cdots\cdots\cdots \\ H_{m,i}(s)H_{n,j}(t) \end{pmatrix},$$

wobei die H_{ij} wieder die hermitischen Basisfunktionen sind. Die Fläche $\theta(s,t)$ kann mit dieser Bezeichnung dargestellt werden als

$$\theta(s,t) = PA^{11} + P^s A^{21} + P^t A^{12} + P^{st} A^{22}, \tag{8.18}$$

wobei

$$\begin{aligned}
P &= (P_{0,0}, P_{0,1}, ..., P_{0,n}, P_{1,0}, P_{1,1}, ..., P_{1,n}, ..., P_{m,0}, P_{m,1}, ..., P_{m,n}) \\
P^s &= (P^s_{0,0}, P^s_{0,1}, ..., P^s_{0,n}, P^s_{1,0}, P^s_{1,1}, ..., P^s_{1,n}, ..., P^s_{m,0}, P^s_{m,1}, ..., P^s_{m,n}) \\
P^t &= (P^t_{0,0}, P^t_{0,1}, ..., P^t_{0,n}, P^t_{1,0}, P^t_{1,1}, ..., P^t_{1,n}, ..., P^t_{m,0}, P^t_{m,1}, ..., P^t_{m,n}) \\
P^{st} &= (P^{st}_{0,0}, P^{st}_{0,1}, ..., P^{st}_{0,n}, P^{st}_{1,0}, P^{st}_{1,1}, ..., P^{st}_{1,n}, ..., P^{st}_{m,0}, P^{st}_{m,1}, ..., P^{st}_{m,n}).
\end{aligned}$$

Definiere weiter eine $(3(m+1)(n+1) \times 9)$ Matrix wie folgt:

$$W_{i,j} := \begin{pmatrix} A^{ij}_{ss} & A^{ij}_{st} & A^{ij}_{tt}0 & 0 & 0 & 0 & 0 & 0 \\ 0 & 0 & 0 & A^{ij}_{ss} & A^{ij}_{st} & A^{ij}_{tt}0 & 0 & 0 \\ 0 & 0 & 0 & 0 & 0 & 0 & A^{ij}_{ss} & A^{ij}_{st} & A^{ij}_{tt} \end{pmatrix},$$

wobei für die Matrixeinträge $A^{ij}_{\eta\xi}$ mit $\eta, \xi \in \{s,t\}$ gilt

$$A^{ij}_{\eta\xi} := \frac{\partial}{\partial\eta}\frac{\partial}{\partial\xi} A^{ij}(s,t) = \begin{pmatrix} \frac{\partial}{\partial\eta}\frac{\partial}{\partial\xi}\{H_{0,i}(s)H_{0,j}(t)\} \\ \cdots \\ \frac{\partial}{\partial\eta}\frac{\partial}{\partial\xi}\{H_{0,1}(s)H_{n,j}(t)\} \\ \cdots \\ \frac{\partial}{\partial\eta}\frac{\partial}{\partial\xi}\{H_{m,i}(s)H_{n,j}(t)\} \end{pmatrix}.$$

Damit wird der Vektor Δ ausgedrückt durch den Term

$$\begin{aligned}
\Delta &= (X,Y,Z)W_{1,1} + (X^s,Y^s,Z^s)W_{2,1} + (X^t,Y^t,Z^t)W_{1,2} \\
&\quad + (X^{st},Y^{st},Z^{st})W_{2,2}
\end{aligned}$$

und den Integranden $(\Delta Q \Delta^t)$ der verallgemeinerten Energie relativ einfach schreiben als

$$
\begin{aligned}
(\Delta Q \Delta^t) \;=\;& \delta + 2\{(X,Y,Z)W_{1,1} + (X^s, Y^s, Z^s)W_{2,1} \\
& + (X^t, Y^t, Z^t)W_{1,2}\} \quad Q \quad W_{2,2}^T \begin{pmatrix} (X^{st})^T \\ (Y^{st})^T \\ (Z^{st})^T \end{pmatrix} \\
& + (X^{st}, Y^{st}, Z^{st})W_{2,2} \quad Q \quad (W_{2,2})^T \begin{pmatrix} (X^{st})^T \\ (Y^{st})^T \\ (Z^{st})^T \end{pmatrix}.
\end{aligned}
$$

Dabei bezeichnet δ die Restterme, die vom Twistvektor P^{st} unabhängig sind. Für die Energie hat man demnach die Gleichheit

$$
\int_0^{L_1} \int_0^{L_2} (\Delta Q \Delta^T) \quad ds\,dt = konst. + 2B^T G + G^T A G,
$$

wobei

$$
\begin{aligned}
G^T &= (X^{st}, Y^{st}, Z^{st}) \quad \text{und} \\
A &= \int\int W_{2,2} Q (W_{2,2})^T \quad ds\,dt
\end{aligned}
$$

gesetzt wurde, sowie

$$
\begin{aligned}
B \;=\;& (X,Y,Z) \left[\int\int W_{1,1} Q (W_{2,2})^T \quad ds\,dt \right] \\
& + (X^s, Y^s, Z^s) \left[\int\int W_{2,1} Q (W_{2,2})^T \quad ds\,dt \right] \\
& + (X^t, Y^t, Z^t) \left[\int\int W_{1,2} Q (W_{2,2})^T \quad ds\,dt \right].
\end{aligned}
$$

Sehr wichtig ist, daß in dem Energiefunktional

$$
\begin{aligned}
E(\theta) &= \int\int (\Delta Q \Delta^T) \quad ds\,dt \\
&= 2B^T G + G^T A G + konst.
\end{aligned}
$$

der Beitrag der gemischten Ableitungen steckt, also der Beitrag des Twistvektors in G. Die notwendige Bedingung dafür, daß die verallgemeinerte Energie minimal ist, lautet daher ganz einfach

$$
\frac{\partial}{\partial G}\left\{ (B^T G) + \frac{1}{2}\left(G^T A G \right) \right\} \overset{!}{=} 0. \tag{8.19}
$$

Man rechnet

$$\frac{\partial}{\partial G}\left\{\left(B^T G\right) + \frac{1}{2}\left(G^T A G\right)\right\} = \frac{\partial}{\partial G}B^T G + \frac{1}{2}\frac{\partial}{\partial G}\left(G^T A G\right)$$

$$= \frac{\partial}{\partial G}\left(B^T G\right) + \frac{1}{2}\left(AG + G^T A\right)$$

$$= B^T + \frac{1}{2}\left\{G^T A^T + G^T A^T\right\}$$

$$= B^T + G^T A^T$$

$$= (B + AG)^T \stackrel{!}{=} 0.$$

Damit wurde der folgende Satz hergeleitet:

Satz 8.6. *Eine Fläche $\theta(s,t) : [0, L_1] \times [0, L_2] \to R^3$, die in jedem Punkt $p = (X(s,t), Y(s,t), Z(s,t))$ die Bedingung*

$$G = -A^{-1}B$$

erfüllt, ist glatt in dem Sinn, daß

$$\int\int_\theta (\Delta^T Q \Delta) \; dsdt \to \min. \tag{8.20}$$

Literatur

[1] H. Akima, A method of bivariate interpolation and smooth surface fitting based on local procedure, CACM 17, 1 (1978), 18–20.

[2] R. E. Barnhill, Coons' patches, Computers in Industry 3 (1983), 37–43.

[3] R. E. Barnhill, Smooth interpolation over triangles, in R. E. Barnhill and R. F. Riesenfeld, eds., Computer Aided Geometric Design (1974), 45–70.

[4] R.E. Barnhill, J. Brown and I. Klucewicz, A new twist in CAGD, Comput. Graph. Image Process. 8 (1978), 78–91.

[5] R. E. Barnhill, G. Farin, L. Fayard, and H. Hagen, Twists, curvature and surface interrogation, Computer Aided Design 20 (1988), 341–346.

[6] R. E. Barnhill, J. H. Brown and I. M. Klucewics, A new twist in computer aided design, Computer Graphics and Image Processing.

[7] B. A. Barsky, The beta–spline, A local representation based on shape parameters and fundamental geometric measures. PhD Thesis, Dept. of Computer Science, University of Utah, 1981.

[8] B. A. Barsky and T. D. DeRose, Geometric Continuity of Parametric Curves: Three Equivalent Characterizations, IEEE CG&A 9, 6 (November 1989), 60–68.

[9] R. H. Bartels and J. C. Beatty, Beta–splines with a difference, Tech. Rep. CS–83–40, Dept. of Computer Science, Univ. of Waterloo, Ontario, 1984.

[10] R. H. Bartels, J. Beatty and B. Barsky, An Introduction to Splines for Computer Graphics and Geometric Modeling, Morgan Kaufmann, 1987.

[11] C. Blanc and C. Schlick, X–splines: A Spline Model Designed for the End–User, SIG–GRAPH95 Conference proceedings, August 6–11, 1995, Los Angeles, CA, 377–386.

[12] W. Boehm, Curvature continuous curves and surfaces, Computer Aided Geometric Design 2, 4 (1985), 313–323.

[13] P. Brunet, Increasing the smoothness of bicubic spline surfaces, Computer Aided Geometric Design, Vol. 1 (1985), 157–164.

[14] S. Coons, Surfaces for computer aided design, Report MAC–TR–4; Project MAC, MIT (1964). Geometric Design 2,4 (1985), 313–323.

[15] R. L. Carmichael, A Collection of Procedures for Defining Airplane Surfaces for Input to PANIAR, Computer–Aided Geometry Modeling, J. N. Shoosmith and R. E. Fulton, eds., NASA Conference Publication 2272, 1984.

[16] C. Cheng and Y. F. Zheng, Thin plate spline surface approximation using Coons' patches, Computer Aided Geometric Design, 11 (1994), 269–287.

[17] R. P. Dube, Local schemes for computer aided geometric design, PhD. Thesis, Departement of Mathematics, University of Utah, 1975.

[18] G. Farin, Visually C^2 Cubic Splines, CAD 14,3 (May 1982), 137–139.

[19] G. Farin, Some remarks on V^2–splines, Computer Aided Geometric Design 2 (1985), 325–328.

[20] G. Farin, Curves and Surfaces for Computer Aided Geometric Design, Academic Press, San Diego, 1988.

[21] G. Farin and H. Hagen, A Local Twist Estimator, in H. Hagen ed., Topics in Surface Modeling, SIAM, 1992, 79–84.

[22] G. Farin and N. Sapidis, Curvature and fairness of curves and surfaces, IEEE Computer Graphics and Applications 20 (1989), 52057.

[23] I. D. Faux and M. J. Pratt, Computational Geometry for Design and Manufacture, John Wiley & Sons, New York, 1979.

[24] D. R. Fergusson, Multivariable curve interpolation, J. ACM II/2 (1964), 221–228.

[25] D. R. Fergusson and T. A. Grandine, On the construction of surfaces interpolating curves: I. A. method for handling nonconstant parameter curves, ACM Transactions on Graphics 9 (1990), 212–225.

[26] F. N. Fritsch, The Wilson–Fowler spline is a ν–spline, Computer Aided Geometric Design 3 (1986), 155–162.

[27] W. J. Gordon, Spline–blended surface interpolation through curve networks, Journal of Mathematics and Mechanics 18 (1969), 931–952.

[28] H. Hagen, Computer Aided Geometric Design–Methods and Applications, Proceedings of the Conference on Engineering Graphics and Desciptive Geometry, Wien 1988.

[29] H. Hagen, Geometric surface patches without twist constrains, Computer Aided Geometric Design (1986), 179–184.

[30] H. Hagen, Generalized Gordon–Coons' patches.

[31] H. Hagen und G. Schulze, Variational Principles in Curve and Surface Design, Geometric Modelling Methods and Applications,eds., Roller and H. Hagen, Springer, 1990.

[32] H. Hagen and G. Schulze, Automatic smoothing with geometric surface patches, Computer Aided Geometric Design 4 (1987), 231–236.

[33] M. Kallay, A Paradigm For Surface Fairing By Opimization.

[34] M. Kallay and B. Ravani, Optimal twist vectors as a tool for interpolating a network of curves with a minimum energy surface, Computer Aided Geometric Design 7 (1990), 465–473.

[35] U. Langbecker and L. Xinmin, A Note on a Local Twist Estimator.

[36] E. T. Y. Lee, On choosing nodes in parametric curve interpolation, Computer Aided Design, 21, 6, (July/August, 1989), 363–370.

[37] N. J. Lott and D. I. Pullin, Method for fairing B–spline surfaces, CAD 20 (1988), 597–604.

[38] J. R. Manning, Continuity Conditions for Spline Curves, Comput. J. 17 (1974), 181–186.

[39] H. P. Moreton, C. H. Sequin, Functional Optimization for Fair Surface Design, SIGGRAPH '92, 167–176.

[40] G. M. Nielson, The side vertex method for interpolating in triangles, J. Approx. Theory 25 (1979), 318–336.

[41] G. M. Nielson, Some piecewise polynomial alternatives to spline under tension, in Computer–Aided Geometric Design, eds., R. E. Barnshill and R. F. Riesenfeld, Academic Press, New York (1974), 209–235.

[42] G. M. Nielson, A Locally Controllable Spline with Tension for Interactive Curve Design, Computer Aided Geometric Design 1, 3 (1984), 199–205.

[43] G. M. Nielson, Rectangular ν–Splines, IEEE Computer Graphics and Applications 6, 2 (February 1986), 58–67.

[44] H. Nowacki and D. Reese, Design and fairing of ship surfaces, in R. Barnhill and W. Boehm, eds., Surfaces in Computer Aided Geometric Design, Korth–Holland (1982), 121–134.

[45] J. Peters, Smooth Interpolation of a Mesh of Curves, Constructive Approximation 7 (1991), 221–247.

[46] L. Piegl and W. Tiller, Curve and Surface Constructions for Computer Aided Design Using Rational B–splines, Computer Aided Design 19 (9): November, 1987,485–498.

[47] L. Piegl, On NURBS, A Survey, IEEE CG& A, 11, 1 (1991), 55–71.

[48] E. Quak and L. Schumaker, Cubic spline fitting using data dependent triangulations, Computer Aided Geometric Design, 7 (1990), 293–301.

[49] R. Szeliski, Fast surface interpolation using hierarchial basis functions, IEEE Trans. Pattern Anal. Machine Intell. 12 (1990), 513–528.

[50] S. Timoshenko and S. Woinowsky–Krieger, Theory of Plates and Shells, MacGraw Hill (1959), New York.

[51] X. Wang, F. Cheng, Hermite Spline Surface Interpolation with Tension Control and Optimal Twist Vectors.

9 Visualisierung von Vektor- und Tensorfeldern

Gerik Scheuermann
Fachbereich Informatik
Universität Kaiserslautern
scheuer@informatik.uni-kl.de

9.1 Direkte Methoden zur Visualisierung von Strömungen

Die Natur- und Ingenieurwissenschaften benutzen sehr häufig Differentialgleichungen und Feldtheorien zur Beschreibung von natürlichen Vorgängen und der Arbeitsweise von Produkten. Da Differentialgleichungen geometrisch als Vektor- und Tensorfelder gedeutet werden können, ergibt sich ein riesiger Anwendungsbereich, der ständig nach neuen Methoden zur Visualisierung verlangt, seitdem die graphischen Möglichkeiten auch bezahlbarer Computer eine Verwendung zur Analyse von Meßdaten und Simulationen zulassen.

Eine besondere Rolle hat in diesem Bereich die Strömungsdynamik inne, da dort seit vielen Jahren umfangreiche Simulationen und Messungen vorgenommen werden, besonders in der Automobil-, Luft- und Raumfahrtindustrie, aber auch in der Wettervorhersage, Klimaanalyse und im Turbinen- bzw. Kraftwerksbau. Die Datenfülle ist dort in der Regel so groß, daß eine direkte Analyse der numerischen Daten oder Meßwerte praktisch unmöglich geworden ist. Daher bedient man sich dort graphischer Methoden zur Aufarbeitung der Ergebnisse. Ein eindrucksvolles Beispiel liefert etwa das **virtual wind tunnel** [BL] Projekt des NASA Ames Forschungszentrums in Abbildung 9.1.

In diesem Kapitel sollen nun einige Methoden dargestellt werden, die direkt die Ergebnisse visualisieren, ohne eine vorangestellte Analyse vorzunehmen.

Abb. 9.1 Virtual Wind Tunnel im NASA Ames Forschungszentrum

Wir erheben hier nicht den Anspruch auf Vollständigkeit, da dies sicherlich den Rahmen sprengen würde.

9.1.1 Visualisierung von stationären Vektorfeldern durch Kurven

Die ersten Methoden zur Visualisierung von Vektorfeldern orientierten sich an experimentellen Verfahren und klassischen mathematischen Beschreibungen.

Ein stationäres Vektorfeld im R^n ist eine Abbildung

$$v : R^n \to TR^n \simeq R^n$$

in den Tangentialraum TR^n. Auf einer Mannigfaltigkeit $S \subset R^n$ erhält man analog

$$v : S \to TS.$$

Dadurch wird ein autonomes System von Differentialgleichungen beschrieben.

$$\frac{\partial f}{\partial x_1} = v_1(x_1, \ldots, x_n)$$

$$\vdots$$

$$\frac{\partial f}{\partial x_n} = v_n(x_1, \ldots, x_n)$$

Für die Anwendung sind natürlich $n = 3$ und der Flächenfall am wichtigsten.

Will man nun etwa die Bahn eines kleinen Partikels in einer Strömung bestimmen, so benötigt man die Anfangsposition und hat dann ein System gewöhnlicher Differentialgleichungen zu lösen.

Sei dazu $I \subset R$ ein Intervall und

$$
\begin{aligned}
c : I &\to R^n \\
t &\mapsto (c_1, \ldots, c_n)
\end{aligned}
$$

die gesuchte Bahn des Teilchens. Dann gilt :

$$
\frac{\partial c_1}{\partial t} = v_1(c_1, \ldots, c_n)
$$

$$
\vdots
$$

$$
\frac{\partial c_n}{\partial t} = v_n(c_1, \ldots, c_n)
$$

Das Zeichnen solcher Integrationskurven bildet die Grundlage von Stromlinienmethoden.

In aller Regel liegen die Daten dabei als berechnete oder gemessene Vektoren eines strukturierten oder unstrukturierten Gitters vor (Abb. 9.2, 9.3).

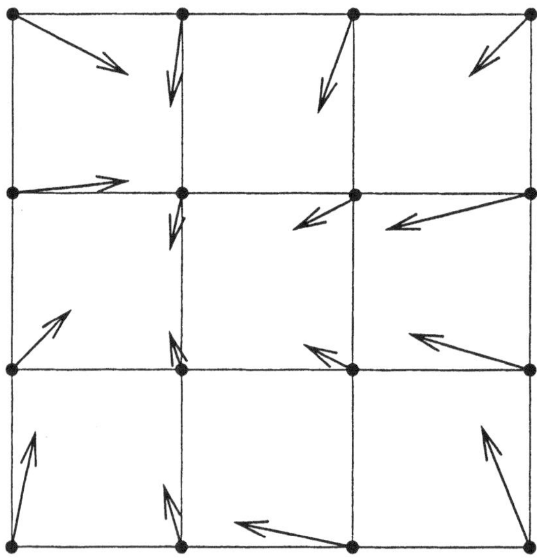

Abb. 9.2 Vektoren auf strukturiertem Gitter

Um ein Vektorfeld im ganzen Raum zu erhalten, muß dann eine Approximation des Feldes festgelegt werden. Nimmt man hierzu einfach konstante Felder

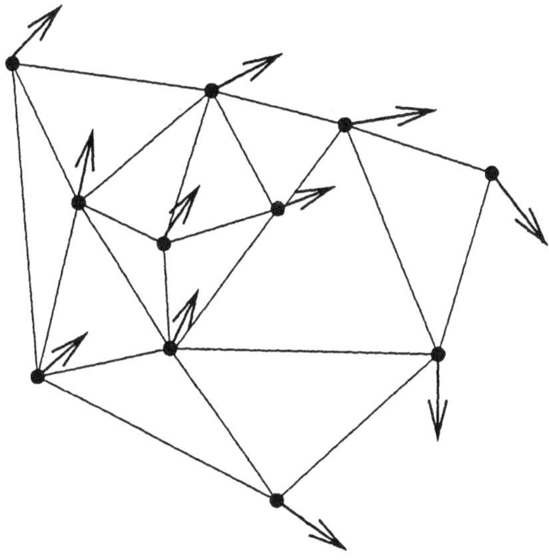

Abb. 9.3 Vektoren auf unstrukturiertem Gitter

innerhalb von Zellen, deren Schwerpunkt ein Gitterpunkt ist, so läßt sich die Integrationskurve sehr einfach als Polygonzug ermitteln (Abb. 9.4).

Dies ist natürlich sehr ungenau, wird aber manchmal verwendet, wenn sehr schnell sehr viele Stromlinien gezeichnet werden sollen.

Die häufigste Methode zur Approximation besteht in einer stückweise linearen, bi- bzw. trilinearen Interpolation der einzelnen Gitterzellen. Dabei bilden die Datenpunkte die Ecken der Zellen, innerhalb derer interpoliert wird. Im ebenen Fall erhält man folgende Ansätze :

(1) Seien $a, b, c \in R^2$ die drei Ecken einer Dreieckszelle T. Für $x \in T$ gibt es dann eine Darstellung in baryzentrischen Koordinaten der Form

$$x = \alpha a + \beta b + \gamma c$$

mit $0 \le \alpha, \beta, \gamma \le 1$, $\alpha + \beta + \gamma = 1$. Dann setzt man

$$v(x) := \alpha v(a) + \beta v(b) + \gamma v(c)$$

und erhält ein lineares Vektorfeld auf T.
(2) Für rechteckige Gitter verwendet man im ebenen Fall bilineare Interpolation. Dazu seien $a, b, c, d \in R^2$ die Eckpunkte einer Rechteckszelle Q. Dann setzt man für einen Punkt $x = a + t(b - a) + s(d - a) \in Q$

$$v(x) := (1 - s)((1 - t)v(a) + tv(b)) + s((1 - t)v(d) + tv(c))$$

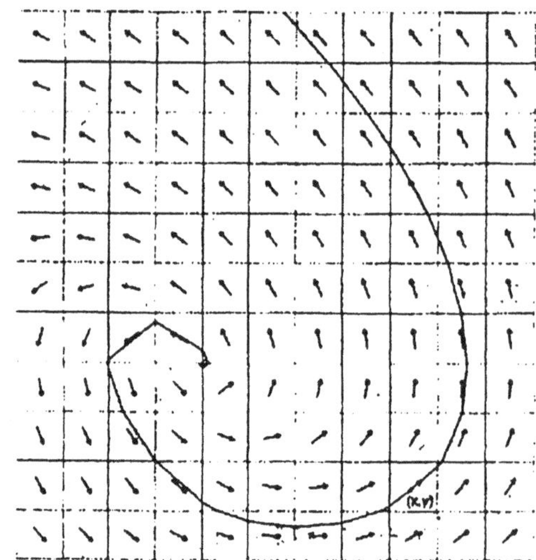

Abb. 9.4 Stückweise konstante Approximation des Gitters

Dies liefert ein stückweise lineares bzw. bilineares, stetiges Vektorfeld im gesamten Gitterbereich. Wir werden in 9.2.5 noch sehen, daß zuweilen andere Approximationen sinnvoll sind.

Nach der Auswahl der Approximation werden nun stets Integrationskurven berechnet, was auf das Lösen einees Systems gewöhnlicher Differentialgleichungen mit Anfangsbedingung hinausläuft, wie oben erläutert. Die Numerik stellt dazu mehrere Verfahren bereit, von denen in der Visualisierung die Methoden nach Euler und Runge-Kutta meistens zur Anwendung kommen. Beide Verfahren konstruieren Punkte auf der Stromlinie, die dann in der Regel linear verbunden werden.

Das **Eulerverfahren** ist sehr einfach und schnell. Sei y_0 der Startpunkt. Dann berechne

$$y_{i+1} = y_i + hv(y_i)$$

Der Knackpunkt ist die Wahl der Schrittweite h. Dazu gibt es mehrere Varianten. Besonders häufig wird das sogenannte *adaptive step doubling* verwendet, bei dem die Abweichung eines Schrittes h gegenüber zwei Schritten der Länge $\frac{h}{2}$ berechnet wird und man h akzeptiert, falls der Fehler kleiner als eine vorher festgelegte Schranke ϵ ist.

Die Runge-Kutta-Verfahren benutzen mehrere Feldwerte um den nächsten Punkt zu bestimmen und erreichen somit eine höhere Genauigkeit. Den ef-

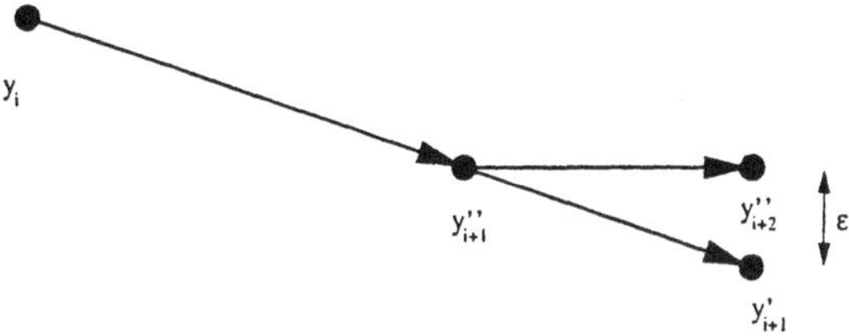

Abb. 9.5 Adaptive Step Doubling

fektivsten Weg zwischen mehr Vektorfeldauswertungen und größerer
Schrittweite liefert dabei meistens das **Runge-Kutta-Verfahren** vierter Ordnung [NR, S.711], das sich in Formeln ergibt als

$$k_1 = hv(y_i)$$

$$k_2 = hv(y_i + \frac{1}{2}k_1)$$

$$k_3 = hv(y_i + \frac{1}{2}k_2)$$

$$k_4 = hv(y_i + k_3)$$

$$y_{i+1} = y_i + \frac{1}{6}k_1 + \frac{1}{3}k_2 + \frac{1}{3}k_3 + \frac{1}{6}k_4$$

wobei wieder y_0 der Anfangswert ist.

Hat man die Stromlinien dann berechnet, werden sie zusammen mit der Geometrie dargestellt, wie etwa in Abb. 9.1.

Leider liefert die Darstellung sehr vieler Stromlinien oft keinen Eindruck der
Strömung, da sich die verschiedenen Kurven gegenseitig verdecken. Dazu gibt
es zwar Lösungsansätze, aber da der Schwerpunkt hier auf analysierenden Methoden liegen soll, werden diese Verfahren nicht dargestellt. Es sei aber auf die
im Vortrag von Fr. Hotz dargestellten Streamballs verwiesen, die neben der
Stromlinie noch andere Komponenten der Strömungsdaten visualisieren.

9.1.2   Zeitabhängige Vektorfelder

Bisher wurden nur zeitunabhängige Felder besprochen. Da jedoch viele Vorgänge erst durch ihren zeitlichen Ablauf analysiert werden können, benötigt
man auch für zeitabhängige Vektorfelder Visualisierungstechniken.

Das Hauptproblem stellt hier die Datenfülle dar, da bei 100 Zeitschritten
natürlich 100 zeitkonstante Vektorfelder zu untersuchen sind und somit die
Flut an Meßdaten oder numerischen Ergebnissen um mehrere Größenordnungen anwächst.

Bisher gibt es daher nicht viele Ansätze dazu. Sie beruhen meistens auf den den Stromlinien verwandten Konzepten der **Pathline**, **Streakline** oder **Timeline** [Lan], [KL], die in der Strömungsdynamik eine wichtige Rolle spielen.

Pathline : Der Weg eines Partikels in der sich zeitlich ändernden Strömung
Streakline : Die Kurve zu einem festem Zeitpunkt, die von allen Partikeln gebildet wird, die eine bestimmte Position durchlaufen haben
Timeline : Ort aller Partikel zu einem Zeitpunkt t, die entlang einer Geraden zum Zeitpunkt t_0 in die Strömung injiziert wurden

Die Abbildung 9.6 vergleicht momentane Stromlinien mit Streaklines und Timelines.

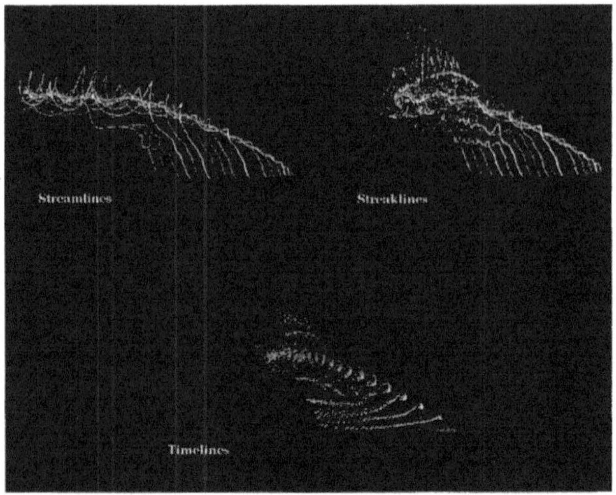

Abb. 9.6 Streamlines, Streaklines und Timelines im Vergleich

Alle diese Kurven lassen sich wieder als gewöhnliche Differentialgleichungen betrachten und wie in 9.1.1 etwa mit Runge-Kutta-Verfahren lösen. In diesem Bereich steht die Forschung jedoch noch am Anfang, so daß neue Entwicklungen sicherlich für die nächste Zukunft zu erwarten sind.

9.1.3   Visualisierung von Tensorfeldern mittels Kurven

Neben Vektorfeldern kommen in vielen Anwendungen auch **Tensorfelder zweiter Ordnung** vor. Da hier die Dimension der Daten erheblich größer ist als bei Vektorfeldern, ergeben sich bei der Darstellung weitere Schwierigkeiten, die auch damit zusammenhängen, das unser Verständnis dieser Felder bislang noch nicht sehr weit fortgeschritten ist.

Ein 3D-Tensorfeld zweiter Ordnung ist eine Abbildung

$$T : R^3 \to L(TR^3, TR^3),$$

die jedem Punkt eine lineare Abbildung auf dem Tangentialraum zuordnet. Mit der üblichen Identität $TR^3 \simeq R^3$ und der Standardbasis des R^3 ergibt sich eine Darstellung in Matrixform

$$T = \begin{pmatrix} T_{11} & T_{12} & T_{13} \\ T_{21} & T_{22} & T_{23} \\ T_{31} & T_{32} & T_{33} \end{pmatrix}$$

In den meisten Applikationen betrachtet man nun die Zerlegung dieses Tensors in seinen symmetrischen und antisymmetrischen Anteil

$$T = S + A, \quad S = \frac{1}{2}(T + T^t), \quad A = \frac{1}{2}(T - T^t)$$

$$S = \begin{pmatrix} S_{11} & S_{12} & S_{13} \\ S_{12} & S_{22} & S_{23} \\ S_{13} & S_{23} & S_{33} \end{pmatrix} \quad A = \begin{pmatrix} 0 & A_{12} & -A_{13} \\ -A_{12} & 0 & A_{23} \\ A_{13} & -A_{23} & 0 \end{pmatrix}$$

Da der antisymmetrische Anteil durch drei Komponenten bestimmt ist, läßt er sich als Vektorfeld begreifen, einem sogenannten axialen Vektorfeld.

Damit steht die Visualisierung eines symmetrischen Tensorfeldes zweiter Ordnung oft im Vordergrund. Nach dem Satz über die Hauptachsentransformation besitzt nun S stets drei reelle Eigenwerte und zugehörige Eigenvektoren. Eine einfache punktuelle Darstellung eines solchen Tensorfeldes liefert dann die Deformation einer Kugel (etwa eines Fluids) unter diesem Tensorfeld (als Rate-of-Strain Tensor interpretiert) [Kev].

Für ein stetiges, symmetrisches Tensorfeld bedeutet dies, daß es durch die drei Eigenvektorfelder bestimmt ist. Um dies auszunutzen, ordnet man die reellen Eigenwerte der Größe nach :

$$\lambda_1 > \lambda_2 > \lambda_3$$

und spricht bei

$$V_i : R^3 \ \to \ R^3$$
$$x \ \mapsto \ \lambda_i v_i$$

für $i = 1$ vom *major* Eigenvektorfeld, für $i = 2$ vom *medium* Eigenvektorfeld und für $i = 3$ vom *minor* Eigenvektorfeld. Dabei ist jedoch zu beachten, daß die

Orientierung der Eigenvektoren v_i beliebig ist, also V_1, V_2, V_3 als bidirektionale Felder zu betrachten sind, wodurch die Topologie in Kapitel 9.2 sich deutlich von den Verhältnissen bei Vektorfeldern unterscheidet.

Um nun einen Eindruck von dem Tensorfeld zu gewinnen, zeichnet man einfach die Integrationskurven zu einem oder mehreren dieser Eigenvektorfelder, wobei an jeder Stelle der nächste Eigenvektor so orientiert wird, daß der Winkel zum vorherigen kleiner oder gleich $\frac{\pi}{2}$ ist. Mit dieser Bedingung erhält man stets einen eindeutigen Tangentialvektor an jeder Stelle, an der etwa bei Runge-Kutta das Feld ausgewertet werden muß und somit eine Kurve.

Diese enthält nun zunächst lediglich die Information eines Eigenvektorfeldes. Um die beiden anderen Eigenvektorfelder ebenfalls darzustellen, kann man die Kurve zu einem Schlauch weiten und dessen ellipsenförmigen Durchmesser (für pos. λ_i) durch die beiden übrigen Eigenvektoren und Eigenwerte bestimmen. Diese "Schläuche" nennt man nach Delmarcelle und Hesselink **Hyperstreamlines**. Einige sind in Abb. 9.7 zu sehen.

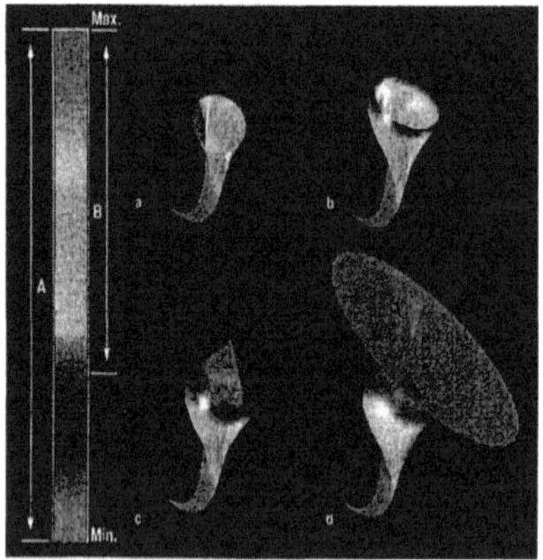

Abb. 9.7
Hyperstreamlines als Schläuche

Eine andere Variante entsteht, indem man statt einer Ellipse ein X als Grundform wählt, dessen Streckenlängen und -lagen durch die beiden anderen Eigenvektoren und -werte bestimmt werden, vgl. Abb. 9.8.

9.2 Analysierende Methoden zur Vektor- und Tensorfeldvisualisierung

Die bisher besprochenen Methoden benutzen die numerischen Daten direkt zur Visualisierung. Leider ist es daher oft nur schwer möglich einen Eindruck

Abb. 9.8
Hyperstreamlines als Schläuche und als Helix

des gesamten Feldes zu erhalten, da nicht alle Vektoren oder Tensoren darstellbar sind. Insbesondere lassen sich wichtige lokale Flußeigenschaften, die die Aufmerksamkeit des Wissenschaftlers oder Ingenieurs auf sich ziehen, oft nur schwer erkennen. In der Strömungsmechanik, die wie bei den Methoden im letzten Kapitel aufgrund der zahlreichen Simulationen und Messungen eine Vorreiterrolle spielt, sind dies vorallem Wirbel, Wirbelkerne, Separationskanten und Bereiche hoher Turbulenz.

Um solche Vorgänge besser darzustellen, schaltet man der Visualisierung eine Analyse vor, die mit topologischen Ansätzen direkt nach solchen Besonderheiten sucht. Anschließend visualisiert man nur die topologische Struktur des Feldes und erhält einen guten Einblick in wichtige Zusammenhänge.

Im Bereich der Vektorfelder konnte man dabei auf die umfangreiche Literatur zur Topologie dynamischer Systeme zurückgreifen, etwa [AS], [HS], während bei Tensorfeldern neue Entwicklungen nötig waren. Allerdings werden die Fragen dadurch schwieriger, daß in der Regel nur diskrete Werte der Felder an Gitterpunkten vorliegen, so daß zunächst das Feld approximiert werden muß, bevor es dargestellt werden kann. Die aus 9.1.1 bekannte stückweise lineare Interpolation zeigt dabei Nachteile, die allerdings lokal durch andere Ansätze umgangen werden können, wie in 9.2.5 gezeigt wird.

9.2.1 Visualisierung der Topologie von Vektorfeldern

Wir betrachten zunächst ein zweidimensionales, autonomes Vektorfeld in der Ebene oder auf einer Fläche. Das Vektorfeld beschreibt die lokale Bewegung an jeder Stelle. Gibt man nun eine Position x vor, so kann man eine Integrationskurve bilden, indem man vorwärts und/oder rückwärts integriert. Qualitative Aussagen zum Verlauf aller solcher Integrationskurven liefert die Topologie des

Vektorfeldes.

Die Topologie des Feldes besteht aus Kurven, die das Vektorfeld in Regionen qualitativ unterschiedlicher Integrationskurven zerlegen. Da sich Integrationskurven nicht treffen können und sie das gesamte Gebiet ausfüllen, erhält man somit einen guten Einblick in die gesamte Struktur. Besonders wichtig sind neben diesen **Separationskurven** die Nullstellen des Feldes. Diese **kritischen Punkte** des Feldes untersucht man daher auch zuerst. Sei

$$v : S \;\rightarrow\; R^2$$
$$(x_1, x_2) \;\mapsto\; (v_1, v_2)$$

das Vektorfeld. Ferner sei $x \in S$ eine Nullstelle, also $v(x) = 0$. Von der Idee der Taylorentwicklung geleitet, betrachtet man nun die Jacobimatrix

$$Dv(x) = \begin{pmatrix} \frac{\partial v_1}{\partial x_1} & \frac{\partial v_1}{\partial x_2} \\ \frac{\partial v_2}{\partial x_1} & \frac{\partial v_2}{\partial x_2} \end{pmatrix}$$

bei x. Hat diese Matrix vollen Rang, so beschreibt sie das Verhalten des Vektorfeldes in einer Umgebung um x. Abb. 9.9 zeigt verschiedene Beispiele entsprechend der Klassifikation nach den Eigenwerten von $Dv(x)$.

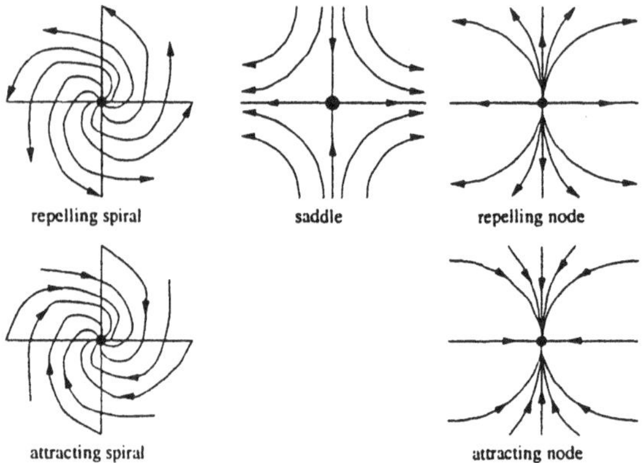

Abb. 9.9 Klassifikation der hyperbolischen kritischen Punkte

Reelle Eigenwerte liefern Eigenvektoren, die tangential zu Feldlinien in unmittelbarer Umgebung des kritischen Punktes sind, während komplexe Eigenwerte spiralförmiges Verhalten anzeigen. Bei den Spiralen gibt es zwei komplexkonjugierte Eigenwerte und bei den Knoten zwei reelle Eigenwerte gleichen Vorzeichens, während die Sattelpunkte durch reelle Eigenwerte verschiedenen Vorzeichens gekennzeichnet sind. Sattelpunkte unterscheiden sich dabei von den übrigen Punkten dadurch, daß nur vier Integrationskurven gegen den

Punkt konvergieren, während alle anderen Kurven sich von ihm wieder entfernen. Es zeigt sich nun, daß diese vier Kurven genau solche separierenden Kurven sind, die Regionen unterschiedlichen qualitativen Verhaltens voneinander trennen. Man erhält sie numerisch, indem man den Sattelpunkt ein Stück in Richtung der Eigenvektoren verläßt und dann etwa mittels Runge-Kutta integriert. Ein Beispiel liefert Abb. 9.10.

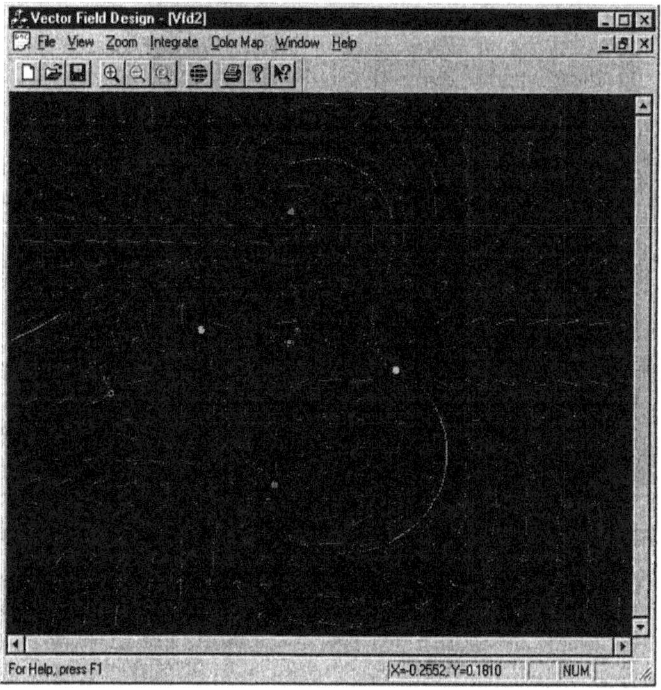

Abb. 9.10 Vektorfeldtopolgie in der Ebene

An den Rändern des Definitionsbereichs, bei denen die Geschwindigkeit als 0 angenommen wird (*no-slip boundaries* in der Strömungsmechanik), können noch Punkte vorkommen, an denen die Integrationskurve den Rand erreicht oder verläßt, sogenannte Attachment- und Separationspunkte. Damit ist aber dann eine Beschreibung der Felder möglich, sofern keine Nullstellen mit singulärer Jacobimatrix auftreten. Dieser Fall wird in 9.2.5 noch näher behandelt.

Im dreidimensionalen Fall läßt sich dieses Prinzip der getrennten Regionen ebenfalls anwenden und zur Visualisierung ausnutzen. Meistens soll das Verhalten um einen Körper in der Strömung oder dem Feld näher analysiert werden. Dann benutzt man zunächst das Feld einen Gitterpunkt von dem Körper entfernt, um ein zweidimensionales Flächenfeld durch Projektion in den Tangentialraum der Fläche zu erhalten. Dieses wird dann gemäß der obigen Darstellung topologisch analysiert und visualisiert. Anschließend startet man die Berechnung sogenannter Separatrixflächen ausgehend von den Separatrizendes 2D-Feldes, wie in Abb. 9.11 zu sehen.

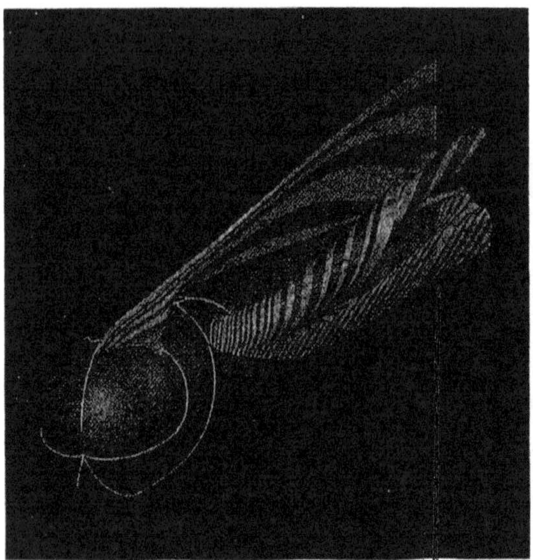

Abb. 9.11 Separation im Raum um einen Körper

Diese Separationsflächen trennen nun Regionen im Raum mit qualitativ verschiedenem Verhalten der Integrationskurven. Die Separatrizen des 2D-Feldes spielen dann die Rolle der Separationspunkte in der 2D-Topologie. Um die dreidimensionale Topologie zu vervollständigen, benötigt man nun noch die kritischen Punkte im Raum. Die Jacobimatrix hat nun die Form

$$Dv(x) = \begin{pmatrix} \frac{\partial v_1}{\partial x_1} & \frac{\partial v_1}{\partial x_2} & \frac{\partial v_1}{\partial x_3} \\ \frac{\partial v_2}{\partial x_1} & \frac{\partial v_2}{\partial x_2} & \frac{\partial v_2}{\partial x_3} \\ \frac{\partial v_3}{\partial x_1} & \frac{\partial v_3}{\partial x_2} & \frac{\partial v_3}{\partial x_3} \end{pmatrix}$$

Es gibt drei Eigenwerte und bis zu drei linear unabhängige Eigenvektoren. Wieder stehen komplexe Eigenwerte für spiralförmiges Verhalten und reelle Eigenwerte zusammen mit den Eigenvektoren für Richtungen von Integrationskurven in der unmittelbaren Umgebung des Punktes. Bei verschiedenen Vorzeichen und drei reellen Eigenwerten gibt es in den durch die Eigenvektoren aufgespannten Ebenen unterschiedliches Verhalten, wie in Abb. 9.12 zu sehen.

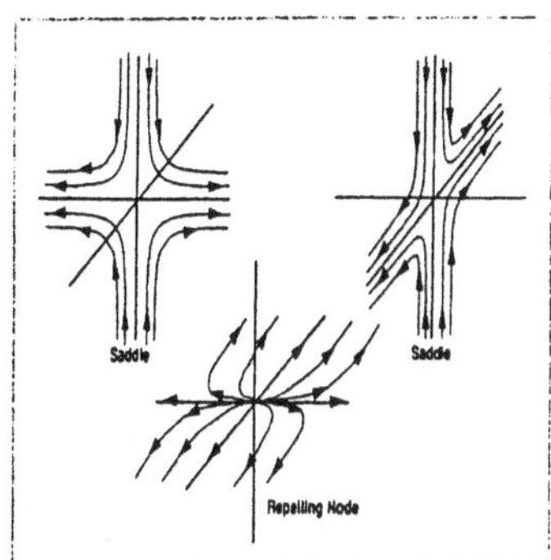

Abb. 9.12
Satteltypen im 3D-Fall

Mathematisch starten an diesen Punkten ebenfalls separierende Flächen. Da diese sich jedoch oft stark winden und das Geschehen um die Körper im Vordergrund steht, wurde dies wohl in den Artikeln bisher nicht dargestellt. Stattdessen werden lediglich die kritischen Punkte visualisiert.

9.2.2 Visualisierung der Topologie von Tensorfeldern

Der vorangehende Abschnitt hat gezeigt, daß durch topologische Betrachtungen die Visualisierung von Vektorfeldern vereinfacht werden kann und wichtige Besonderheiten, wie etwa Wirbel und Separationskanten in Strömungen, hervorgehoben werden können, die sonst erst interaktiv gesucht werden müßten.

Es liegt daher nahe, ausgehend von den in Abschnitt 9.1.3 beschriebenen **Hyperstreamlines** die Topologie von Tensorfeldern zu betrachten und diese zu visualisieren. Da es dazu jedoch keine schöne mathematische Theorie gibt, wie dies bei den Vektorfeldern der Fall ist, mußte sie erst entwickelt werden. Wir beginnen zunächst mit symmetrischen Tensorfeldern zweiter Ordnung, die auf einer offenen Teilmenge $U \subset R^2$ definiert sind, da nur hier eine vollständige Topologiebeschreibung bisher verwendet wurde.

$$S : U \;\to\; L(R^2, R^2)$$
$$x \;\mapsto\; \begin{pmatrix} S_{11} & S_{12} \\ S_{12} & S_{22} \end{pmatrix}$$

sei nun unser Tensorfeld, das analog dem 3D-Fall aus 9.1.3 wieder äquivalent zu zwei Eigenvektorfeldern

$$V_i : U* \;\to\; R^3$$
$$x \;\mapsto\; \lambda_i v_i(x)$$

mit $i = 1, 2$, $\lambda_1 \geq \lambda_2$ ist, wobei die λ_i die Eigenwerte und e_i die Einheitseigenvektoren von S bei x sind. Die **Topologie des Tensorfeldes** wird nun als Topologie dieser Eigenvektorfelder definiert. Deren Topologie ergibt sich wiederum aus dem Verlauf der in 9.1.3 eingeführten Hyperstreamlines. Durch die Tatsache, daß die Orientierung der Eigenvektoren nicht festgelegt ist und die Definition mittels der Anordnung der Eigenwerte, beobachtet man jedoch eine etwas andere Struktur als bei den Vektorfeldern im letzten Abschnitt.

Die Definition der Eigenvektorfelder ist überall exakt bis auf die sogenannten **degenerierten Punkte**, an denen die beiden Eigenwerte übereinstimmen und die Eigenvektoren daher die ganze Tangentialebene ausfüllen. Das Tensorfeld hat hier in geeigneten Koordinaten die Form

$$S = \begin{pmatrix} \lambda\,0 \\ 0\,\lambda \end{pmatrix}$$

Diese Punkte übernehmen die Rolle der kritischen Punkte bei Vektorfeldern. Das lokale Verhalten der Hyperstreamlines in einer Umgebung eines solchen Punktes wird im einfachen Fall wieder durch die Ableitungen des Tensorfeldes bestimmt. Dazu definiert man

$$a \; := \; \frac{1}{2}\frac{\partial(S_{11} - S_{22})}{\partial x1}\Big|_x$$

$$b \; := \; \frac{1}{2}\frac{\partial(S_{11} - S_{22})}{\partial x2}\Big|_x$$

$$c \; := \; \frac{\partial S_{12}}{\partial x1}\Big|_x$$

$$d \; := \; \frac{\partial S_{12}}{\partial x2}\Big|_x$$

und erhält mittels

$$\delta = ad - bc$$

die sogenannte δ-Invariante. Die **einfachen degenerierten Punkte** sind nun gerade diejenigen mit $\delta \neq 0$ und lassen sich in zwei Typen einteilen, die in Abb. 9.13 zu sehen sind. Die Hyperstreamlines S_i in diesen Skizzen zeigen bereits die separierenden Hyperstreamlines, die analog zu den Vektorfeldern das Tensorfeld in Bereiche qualitativ gleicher Hyperstreamlines einteilen.

Dadurch erhält man die Topologie des 2D-Tensorfeldes. Abb. 9.14 zeigt die Topologie des Stresstensors in der Strömung um einen Kreiszylinder zu zwei verschiedenen Zeitpunkten. Um ein 2D-Bild zu erhalten, wurde ein Querschnitt ausgewählt.

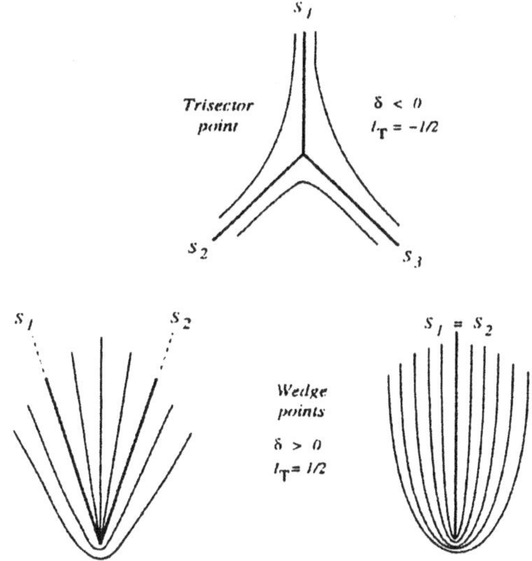

Abb. 9.13 Degenerierte Punkte im 2D-Fall

Ein dreidimensionales Tensorfeld

$$S : U \rightarrow L(R^3, R^3)$$

$$x \mapsto \begin{pmatrix} S_{11} & S_{12} & S_{13} \\ S_{12} & S_{22} & S_{23} \\ S_{13} & S_{23} & S_{33} \end{pmatrix}$$

läßt sich ebenfalls topologisch analysieren. Analog zum 2D-Fall entsprechen diesem S die drei reellen bidirektionalen Eigenvektorfelder

$$V_i : U \rightarrow R^3$$

$$x \mapsto \lambda_i v_i(x)$$

wobei die $\lambda_i(x)$ die Eigenwerte zu $S(x)$ und die $v_i(x)$ die Eigenvektoren zu $S(x)$ sind und

$$\lambda_1(x) \geq \lambda_2(x) \geq \lambda_3(x)$$

gilt. Die Hyperstreamlines lassen sich wieder für hinreichend glattes S als Integrationskurven nach geeigneter Orientierungswahl definieren. Ein Problem ergibt sich jedoch nun bei degenerierten Punkten.

Man definiert einen degenerierten Punkt des Tensorfeldes S zwar wieder als ein $x \in U$ mit $\lambda_i(x) = \lambda_j(x)$, $i \neq j$, muß aber drei möglichen Fälle unterscheiden :

(a) $\lambda_1(x) = \lambda_2(x) > \lambda_3(x)$

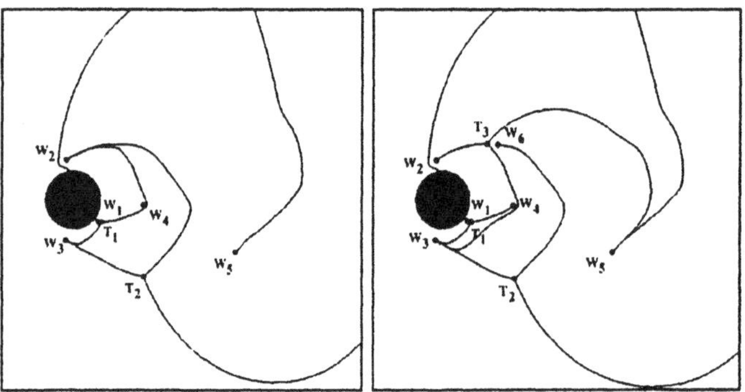

Abb. 9.14 Topologie des Stresstensorfeldes der Strömung um einen Kreiszylinder

(b) $\lambda_1(x) > \lambda_2(x) = \lambda_3(x)$

(c) $\lambda_1(x) = \lambda_2(x) = \lambda_3(x)$

Mit Hilfe der charakteristischen Gleichung

$$A(\lambda) = \det(S - \lambda I) = -\lambda^3 + a\lambda^2 + b\lambda + c$$

erhält man

(a) $B_1(x,y,z) = \frac{2a^3+9ab+2d^{1.5}}{27} + c = 0$

(b) $B_2(x,y,z) = \frac{2a^3+9ab-2d^{1.5}}{27} + c = 0$

(c) $B_3(x,y,z) = a^2 + 3b = 0$

als Bedingungen für die Fälle, indem man die Lösungsformel für kubische Gleichungen ausnutzt. Dabei ist $d = a^2 - 3b$.

Eine genaue Klassifikation der entstehenden lokalen Situation wurde bisher leider noch nicht veröffentlicht, aber Abb. 9.15 und 9.16 zeigen zwei wichtige Beispiele.

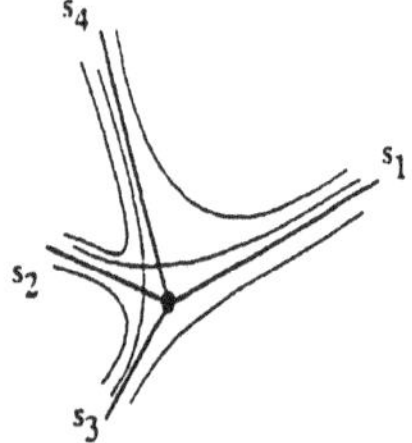

Abb. 9.15
Ein 3D-degenerierter Punkt mit 6 hyperbolischen Separationsflächen

Analog zur Topologie der Vektorfelder ergeben sich separierende Flächen, die Bereiche mit verschiedenem Verhalten trennen.Bisher wurde dies aber noch

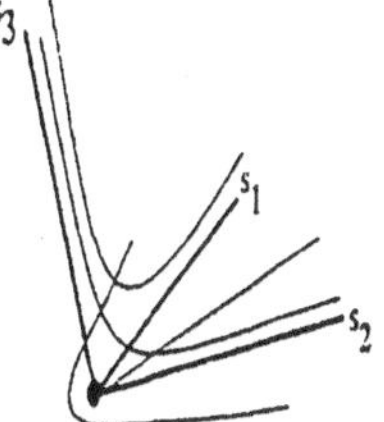

Abb. 9.16
Ein 3D-degenerierter Punkt mit 2 hyperbolischen und einer
parabolischen Separationsfläche

nicht visualisiert, sondern nur separierende Hyperstreamlines der drei Eigenvektorfelder gezeichnet, siehe Abb. 9.17.

Abb. 9.17 Topologie eines 3D-Tensorfeldes

Hier wird die Ausbreitung des Stresstensors zu zwei Kräften visualisiert, die
an zwei Punkten senkrecht auf einen unendlichen Halbraum einwirken.

9.2.3 Höhere Singularitäten

In 9.2.1 wurden die kritischen Punkte von Vektorfeldern als ihre Nullstellen
definiert. Die wichtigste topologische Invariante für das Feld um einen solchen kritischen Punkt ist der Poincaré-Index, der manchmal auch Umlaufzahl
genannt wird. In Abb. 9.18 ist ein einfaches Beispiel für ihre Berechnung beschrieben.

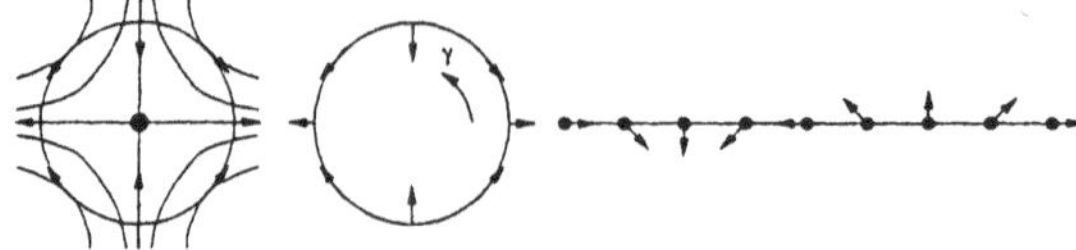

Abb. 9.18 Berechnung des Index

Mathematisch wird der Index in der Ebene durch das folgende Integral definiert:

$$ind_P v = \frac{1}{2\pi} \int_\gamma \frac{v_2 dv_1 - v_1 dv_2}{v_1^2 + v_2^2}$$

wobei $\gamma : S^1 \to R^2$ eine einfache geschlossene Kurve um P ist, die keine
weiteren kritischen Punkte enthält. Liefert diese Berechnung nun Zahlen größer
1 oder kleiner -1, so spricht man von **Singularitäten höherer Ordnung**.
Einige Beispiele zeigt Abb. 9.19.

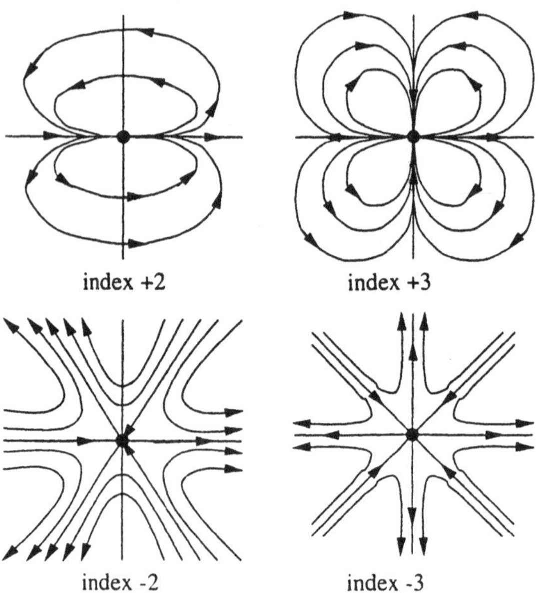

Abb. 9.19 Singularitäten höherer Ordnung

9.2.4   Cliffordalgebra

Die Cliffordalgebra eröffnet die Möglichkeit die klassische Beschreibung des
Raumes als euklidischen Vektorraum um eine Multiplikation von Vektoren zu

bereichern, die geometrisch Sinn ergibt. Wir benötigen sie hier nur im ebenen Fall, für eine detailliertere Darstellung sei [Hes] empfohlen.

Im ebenen Fall betrachten wir eine 4-dimensionale reelle Algebra G_2 mit der Vektorraumbasis $\{1, e_1, e_2, i = e_1 e_2\}$ und einer assoziativen, bilinearen Multiplikation, die durch die Regeln

$$\begin{aligned} 1 e_j &= e_j \quad j = 1, 2 \\ e_j e_j &= 1 \quad j = 1, 2 \\ i = e_1 e_2 &= -e_2 e_1 \end{aligned}$$

festgelegt wird. Die gewöhnlichen Vektoren $(x, y) \in R^2$ werden identifiziert mit

$$x e_1 + y e_2 \in E^2 \subset G_2$$

und die komplexen Zahlen $a + bi \in C$ mit

$$a 1 + bi \in G_2$$

Zu einem reellem, planaren Vektorfeld

$$\begin{aligned} v : R^2 &\to R^2 \\ (x, y) &\mapsto (v_1, v_2) \end{aligned}$$

definiert man das Cliffordfeld

$$\begin{aligned} \bar{E} : E^2 &\to E^2 \\ r = x e_1 + y e_2 &\mapsto v_1 e_1 + v_2 e_2 \end{aligned}$$

Diese triviale Indentifizierung ermöglicht via $z = x + iy$, $\bar{z} = x - iy$ die Beschreibung

$$\bar{E}(r) = E(z, \bar{z}) e_1$$

eines Cliffordfeldes durch eine komplexe Funktion $E : C^2 \to C$. Die folgenden einfachen Beispiele zeigen den Topologiebezug :

(1) $\bar{E}(r) = z e_1$ ergibt den Sattel in Abb. 9.20.
(2) $\bar{E}(r) = \bar{z} e_1$ ist der lineare Stern in Abb. 9.21.
(3) $\bar{E}(r) = z^2 e_1$ beschreibt den Affensattel der Abb. 9.22.
(4) $\bar{E}(r) = \bar{z}^2 e_1$ definiert den Dipol der Abb. 9.23.

Die Beispiele lassen sich zu einem Satz verschärfen.

Satz 9.1. *Sei $\bar{E} : E^2 \to E^2 \subset G_2$ ein Cliffordfeld mit*

$$\bar{E}(r) = a \prod_{j=1}^{n_1} (z - z_j)^{k_j} \prod_{j=n_1+1}^{n_1+n_2} (\bar{z} - \bar{z}_j)^{l_j} e_1 \tag{9.1}$$

und $a, z_1, \dots, z_n \in C$, $n = n_1 + n_2$.
Dann hat $\bar{E}$ Nullstellen bei $z_1, \dots, z_n$ und nur dort und der Index von $\bar{E}$ bei z_j ist $l_j - k_j$.

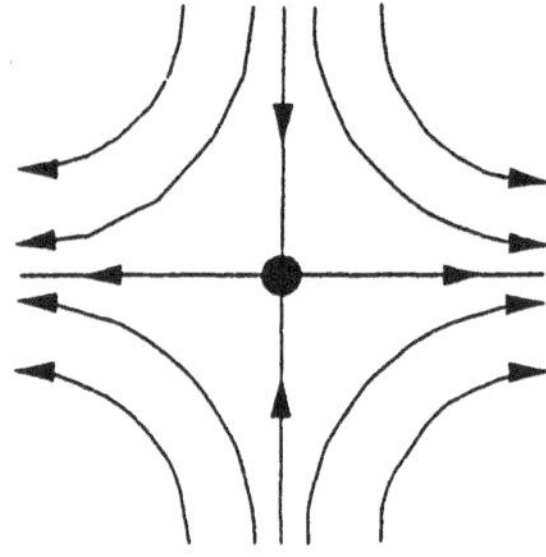

Abb. 9.20
$\bar{E}(r) = z e_1$ liefert einen Sattel

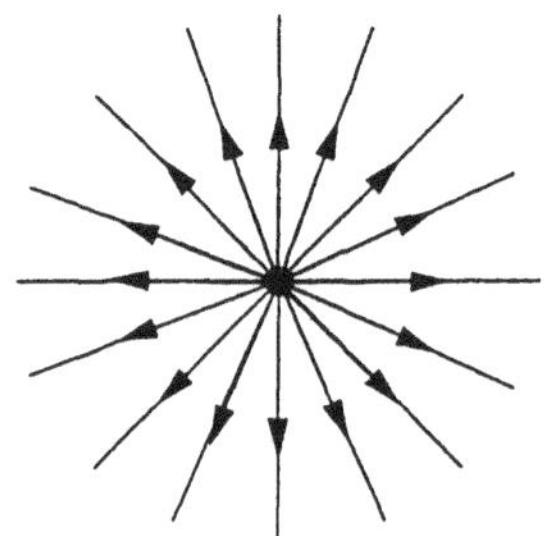

Abb. 9.21
$\bar{E}(r) = \bar{z} e_1$ liefert ein sternförmiges Feld

9.2.5   Topologieerkennung mit Cliffordalgebra

Schon in 9.2.1 wurde angesprochen, daß die meistens verwendete lineare oder
bilineare Interpolation der Gitter die Topologie zerstören kann. Um dies zu
verhindern, muß man in den Bereichen, in denen dies vorkommen kann, Approximationen höherer Ordnung benutzen. Das Problem stellen kritische Punkte
höherer Ordnung, wie etwa der Affensattel (Abb. 9.22) und der Dipol (Abb.
9.23), dar.

Ausgangspunkt ist die Überlegung, daß die Wahl einer linearen Approximation
in Bereichen mit höheren Singularitäten die Topologie zerstört. Daher sollte
man dort eine andere Approximation wählen, etwa einen polynomialen Ansatz
mit hinreichendem Polynomgrad, der die Topologie nicht mehr zerstört. Als
zentrale Fragen zu dieser Idee ergeben sich dann :

- Wie liest man aus den diskreten Daten heraus, ob solche höheren Singularitäten vorkommen ?
- Welcher Polynomgrad ist nötig ?
- Welche polynomiale Approximation, die auch noch eine topologische Interpretation zuläßt, erlaubt die möglichen kritischen Punkte ?

Die erste Frage läßt sich beantworten durch die Beobachtung, daß kritische
Punkte höherer Ordnung in einfache Singularitäten zerfallen, wenn linear interpoliert wird. Diese liegen dann nahe beieinander, so daß man in der linea-

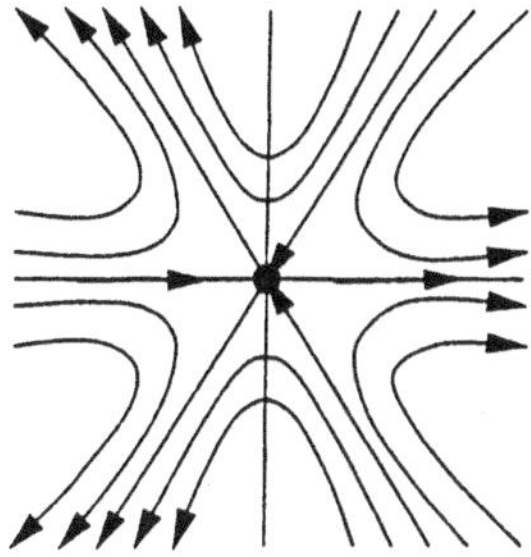

Abb. 9.22
$\bar{E}(r) = z^2 e_1$ liefert einen Affensattel

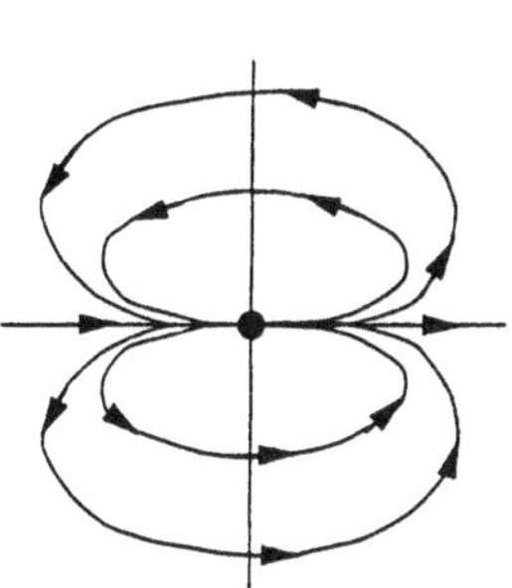

Abb. 9.23
$\bar{E}(r) = \bar{z}^2 e_1$ liefert einen Dipol

ren Approximation nach solchen Situationen suchen kann, um dann dort mit höherem Grad zu approximieren. Hat man etwa ein unstrukturiertes Gitter vorliegen und berechnet die Poincaré-Indices entlang der linear approximierten Kanten, so ergibt sich für einen Affensattel eine Situation wie in Abb. 9.24.

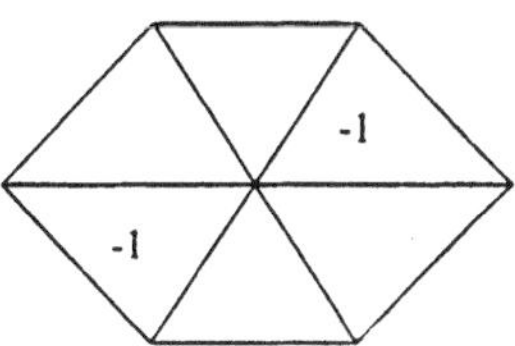

Abb. 9.24
Zwei Dreiecke mit negativem Index

Faßt man nun alle diese Dreiecke zusammen und approximiert auf der gesamten Fläche, so kann man den Affensattel auffinden.

Die Frage nach dem nötigen Polynomgrad ist schwierig, aber die Summe der Beträge der Indices in den Dreiecken liefert einen Hinweis auf den Polynomgrad, da nach dem Satz aus 9.2.4 ein polynomiales Feld dieses Grades existiert, daß kritische Punkte mit diesen Indizes hat und diese auch zusammenfallen dürfen.

Dies liefert einen Hinweis zur dritten Frage. Die Cliffordfelder liefern mittels

$$\bar{E}(r) = b(z - a_1)(z - a_2)$$

mit $a_1, a_2, b \in C$ ein Feld mit Satteln bei $a_1, a_2 \in C$ für $a_1 \neq a_2$ oder einem Affensattel bei $a_1 = a_2 \in C$ und vermöge

$$\bar{E}(r) = b(\tilde{z} - \tilde{a}_1)(\tilde{z} - \tilde{a}_2)$$

ein Vektorfeld mit zwei Singularitäten mit Index $+1$ bei $a_1, a_2 \in C$ für $a_1 \neq a_2$ oder einem Dipol bei $a_1 = a_2 \in C$. Entsprechend lassen sich auch Felder mit höheren Typen behandeln.

Ein Beispiel liefert der Vergleich der Topologie eines Vektorfeldes mit vier simplen kritischen Punkten und einem Affensattel mit linearer Approximation (Abb. 9.25) und Clifford-Methode (Abb. 9.26).

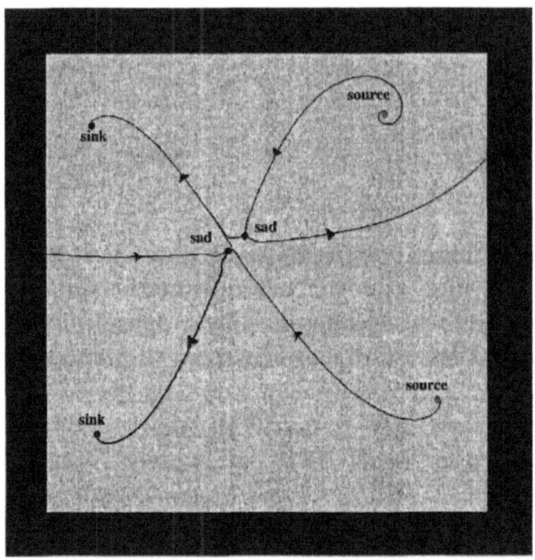

Abb. 9.25 Affensattel und vier einfache kritische Punkte mit linearer Methode

Literatur

[AS]   R.H. Abraham, C.D. Shaw : *Dynamics, the Geometry of Behaviour I-IV*. Santa Cruz (Ca) : Aerial Press 1982,1983,1985,1988

[BL]   S. Bryson, C. Levit : *The Virtual Wind Tunnel*. IEEE CG&A, July 1992, S. 25-34, IEEE Computer Society Press, 1992

[De]   T. Delmarcelle : *The Visualization of Second-Order Tensor Fields*. Ph. D. thesis, Stanford University, 1994

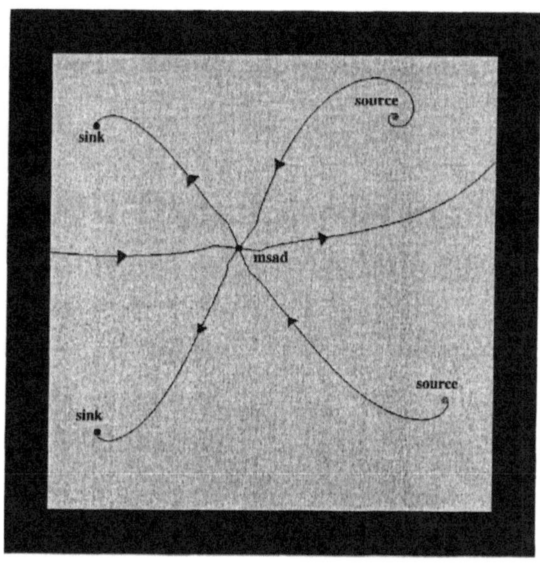

Abb. 9.26 Affensattel und vier einfache kritische Punkte mit Clifford-Methode

[DH]   T. Delmarcelle, L. Hesselink: *Visualizing Second-Order Tensor Fields with Hyperstreamlines*. IEEE CG&A, July 1993, S. 25-33, IEEE Computer Society Press, 1993

[Hes]   D. Hestenes : *New Foundations for Classical Mechanics*. Dordrecht, Boston, Lancaster, Tokyo : Kluwer Academic Publishers 1993

[HH]   J. L. Helman, L. Hesselink: *Visualizing Vector Field Topology in Fluid Flows*. IEEE CG&A, May 1991, S. 36-46, IEEE Computer Society Press, 1991

[HS]   M. W. Hirsch, S. Smale : *Differential Equations, Dynamical Systems and Linear Algebra*. New York : Academic Press 1974

[Kev]   G. D. Kevlick : *Moving Iconic Objects In Scientific Visualization*. Proceedings of Visualization '90, S. 124-130, IEEE Computer Society Press, 1990

[KL]   D. N. Kenwright, D. A. Lane : *Optimization of Time-Dependent Particle Tracing Using Tetrahedral Decomposition*. Proceedings of Visualization '95, S. 321-328, IEEE Computer Society Press, 1995

[Lan]   D. A. Lane : *Visulizing Time-Varying Phenomena In Numerical Simulations Of Unsteady Flows*. Technical Report, NAS-96-001, NASA Ames Numerical Aerospace Simulation Facility, 1996

[LLH]   Y. Lavin, Y. Levy, L. Hesselink: *The Topology of Three-Dimensional Symmetric Tensor Fields*. Proceedings of Visualization '96, S. 43-46, IEEE Computer Society Press, 1996

[NR]   W. H. Press, S. A. Teukolsky, W. T. Vetterling : *Numerical Recipes in C*. Cambridge University Press : Cambridge 1995

10 Aufbereitung von 3D-Digitalisierdaten für den Werkzeug-, Formen- und Modellbau

Frank Albersmann
Universität Dortmund
`albersmann@isf.maschinenbau.uni-dortmund.de`

10.1 Das informationstechnische Umfeld

10.1.1 Digitalisiersysteme

Eine grundlegende Voraussetzung zur Erfassung der geometrischen Gestalt unbekannter Objekte ist das dreidimensionale Digitalisieren [CW87, Wol87]. Das Digitalisieren zeichnet sich dadurch aus, daß die Werkstückoberfläche durch eine geeignete Sensorik abgetastet wird. Die geometrische Gestalt wird in Form einer rechnerinternen Darstellung — meist diskrete Raumpunkte -- gespeichert. Das dabei zu verwendende Digitalisiersystem muß die komplette und hochgenaue Erfassung der Objekte ermöglichen. Am Markt existieren verschiedene Digitalisiersysteme mit sehr unterschiedlichen Prinzipien. Die Auswahl des richtigen Systems ist abhängig vom konkreten Anwendungsfall. Im folgenden werden die grundlegenden Wirkprinzipien der marktgängigen Systeme mit ihren Vor- und Nachteilen beschrieben. Hierbei geht es weniger um eine umfassende Vorstellung der verschiedenen Sensoren, sondern vielmehr um die Darstellung der aus den Wirkprinzipien resultierenden Qualität und Quantität der Digitalisierdaten. Für eine ausführliche Beschreibung wird jeweils auf weiterführende Literatur verwiesen. Ergänzend sei hier auf [Woh94] verwiesen, wo ebenfalls ein Überblick, allerdings mit dem Schwerpunkt auf optischen Verfahren, zu finden ist.

Wesentliche Attribute zur Beschreibung der Digitalisiersysteme sind neben deren Wirkprinzip die Zeit, die Genauigkeit und die Struktur der Daten. Die dem jeweiligen System zugrundeliegende Prozeßzeit zur Aufnahme der Punkte ist

ein wichtiges Merkmal zur Einschätzung der Wirtschaftlichkeit. Die Struktur
der gelieferten Daten ist bei der Weiterverarbeitung zu berücksichtigen, da auf-
setzende Algorithmen, je nach Struktur der Daten, mehr oder weniger effizient
realisiert werden können, wie dies in Abschnitt 10.2.3 gezeigt wird.

Da jedes Digitalisiersystem mit einer endlichen Genauigkeit arbeitet, sind die
resultierenden Daten meßfehlerbehaftet. Die Größenordnung des Meßfehlers ist
bei der Weiterverarbeitung der Daten zu berücksichtigen. Bei der Genauigkeit
von Digitalisiersystemen ist zwischen der Genauigkeit der Sensorik zur Punktaufnahme und der der Verfahreinrichtung zur Bewegungsführung der Sensorik
zu differenzieren. Da die Genauigkeit eines Digitalisiersystems die Summe der
Einzelgenauigkeiten ist, ergeben sich bei unterschiedlichen Verfahreinrichtun-
gen dementsprechend verschiedene Gesamtgenauigkeiten.

Prinzipien marktgängiger Systeme

Die Digitalisiersysteme können nach der verwendeten Sensorik und nach der
Bewegungsführung klassifiziert werden. *Berührende Sensoren* benutzen einen
Taststift, der über die zu erfassende Oberfläche geführt wird. *Berührungslose
Sensoren* verwenden optische Meßkomponenten zur Konturerfassung. Beide
Sensortypen werden mit verschiedenen Bewegungsführungen eingesetzt. Bei
den berührenden Sensoren ergeben sich dann die *taktil tastenden* und die *taktil
scannenden* Systeme und bei den berührungslosen die *optisch scannenden* und
die *bildgebenden* Systeme.

Taktil tastende Digitalisiersysteme   Bei diesen Digitalisiersystemen wird jeweils ein Punkt aus einer Raumrichtung angefahren und abgespeichert. Das
Verfahren wird häufig auf Koordinatenmeßmaschinen angewandt. Die Genauigkeit der hierbei verwendeten schaltenden Sensorik sowie die Genauigkeit des
Koordinatenmeßgerätes liegen in der Größenordnung von $1\mu m$ [Kle92]. Aufgrund der relativ niedrigen Tastrate (mehrere Sekunden pro Punkt) eignen
sich diese Systeme nur zur Aufnahme weniger Punkte oder Schnittkonturen.
Bei den im Modell-, Werkzeug- und Formenbau häufig anzutreffenden Freiformflächen ist der Einsatz solcher Systeme für die komplette Erfassung nur
sehr eingeschränkt möglich.

Taktil scannende Digitalisiersysteme   Diese Digitalisiersysteme zeichnen sich
durch eine Abtastung mit einem mechanischen Taster aus, der jederzeit mit
der Oberfläche in Kontakt ist. Hierbei wird mit einer messenden Sensorik
gearbeitet. Diese erlaubt einen ständigen Kontakt zwischen dem zu erfas-
senden Objekt und dem Taststift. Nach einem vorgegebenen Schema (meist

zeilenförmig) wird der Taststift über die Modelloberfläche geführt. Moderne Systeme arbeiten mit Abtastraten von ca. 1-4 Millisekunden pro Punkt [Mil89, Wol87, Bre94], wodurch auch größere Modelle in akzeptablen Zeiten digitalisiert werden können. Die Genauigkeit der messenden Sensorik liegt bei ca. 1μm. Diese Sensorik wird häufig als Aufrüstsatz in Werkzeugmaschinen integriert, um die Maschinen in personenarmen Schichten für einen unbeaufsichtigten Digitalisierbetrieb nutzen zu können. Bei dieser Retrofit-Lösung ist die Genauigkeit der Werkzeugmaschine der entscheidende Faktor für die Güte der Digitalisierdaten [BBK94, Bre94]. Typische Konfigurationen liefern Genauigkeiten in der Größenordnung von $10 - 50\mu$m.

Bei dem taktil scannenden Verfahren wird mit Andruckkräften von ca. 1 bis 10 Newton zwischen Taststift und Oberfläche gearbeitet. Hierdurch ist eine Mindesthärte der zu digitalisierenden Objekte notwendig. Dies muß evtl. über einen Abguß realisiert werden. Grundlegende Untersuchungen zum taktilen Scannen sind am Institut für Spanende Fertigung der Universität Dortmund durchgeführt worden. Dort ist der Prototyp einer nach diesem Prinzip arbeitenden Digitalisiereinrichtung entstanden [CW87, Wol87, Mil89]. Abbildung 10.1 zeigt beispielhaft die mit diesem System aufgenommenen Digitalisierdaten eines Verschlußhakens. Bei dem erfaßten Objekt handelt es sich um den Abguß eines Schmiedegesenkes.

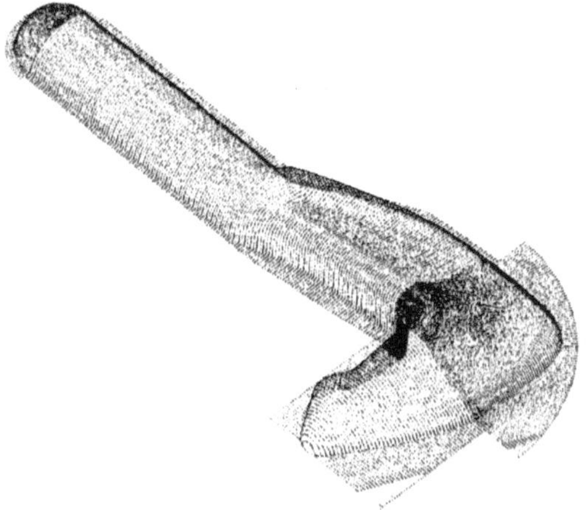

Abb. 10.1 Mit einem taktil scannenden Verfahren aufgenommene Digitalisierpunkte eines Verschlußhakens (40078 Punkte).

Optisch scannende Digitalisiersysteme Diese Systeme, oft auch als non-taktil scannende Systeme bezeichnet, arbeiten nach dem selben Prinzip der Bewegungsführung. Als Sensor kommt statt des mechanischen Tasters ein Laserstrahl zum Einsatz [BA90, Bre94]. Eine sehr gute und umfassende Beschreibung zu diesen Systemen ist in [BV92] zu finden. Durch die Verwendung eines Laserstrahls arbeitet der Sensor berührungslos und ist deshalb auch zur Digitalisierung von weichen Materialien wie z.B. Schaumstoff geeignet. Insbesondere bei kleineren filigranen Oberflächenstrukturen bietet dieses Verfahren Vorteile gegenüber dem taktilen Scannen. Problematisch sind jedoch Modellbereiche, in denen der Laserstrahl stark geneigt zur Oberfläche auftrifft, wie z.B. bei tiefen, engen Einschnitten. Zur Digitalisierung ist in der Regel eine vierte und fünfte Achse notwendig, um den Laserstrahl normal auf die Oberfläche auftreffen zu lassen [IS93, SH96]. Dies verteuert nicht nur die hierzu notwendige Verfahreinrichtung, sondern stellt dazu auch noch hohe Anforderungen an die Steuerung derselben. Insbesondere die notwendigen Betrachtungen zur Vermeidung von Kollisionen zwischen Objekt und Sensor/Verfahreinrichtung bereitet Probleme. Sichere Lösungen erfordern ein grobes Vorerfassen bei unbekannten Objekten.

Bildgebende Digitalisiersysteme   Bei den *bildgebenden Digitalisiersystemen,* die auch als kamerabasierte Systeme oder flächenhafte Sensoren bezeichnet werden, wird ein bestimmtes Muster auf die Objektoberfläche projiziert. Mit einer CCD-Kamera wird die Verzerrung des Musters, die sich aus der geometrischen Gestalt des Objektes ergibt, aufgenommen [Mas96, Bre96]. Die CCD-Kamera liefert Grauwertbilder, die anschließend interpretiert werden, um aus den Grauwerten Tiefeninformationen abzuleiten. Detaillierte Informationen sind in [Bre93, SR95, MGKR95] zu finden. Diese Sensorik liefert in der Regel sehr große Datenmengen, da pro Aufnahme eine große Anzahl von einzelnen Oberflächenpunkten aufgenommen wird. Um ein komplettes Formteil aufzunehmen, sind mehrere Aufnahmen aus unterschiedlichen Richtungen durchzuführen, so daß auch hier eine vierte und fünfte Achse notwendig ist.

Vergleichende Betrachtungen

Die unter dem Begriff *optoelektronischen Verfahren* zusammengefaßten optisch scannenden und bildgebenden Digitalisiersysteme zeichnen sich durch eine sehr hohe Digitalisiergeschwindigkeit aus. Bei den bildgebenden Verfahren sind Abtastraten im Bereich 5000 bis 10000 Punkte pro Sekunde möglich [SR95, SH95], bei optisch scannenden Systemen liegt die Aufnahmerate in der gleichen Größenordnung wie die der taktil scannenden Verfahren. Nachteilig bei den optoelektronischen Verfahren ist die Empfindlichkeit gegenüber wechselnden Reflexionseigenschaften auf der Oberfläche. Dies führt in der Regel zu Daten, die stärker verrauscht sind als die von taktilen Verfahren [Bre96].

Nachteilig bei den taktil scannenden Verfahren ist, daß nicht direkt Punkte auf
der Oberfläche, sondern nur die Tastermittelpunkte meßtechnisch erfaßt werden. Bei der CAD-Flächenrekonstruktion (Abschnitt 10.4) ist eine Tasterradiuskompensation und damit ein zusätzlicher Berechnungsschritt notwendig. In
der industriellen Praxis ist das taktil scannende Digitalisieren weit verbreitet,
da dieses universell einsetzbar, kostengünstig und das notwendige Equipment
in der Regel ohne großen Aufwand nachzurüsten ist [Bre96, BBK94, BJ95,
BB95]. Darüber hinaus ist in den meisten Betrieben ein großes Know-how
aus dem Bereich des Kopierfräsens zu finden, welches auf das taktile Scannen
weitgehend übertragbar ist.

Tab. 10.1 Vergleich verschiedener Sensoren zur Digitalisierung. Die angegebenen Genauigkeiten beziehen sich auf den Sensor. Hinzu kommen, je nach spezifischer Systemkonfiguration,
die Genauigkeiten der Verfahreinheit, die den Sensor über die zu erfassende Oberfläche führt.

	taktil		optoelektronisch	
	tastend	scannend	scannend	bildgebend
Zeit/Punkt[ms]	1000-4000	4-10	1-5	0.2-1
Genauigkeit [μm]	1	1-50	10-100	100-500

Struktur der Digitalisierdaten

Für die weitergehenden Betrachtungen in den nachfolgenden Abschnitten zur
anwendungsgerechten Aufbereitung der Digitalisierdaten ist die Struktur der
von den verschiedenen Digitalisierdaten gelieferten Daten von Bedeutung. Die
Struktur resultiert im wesentlichen aus der Bewegungsführung, welche vom
Nutzer der Digitalisiereinrichtung festgelegt wird. Bei den scannenden Systemen geschieht dies in Form einer Digitalisierstrategie. Es stehen verschiedene Strategien zur Verfügung, die durch den Nutzer in Abhängigkeit von der
geometrischen Gestalt des Objektes appliziert werden. Die Auswahl der passenden Strategie bestimmt entscheidend die Qualität der Daten. Es liegt im
Erfahrungsschatz des Nutzers, wie ein Objekt in verschiedene Bereiche unterteilt wird und welche Strategie in welchem Teilbereich angewandt wird um
optimale Resultate zu erreichen.

Die beim taktilen Scannen zur Verfügung stehenden Strategien orientieren
sich an *Abtastebenen* (Abbildung 10.2). Hierbei handelt es sich um horizontale
oder vertikale Ebenen, in denen sich die Verfahreinrichtung bewegt. Dementsprechend liegen die Digitalisierpunkte in diesen Ebenen. Geringe Abweichun-
gen der Punkte von den Ebenen ergeben sich beim taktilen Scannen, da der
Taster beweglich im Fühlergehäuse gelagert ist. Die Digitalisierstrategie bestimmt nun die Lage aufeinanderfolgender Ebenen. Bei den geläufigen Strategien liegen die horizontalen oder vertikalen Ebenen parallel oder sind rotie-

rend mit einem äquidistanten Winkel um einen Mittelpunkt angeordnet. Die in einer Ebene liegenden Punkte werden als *Digitalisierzeile* bezeichnet (Abbildung 10.2). Die Punkte in einer Digitalisierzeile können entsprechend der zeitlichen Reihenfolge der Punktaufnahme als Polygon interpretiert werden. Hierdurch entsteht eine Vorgänger-/Nachfolgerbeziehung zwischen den Punkten. Entsprechend der Anordnung der Abtastebenen besteht ebenfalls eine Vorgänger-/Nachfolgerbeziehung zwischen den einzelnen Digitalisierzeilen.

Im folgenden werden die in einem Teilbereich mit einer bestimmten Strategie aufgenommenen Digitalisierzeilen als *Segment* bezeichnet. Die Daten eines Segmentes haben also die Form

$$\mathcal{P} = \{p_{i,j} \mid i = 1, \ldots, m \ \wedge \ j = 1, \ldots, n_i\} \subset \mathbb{R}^3 \tag{10.1}$$

wobei m die Anzahl der Digitalisierzeilen und n_i die Anzahl der Punkte in der i-ten Zeile ist[1].

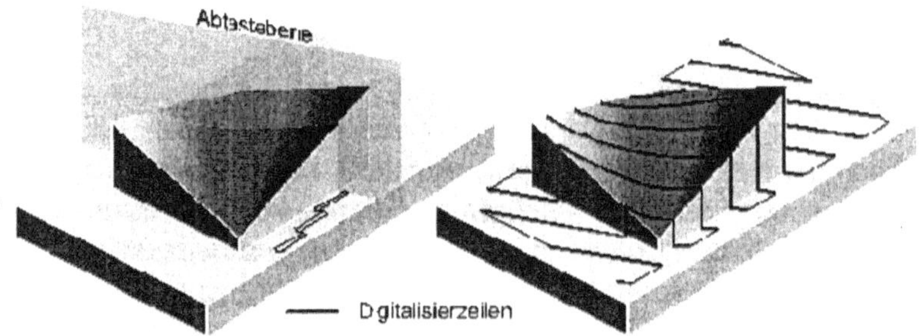

Abb. 10.2 **Abtastebenen zur Definition der Bewegungsführung bei scannenden Digitalisier-** systemen. Die in einer Abtastebene liegenden Punkte werden als *Digitalisierzeile* bezeichnet. Durch die zeitliche Reihenfolge der Punktaufnahme können die Punkte als Polygon interpretiert werden.

In Abbildung 10.3 ist beispielhaft ein Digitalisiersegment des Verschlußhakens aus Abbildung 10.1 dargestellt. Die Punkte innerhalb einer Zeile sind durch Strecken verbunden, um die Polygonstruktur hervorzuheben. Sowohl Punktabstand als auch Punktanzahl variieren innerhalb der Zeilen. Das Digitalisiersystem liefert zunächst Punkte in einem festen zeitlichen Raster, welches je

---

[1] Formal betrachtet existiert innerhalb einer Menge keine Ordnung. Korrekterweise müssten deshalb die Digitalisierzeilen als Tupel unterschiedlicher Länge und ein Segment als Tupel von Tupeln der Form $\mathcal{P} \subset \mathbb{R}^{n_1} \times \mathbb{R}^{n_2} \times \ldots \times \mathbb{R}^{n_m}$ dargestellt werden. Aus Gründen der Lesbarkeit wird jedoch auf die Mengenschreibweise zurückgegriffen, da die Ordnung innerhalb der Menge durch die Indizes i und j deutlich wird.

nach System im Bereich von 1-4 ms liegt. Bei den in Abbildung 10.3 dargestellten Daten ist zusätzlich das *tangentiale Distanzschrittverfahren* (TDV) zur Datenreduktion angewandt worden (Abbildung 10.4). Hierbei werden Geradensegmente in die aus dem Digitalisierprozeß resultierenden Polygonzüge gelegt. Anschließend werden die Punkte, deren Abstand zum Geradensegment geringer als eine vorgegebene Toleranz ε_{TDV} ist, eliminiert [Wol87].

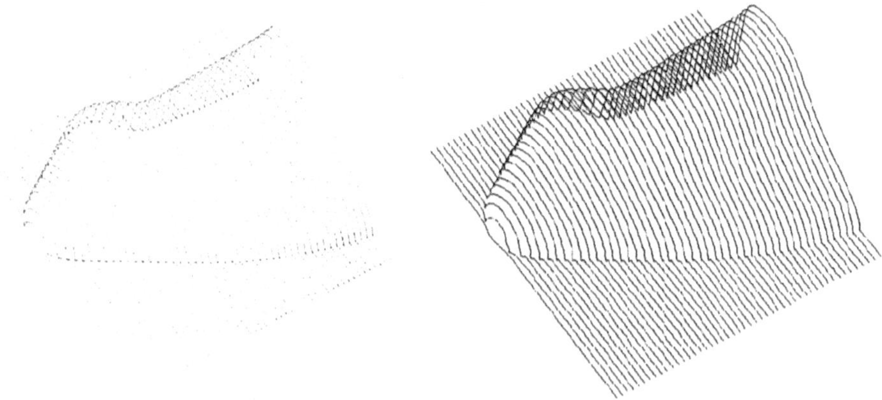

Abb. 10.3 Digitalisierdaten des ersten Segmentes des Verschlußhakens. Links sind die Punkte dargestellt. Im rechten Bild sind die Punkte durch Strecken verbunden, um die Polygonstruktur hervorzuheben.

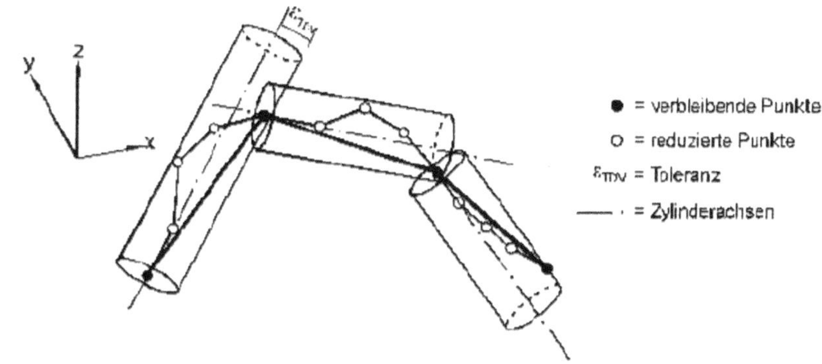

Abb. 10.4 Prinzip der Datenreduktion mittels tangentialem Distanzschrittverfahren (TDV).

Bildgebenden Systeme liefern die Daten in einer Matrixform. Aufgrund vorverarbeitender Verfahren ist diese Matrix im allgemeinen nicht vollständig, da einzelne Punkte wegen unzureichender Lichtverhältnisse (zu viel/zu wenig Reflexion) eliminiert werden. Die unvollständige Matrixstruktur kann ebenfalls in die oben aufgeführte Zeilenstruktur konvertiert werden, in dem die

Matrixpunkte Spalte für Spalte als Polygonzüge interpretiert werden. Die Segmentstruktur ergibt sich dann durch die verschiedenen Einzelaufnahmen. Auf die so angeordneten Punkte kann nun ebenfalls das TDV zur Datenreduktion angewandt werden.

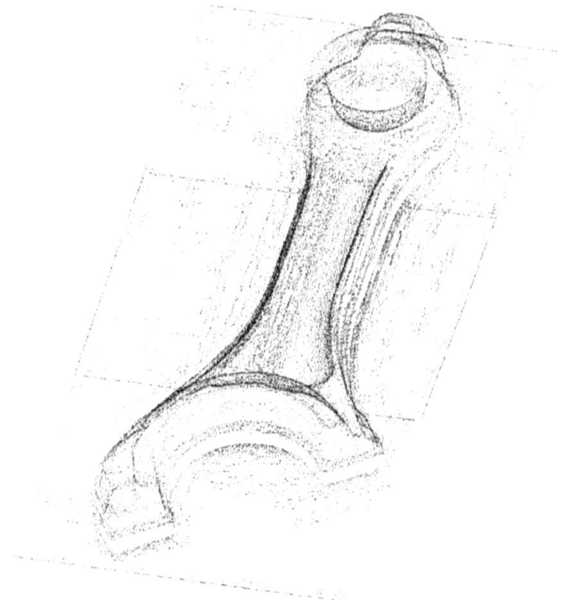

Abb. 10.5 Mit einem bildgebenden System aufgenommene Punktdaten eines Pleuels. Die ursprünglich 292402 Punkte wurden durch das TDV mit einer Toleranz von $\varepsilon_{TDV} = 0.03$ mm auf 48512 Punkte reduziert, was einem Reduktionsgrad von 83% entspricht.

Die Leistungsfähigkeit des TDV wird am Beispiel der mit einem bildgebenden System aufgenommenen Punktdaten eines Pleuels demonstriert. Bei einer vorgegebenen Toleranz von $\varepsilon_{TDV} = 0.03$ mm sind die ursprünglich 292402 Punkte durch Anwendung des TDV auf 48512 Punkte reduziert worden, was einem Reduktionsgrad von 83% entspricht (Abbildung 10.5). Da die Genauigkeit des zur Aufnahme verwendeten Digitalisiersystems in der gleichen Größenordnung wie die verwendete Reduktionstoleranz liegt, können in diesem Beispiel also 83% der Daten ohne wesentlichen Informationsverlust reduziert werden. Diese hohen Reduktionsgrade gilt es auszunutzen, wenn wirtschaftlich sinnvolle Lösungen (bezogen auf Speicherplatzbedarf und Rechenzeiten zur Weiterverarbeitung der Daten) geschaffen werden sollen. Die sich ergebenden extrem unterschiedlichen Punktabstände in den einzelnen Zeilen sind bei den aufsetzenden Verfahren zur Weiterverarbeitung der Digitalisierdaten zu berücksichtigen.

10.2   Flächenrekonstruktion

Ziel dieses Abschnittes ist die Rekonstruktion einer kontinuierlichen Flächenbeschreibung aus den diskreten Punktdaten. Hierzu werden die Daten trianguliert. Eine anschließende lineare Interpolation der Dreiecke führt zu einer Flächenbeschreibung, die von vielen Anwendungen wie z.B. CAM- oder Virtual-Reality-Systemem genutzt wird. Gezeigt wird, daß für eine effiziente Rekonstruktion der (unbekannten) Fläche die *Struktur* der Digitalisierdaten berücksichtigt werden muß. Ein speziell für zeilenförmige Digitalisierdaten mit starker Variation in Punktanzahl und Punktabstand entwickeltes Verfahren wird vorgestellt und die Leistungsfähigkeit anhand praktischer Beispiele demonstriert.

10.2.1   Problemstellung

Die von den verschiedenen Digitalisiersystemen aufgenommenen Punkte enthalten Informationen über den tatsächlichen Flächenverlauf an ganz bestimmten Stellen. Dem Begriff *Digitalisierung* entsprechend, wird der analoge Formspeicher (die Modellvorlage) in Form diskreter Punkte im $\mathbb{R}^3$ erfaßt und gespeichert. Viele Anwendungen benötigen jedoch auch Informationen über den Flächenverlauf *zwischen* den Punkten. Hierfür ist eine stetige, kontinuierliche Flächenbeschreibung erforderlich. Da die Informationen über den Flächenverlauf zwischen den Digitalisierpunkten meßtechnisch *nicht* erfaßt werden, sind diese aus den diskreten Punkten abzuleiten. In der internationalen Literatur ist dieses Problem unter den Stichworten *surface reconstruction* und *scattered data interpolation* bekannt [AM91, HL89, Sch94, DLR90, Sch93, AD94, HDD 92, CS94, SH95, FKU77].

Die Flächenrekonstruktion durch Triangulierung bietet eine Lösungsmöglichkeit, für die sich zwei Fragestellungen ergeben:

a.) Was ist ein sinnvolles Gütekriterium zur Bewertung einer Triangulierung?

b.) Wie wird bei vorgegebenem Gütekriterium eine ausreichend gute (oder sogar optimale) Triangulierung bestimmt?

Diese Problemkreise werden nun behandelt.

10.2.2 Gütemaße zur Bewertung einer Triangulierung

In der Literatur wird eine Vielzahl unterschiedlichster Gütekriterien behandelt [AM91, HL89, DLR90, Sch93, Kep75, FKU77, AD94]. Auffallend ist, daß bei der Betrachtung einer schattierten Darstellung sehr schnell zwischen besseren und schlechteren Triangulierungen unterschieden werden kann. Dieses subjektive Maß kann jedoch nicht als Vergleichskriterium herangezogen werden.

Die Gütemaße dürfen sich nicht auf die Gestalt der Dreiecke im Indextupelraum, sondern müssen sich auf die durch die Triangulierung entstehende Oberfläche beziehen.

Ein Gütemaß definiert eine Ordnungsrelation auf der Menge der möglichen Triangulierungen. Im folgenden bezeichne $\mathcal{T} \leq \mathcal{T}'$, daß $\mathcal{T}$ ein günstigerer Kandidat als $\mathcal{T}'$ bzgl. des Gütemaßes ist. Diese Ordnungsrelation wird, analog zur Vorgehensweise in [DLR90] auf Ordnungsrelationen des $\mathbb{R}^d$ abgebildet. Hierzu werden zunächst verschiedene Gütemaße zur Bewertung eines einzelnen Dreiecks bzw. einer Kante definiert. Auf eine vollständige Auflistung sämtlicher Kriterien wird hier verzichtet. Es werden nur die für dieses Anwendungsgebiet passenden Kriterien behandelt.

Dreiecksbasierte Gütemaße   Zur Bewertung eines Dreiecks $t \in \mathcal{T}$ bieten sich folgende Möglichkeiten:

a.) Minimaler Winkel:

$$w(t) := min\,\{\alpha, \beta, \gamma\} \tag{10.2}$$

wobei α, β, γ die Dreieckswinkel innerhalb eines Dreiecks bezeichne.
b.) Maximaler Winkel:

$$w(t) := \max\,\{\alpha, \beta, \gamma\} \tag{10.3}$$

Bei Maximierung des minimalen Winkels werden spitze Winkel und somit lange, schmale Dreiecke vermieden, die aus approximationstheoretischer Sicht nicht optimal sind [Bar85]. Dieses Verfahren ist äquivalent zum sog. Umkreiskriterium und wird allgemein als *Delaunay-Triangulierung* bezeichnet [AM91]. Da bei diesem Kriterium ein lokal optimierendes Verfahren auch das globale Optimum findet, ist die Berechnung der besten Triangulierung in akzeptabler Zeit möglich, was zu einer relativ weiten Verbreitung dieser Methode geführt hat.

Analog vermeidet die Minimierung des maximalen Winkels stumpfe Winkel, was wiederum auch zur Vermeidung spitzer Winkel führt, da die Winkelsumme konstant ist. Trotz dieser Ähnlichkeit führt ein lokal optimierendes Verfahren im allgemeinen nicht zum globalen Optimum [HL89].

Kantenbasierte Gütemaße   Die bei einer Triangulierung entstehenden Kanten, d.h. die Verbindungsstrecken jeweils zweier zu einem Dreieck gehörender Punkte, können ebenfalls zur Bewertung einer Triangulierung herangezogen werden. Die Anzahl der Kanten der Menge $\mathcal{E}$ einer Triangulierung ist konstant. Für jede Kante $e \in \mathcal{E}$ wird nun eine Bewertung in Abhängigkeit der Lage der an dieser Kante zusammentreffenden Dreiecke vorgenommen. Interessant sind hier vor allem folgende Kriterien:

a.) Angle Betweeen Normals (ABN, Winkel zwischen Normalenvektoren) [DLR90]

$$w(e) := \frac{\arccos(\vec{n}_i \cdot \vec{n}_j)}{\|\vec{n}_i\| \cdot \|\vec{n}_j\|} \tag{10.4}$$

wobei $\vec{n}_i, \vec{n}_j \in \mathbb{R}^3$ die Normalenvektoren der beiden Dreiecke mit der gemeinsamen Kante e sind. Mit „$\cdot$" wird wie üblich das Skalarprodukt der Vektoren bezeichnet.

b.) Kantenlänge

$$w(e) := \|e\| \tag{10.5}$$

Die Minimierung des ABN-Kriterium entspricht als Maß dem intuitiven Eindruck, der bei der Betrachtung der schattierten Darstellung entsteht. Die optimale Triangulierung bzgl. dieses Kriteriums ist diejenige, deren Normalenvektoren die kleinste Winkelveränderung beim Übergang an den Kanten aufweist. Die Dreiecke passen sich also dem Flächenverlauf an, indem die Kanten sich vermehrt in Richtung kleiner Flächenkrümmungen ausrichten. Hierdurch wird ein glatterer Flächenverlauf erzielt, der unter anderem in der schattierten Darstellung deutlich wird. Beispiele hierzu sind in [DLR90] zu finden.

Bei der Minimierung der Kantenlänge wird versucht, räumlich benachbarte Punkte zu Dreiecken zu verbinden. Dies entspricht der intuitiven Vorstellung, daß bei der Triangulierung, was ja äquivalent als Generierung von Nachbarschaftbeziehungen aufgefaßt werden kann, die Lage der Punkte auf der Oberfläche berücksichtigt wird und entsprechend räumlich nahe beieinander liegende Punkte zu Nachbarn erklärt werden.

Zu bemerken ist, daß beim minimalen und maximalen Winkel sowie der Kantenlänge die *Gestalt der Dreiecke* das Gütemaß bestimmen. Dies führt zu Dreiecken mit einem möglichst ausgewogenem Winkel- bzw. Kantenverhältnis. Diese Maße berücksichtigen jedoch **nicht** die geometrische Gestalt der durch die

Triangulierung entstehenden Oberfläche. Diese findet beim ABN-Kriterium Berücksichtigung, was sich in unter Umständen längeren und spitzeren Dreiecken bemerkbar macht, die sich dem Krümmungsverlauf der Oberfläche anpassen.

10.2.3 Optimierung von Triangulierungen für Polygonzüge

Die Digitalisierdaten von taktil und optisch scannenden Systemem liegen in einer zeilenförmigen Struktur vor. Die Punkte von bildgebenden Verfahren können ebenfalls (Zeile für Zeile oder Spalte für Spalte) in diese Struktur überführt werden. Die durch das TDV (siehe Kapitel 10.1.1) erzielbaren hohen Reduktionsgrade sollten aus Wirtschaftlichkeitsgründen ausgenutzt werden. Die entstehenden Digitalisierzeilen stellen räumliche Polygonzüge dar, die in der Punktanzahl und in den Punktabständen sehr stark differieren können. Dem Reduktionsverfahren entsprechend sollten die Kanten der Dreiecke auf jeden Fall entlang der Zeile laufen. Hierdurch findet sich der Polygonzug direkt in der Triangulierung wieder. Dreieckskanten von einer Zeile zur übernächsten widersprechen diesem Polygonzug (Abbildung 10.6) und sind zu vermeiden.

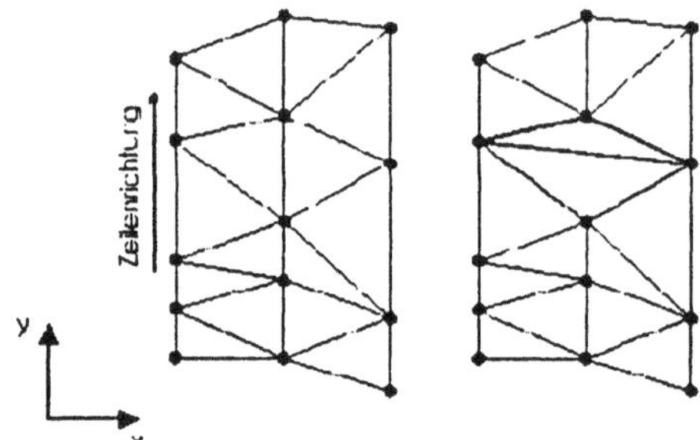

Abb. 10.6 Eine der Struktur der Digitalisierdaten entsprechende Triangulierung erzeugt nur Kanten zwischen zwei benachbarten Zeilen (links). Dreieckskanten von einer Zeile zur übernächsten widersprechen den durch das Reduktionsverfahren entstehenden Polygonzügen (rechts).

Das Problem der Triangulierung läßt sich also auf die Auswahl geeigneter Kanten *zwischen den Digitalisierzeilen* einschränken. Dies entspricht auch intuitiv dem Begriff der Nachbarschaftsbeziehung, denn die Beziehungen der Punkte innerhalb einer Zeile sind durch die zeitliche Reihenfolge der Punkteaufnahme gegeben. Zusätzlich existiert eine zeitliche Reihenfolge bezüglich der Digitalisierzeilen, aber nicht bezüglich der Punkte von Zeile zu Zeile. Diese fehlende Beziehung wird durch das Einbringen zusätzlicher Kanten von Zeile zu Zeile

behoben. Die anschauliche Vorstellung der Einbringung von Nachbarschaftsbeziehungen zwischen Punkten zweier benachbarter Zeilen entspricht damit
genau dem, was eine auf die Struktur der Digitalisierdaten angepaßte Triangulierung liefert.

Die spezielle Art der Triangulierung zwischen zwei Polygonzügen ist Gegenstand einer Reihe von Veröffentlichungen, wobei die von Keppel [Kep75] die
erste ist. Keppel geht von zwei Konturzügen der Form

$$\begin{aligned} \vec{a}_1, \dots, \vec{a}_n \\ \vec{b}_1, \dots, \vec{b}_m \end{aligned} \qquad (10.6)$$

aus. Die Punkte werden innerhalb der Konturzüge in aufsteigender Reihenfolge
verbunden. Im zweiten Schritt werden Kanten zwischen den Polygonzügen
(Diagonalen) derart eingefügt, daß eine korrekte Triangulierung entsteht. Die
Anzahl der möglichen Triangulierungen ist [Kep75]:

$$\frac{(n-1 + m-1)!}{(n-1)! \cdot (m-1)!} \qquad (10.7)$$

Das bedeutet, daß selbst bei dieser eingeschränkten Art der Triangulierung
ein exponentielles Wachstum der Möglichkeiten gegeben ist. Würde z.B. eine
Sekunde zur Erzeugung und Bewertung einer Triangulierung benötigt, dann
würde zur Triangulierung zwischen zwei Digitalisierzeilen mit je 20 Punkten
das Auffinden des Optimums durch vollständige Enumeration

$$\frac{38!}{(19!)^2} \sec \approx 1120 \text{ Jahre} \qquad (10.8)$$

benötigen.

Die bei dieser Triangulierung entstehenden Dreiecke haben eine spezielle Gestalt. Die Kanten eines Dreiecks bestehen aus einem Streckensegment von einem der Polygonzüge und zwei Diagonalen. Somit ergeben sich zwei Typen von
Dreiecken. Je nachdem aus welchem Konturzug das Streckensegment stammt,
gibt es die Formen

$$\mathbf{L} - \mathbf{Dreieck} : (a_i, a_{i+1}, b_j) \qquad (10.9)$$

$$\mathbf{R} - \mathbf{Dreieck} : (a_i, b_j, b_{j+1}) \qquad (10.10)$$

Für eine stärker formale Betrachtung, sowie einem Beweis der Existenz genau
dieser beiden Typen sei auf [FKU77] verwiesen.

Da es nur diese beiden Typen von Dreiecken gibt, läßt sich eine Triangulierung
zweier Konturzüge sehr anschaulich in Form einer Matrix darstellen [Kep75,
FKU77].

Matrixdarstellung Hierzu wird eine Matrix bestehend aus n Zeilen und m Spalten aufgebaut. Wenn nun eine Kante von einem Punkt a_i der einen Zeile zu einem Punkt b_j der nächsten Zeile verläuft, wird die Matrix mit einer Markierung an der Stelle (i, j) versehen (Abbildung 10.7).

Definition 10.1. (Triangulationsmatrix)

Gegeben seien zwei räumliche Polygonzüge

$$(a_1, a_2, \ldots, a_n) \ \in \ \left(\mathbb{R}^3\right)^n$$
$$(b_1, b_2, \ldots, b_m) \ \in \ \left(\mathbb{R}^3\right)^m$$

sowie eine Triangulierung $\mathcal{T}$ der Punktemenge $\{a_1, a_2, \ldots, a_n, b_1, b_2, \ldots, b_m\}$ Dann ist die zur Triangulierung T korrespondierende Matrix $\mathcal{M}_\mathcal{T}$ definiert durch:

$$\mathcal{M}_\mathcal{T} := (m)_{i,j} \in \{0,1\}^n \times \{0,1\}^n \tag{10.11}$$

$$m_{i,j} := \begin{cases} 1 & :\Longleftrightarrow \text{In T existiert eine Kante von } a_i \text{ nach } b_j \\ 0 & \text{sonst} \end{cases} \tag{10.12}$$

Mit Hilfe dieser Markierungen wird nun ein geschlossener Pfad durch die Matrix definiert, der äquivalent zu einer Triangulierung ist. Bei obigem Beispiel, d.h. einer Kante von a_i nach b_j und einer entsprechenden Markierung an der Stelle (i, j) in der Triangulationsmatrix $\mathcal{M}_\mathcal{T}$ gibt es gemäß 10.9 und 10.10 zwei Fälle (Abbildung 10.8):

L-Dreieck: Es existiert eine Kante von a_{i+1} nach b_j. In Verbindung mit der dritten Kante von a_i nach a_{i+1}, die aus der Verbindung der Punkte innerhalb des ersten Konturzuges herrührt, stellen diese Kanten nun ein Dreieck mit den Punkten (a_i, a_{i+1}, b_j) dar. Für die Kante von a_{i+1} nach b_j existiert in der Matrix eine Markierung an der Position $(i+1, j)$. Die Markierungen (i, j) und $(i+1, j)$ werden nun vertikal verbunden. Diese Verbindung steht stellvertretend für das Dreieck und wird im folgenden als *Pfadsegment* bezeichnet.

R-Dreieck: Es existiert eine Kante von a_i nach b_{j+1}. Somit besteht das Dreieck aus den Punkten (a_i, b_j, b_{j+1}). Die Markierungen (i, j) und $(i, j+1)$ werden nun horizontal durch ein Pfadsegment verbunden.

Auf diese Weise entsteht ein treppenförmiger Pfad durch die Matrix (Abbildung 10.9). Eine Kante der Triangulierung entspricht einer Markierung, ein Dreieck entspricht einem horizontalen bzw. vertikalen Pfadsegment und eine komplette Triangulierung entspricht einem Pfad. Jede mögliche Triangulierung induziert einen eindeutigen Pfad durch die Matrix und umgekehrt existiert für jeden Pfad eine eindeutige Triangulierung [Kep75, FKU77].

Nun kann jedem Pfadsegment ein Gewicht zugeordnet werden. Hierzu wird in Abhängigkeit der gewählten Gütefunktion das Pfadsegment mit dem Ge-

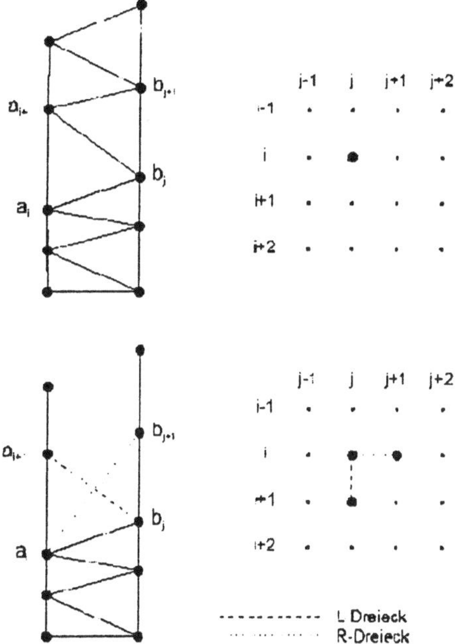

Abb. 10.7
Triangulierung (links) und korrespondierende Matrixdarstellung (rechts). Eine Dreieckskante (Diagonale) entspricht einer Markierung in der Matrix.

Abb. 10.8
Darstellung der beiden möglichen Dreiecksformen L-Dreieck und R-Dreieck in der Triangulierung (links) und der Matrixdarstellung (rechts).

wicht des korrespondierenden Dreiecks belegt (Abbildung 10.10). Die Güte einer Triangulierung ergibt sich dann aus der Kombination der Einzelgewichte. Die Suche nach einer optimalen Triangulierung kann sich nun auf die Suche eines optimalen Pfades innerhalb der Matrix beschränken. Die Pfade starten links oben bei $(1,1)$ und enden rechts unten bei (n,m). Obiger Konstruktion entsprechend bestehen sie nur aus Bewegungen nach rechts (horizontales Pfadsegment) oder unten (vertikales Pfadsegment). Die Anzahl der möglichen Pfade wächst nach Gleichung 10.7 exponentiell mit der Anzahl der Punkte. Die Pfadsuche reduziert also nicht die Komplexität des Triangulationsproblems, es wurde nur die Repräsentationsform gewechselt.

Optimale Pfadsuche Ziel der Pfadsuche ist, bei gegebener Gütefunktion einen möglichst günstigen Pfad durch die Matrix zu finden. Entsprechend der Gütefunktion sind die Kanten in der Matrix mit Gewichten versehen. Es wird hier ein deterministisches Optimierverfahren gewählt. An jeder Position in der Matrix ist nun **lokal** in Abhängigkeit der zwei möglichen Pfadsegmente (horizontal oder vertikal) eine Entscheidung zu treffen, die **global** optimal bzgl. der Gütefunktion ist. Schwierig ist, wie bei den meisten Optimierproblemen, daß lokal eine Entscheidung getroffen werden muß, deren Konsequenzen auf die globale Funktion lokal nicht bekannt ist. Die einfachste Form der Pfadsuche ignoriert den globalen Aspekt und wählt den Weg durch die Matrix nur in Abhängig-

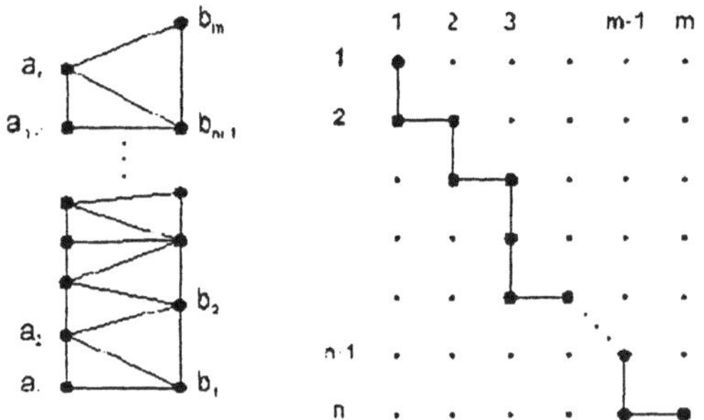

Abb. 10.9 Komplette Triangulierung und zugehöriger Pfad in der Matrix.

keit der lokalen Größen, d.h. der Gewichte der beiden Möglichkeiten. Diese Art der Optimierung wird als *Greedy*-Methode bezeichnet [SP88], da hier „gierig" die lokal beste Möglichkeit ausgewählt wird. In der Optimiertheorie wird dieses Verfahren als Gauß-Strategie bezeichnet. Deren Übertragung auf die hier vorliegenden Digitalisierdaten wird im folgenden formalisiert.

Greedy-Optimierung Gegeben sei eine Menge von Digitalisierpunkten der Form

$$\mathcal{P} = \{\vec{p}_{i,j} \, i = 1, \ldots, m \, \wedge \, j = 1, \ldots, n_i\} \subseteq \mathbb{R}^3 \qquad (10.13)$$

Die Triangulierung der Digitalisierdaten wird zwischen zwei benachbarten Digitalisierzeilen i und $i+1$ vorgenommen. Ein komplette Triangulierung ergibt sich durch wiederholtes Anwenden dieser Methode für $i = 1, \ldots, m-1$. Die zu den benachbarten Digitalisierzeilen i und $i+1$ gehörige Matrix hat n_i Zeilen und n_{i+1} Spalten. Die horizontalen und vertikalen Kanten der Matrix sei mit Gewichten $w_{i,j}$ einer vorgegebenen Gütefunktion belegt.

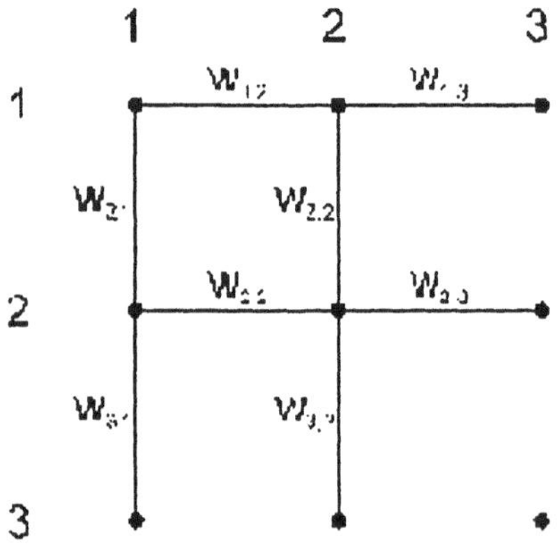

Abb. 10.10
Matrixdarstellung mit zugehörigen Gewichten.

Algorithm 1 Greedy-Optimierung

$k := 1, l := 1$
while $k \leq n_i \wedge l \leq n_{i+1}$ **do**
  if $k < n_i \wedge l < n_{i+1}$ **then**
    if $w_{k,l+1} \leq w_{k+1,l}$ **then**
      R-Dreieck
      Füge Kante von k nach $l + 1$ in den Pfad ein,
      bzw. ein Dreieck $((i, k), (i + 1, l + 1), (i + 1, l))$
      $l := l + 1$
    else
      L-Dreieck
      Füge Kante von $k + 1$ nach l in den Pfad ein,
      bzw. ein Dreieck $((i, k), (i + 1, l), (i, k + 1))$
      $k := k + 1$
    end if
  end if
  if $k < n_i$ **then**
    L-Dreieck
    Füge Kante von $k + 1$ nach l in den Pfad ein,
    bzw. ein Dreieck $((i, k), (i + 1, l), (i, k + 1))$
    $k := k + 1$
  else
    R-Dreieck
    Füge Kante von k nach $l + 1$ in den Pfad ein,
    bzw. ein Dreieck $((i, k), (i + 1, l + 1), (i + 1, l))$
    $l := l + 1$
  end if
end while

In jedem Durchlauf der äußersten Schleife wird entweder k oder l erhöht. Die Laufzeit des Algorithmus in Abhängigkeit der Anzahl der Punkte beträgt somit

$$n_i + n_{i+1} \qquad (10.14)$$

Es ergibt sich also ein lineares Laufzeitverhalten und damit ein recht schneller Algorithmus. Abbildung 10.11 zeigt das Resultat der Triangulierung nach diesem Verfahren, angewandt auf das erste Segment des Verschlußhakens aus Abbildung 10.1. Dargestellt sind die Kanten der Dreiecke. Abbildung 10.12 zeigt eine schattierte Darstellung der kompletten Triangulierung des Verschlußhakens. Als Gütemaß zur Bewertung eines Dreiecks wurde die Länge der Diagonalen gemäß 10.5 gewählt.

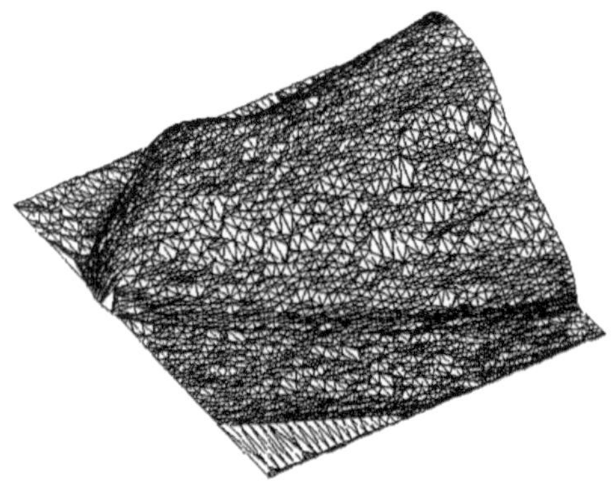

Abb. 10.11 Triangulierung der Digitalisierdaten des ersten Segmentes des Verschlußhakens aus Abbildung 10.1 mit dem Greedy-Algorithmus. Dargestellt sind die Kanten der erzeugten Dreiecke. Die Triangulierung benötigte 42 Sekunden auf einem Pentium P60, 16 MB Hauptspeicher.

Leider liefert dieses Verfahren nur für einigermaßen „gutmütig" verlaufende Digitalisierzeilen brauchbare Ergebnisse [CS78]. „Gutmütig" bezieht sich hierbei auf die geometrische Gestalt der Zeilen im Raum. Wenn die Zeilen in unterschiedliche Richtungen auseinanderlaufen, wie z.B. an steilen Flanken, ergeben sich lokal optimale Triangulierungen, die sehr weit von dem globalen (und auch von einem brauchbaren) Optimum entfernt sind. Begründet ist dies darin, daß die Greedy-Strategie nur lokal optimiert und somit sehr schnell in lokale Optima gerät. Dies wird an einem praktischen Beispiel, einem Pleuel (Abbildung 10.5) demonstriert. Die Daten dieses Objektes stammen von einem bildgebenden Digitalisiersystem und bestehen aus drei Segmenten. Die Daten wurden durch das TDV (siehe auch Abschnitt 10.1) mit einer Tole-

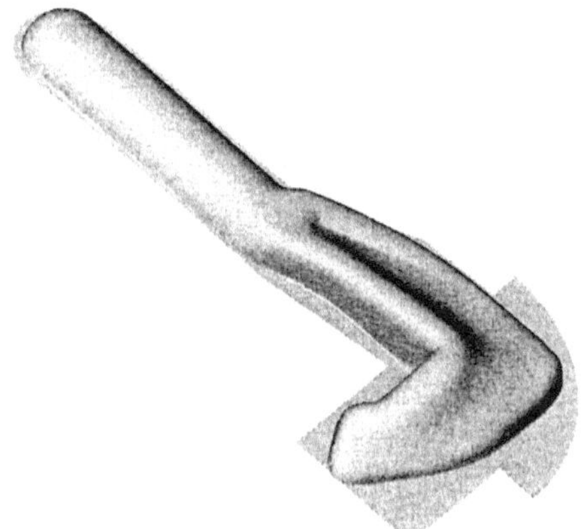

Abb. 10.12
Schattierte Darstellung der mit dem Greedy-Algorithmus erzeugten Triangulierung des Verschlußhakens. Die Triangulierung erzeugte 79008 Dreiecke und benötigte 5 Minuten, 47 Sekunden auf einem Pentium P60, 16 MB Hauptspeicher.

ranz ε_{TDV} 0.03 mm reduziert. Eine schattierte Darstellung der mit der Greedy-Strategie erzeugten Triangulierung der drei Segmente zeigt Abbildung 10.13.

Look-Ahead Greedy-Optimierung Die Eigenschaft des Look-Ahead-Algorithmus, sehr schnell in ein lokales Optimum zu geraten, kann durch eine *Look-Ahead-Greedy-Strategie* verbessert werden. Hierzu wird der Algorithmus folgendermaßen modifiziert: Statt nur das Gewicht der nächsten zwei Pfadsegmente zu betrachten, wird für jede dieser beiden Möglichkeiten der Pfad a Schritte im Voraus per Greedy verfolgt. Zur Auswahl der günstigeren der beiden Wege wird die Kombination der Gewichte (z.B. die Summe) bei den a Schritten herangezogen.

Anzumerken ist, daß, falls keine a Schritte mehr möglich sind (gegen Ende der Zeile), der Algorithmus nur noch die höchstmögliche Anzahl von Schritten macht.

Durch das Vorausschauen von a Schritten ist der Algorithmus in der Lage, lokale Optima zu überwinden. Dies gilt jedoch nur, falls nach a Schritten das lokale Optimum tatsächlich überwunden ist und sich eine bessere Lösung einstellt. Der Parameter a ist deshalb geeignet zu wählen.

Da nun bei jedem Pfadsegment a Schritte berechnet werden, ergibt sich die Laufzeit des Algorithmus entsprechend Gleichung 10.14 zu

$$a \cdot (n_i + n_{i+1}) \tag{10.15}$$

d.h. das Laufzeitverhalten des Algorithmus ist ebenfalls linear.

Abb. 10.13 Schattierte Darstellung der mit der Greedy-Strategie erzeugten Triangulierung
der Digitalisierdaten aus Abbildung 10.5. Als Gütemaß zur Bewertung eines
Dreiecks wurde die Länge der Diagonalen gemäß Gleichung 10.5 gewählt. Die
Rechenzeit zur Erzeugung dieser Triangulierung betrug 6 Minuten, 52.6 Sekunden auf einem Pentium P60, 16 MB Hauptspeicher.

10.3   Tasterradiuskompensation

Meßdatenerfassendes Element berührender Digitalisiersysteme ist der *Taststift*, dessen räumliche Ausdehnung die gemessenen Werte beeinflußt [CW87,
Wol87, Mil89] und sich deshalb in den Digitalisierdaten wiederfindet. Stand der
Technik ist, daß bei diesen Verfahren die räumliche Lage des Taststiftes recht
genau erfaßt wird, der Berührpunkt mit der Oberfläche des Werkstückes jedoch unbekannt ist. Die während des Digitalisierprozesses aufgenommenen Tastermittelpunkte beschreiben eine *Offsetfläche* der tatsächlichen Kontur. Für
die meisten Anwendungen, wie z.B. die generativen Fertigungsverfahren oder
die virtuelle Realität, sind diese Informationen nicht ausreichend. Deshalb ist
aus den gemessenen Tastermittelpunktsdaten die (unbekannte) Werkstückoberfläche zu rekonstruieren.

10.3.1   Tasterradiuskompensation durch Simulation

Das grundlegende Prinzip dieses Verfahrens ist die Simulation des Abtastvor-
gangs im Rechner. Die beim scannenden Digitalisieren durchgeführte Bewegung des Taststiftes im Raum wird virtuell im Rechner nachgebildet. Die komplexe Volumenspur, die der Taststift vollzieht wird berechnet und von einem

---

Algorithm 2 Look-Ahead-Greedy-Optimierung

$k := 1, l := 1$

while $k \leq n_i \wedge l \leq n_{i+1}$ **do**

  if $k < n_i \wedge l < n_{i+1}$ **then**

    Beginnend mit der Kante von k nach $l + 1$ wird a Schritte im Voraus nach Algorithmus 10.2.3 trianguliert. Der Wert, der sich durch die Kombination der Gewichte auf diesem Teilpfad ergibt, sei g_r.

    Beginnend mit der Kante von $k + 1$ nach l wird a Schritte im Voraus nach Algorithmus 10.2.3 trianguliert. Der Wert, der sich durch die Kombination der Gewichte auf diesem Teilpfad ergibt, sei g_l.

    if $g_r \leq g_l$ **then**

      R-Dreieck

      $\vdots$

    end if

  end if

end while

---

quaderförmigen Ausgangskörper abgezogen. Hieraus resultiert eine Oberfläche, die die tatsächliche (unbekannte) Werkstückoberfläche repräsentiert. Dieses Problem ist identisch mit der Simulation des dreiachsigen Fräsens von Freiformflächen. Ein vom Autor am Institut für Spanende Fertigung in Zusammenarbeit mit dem Lehrstuhl für grafische Systeme (Fakultät Informatik) an der Universität Dortmund ursprünglich für die Frässimulation entwickeltes Verfahren [FMW95] wird im folgenden vorgestellt. Zusätzlich werden ergänzende Betrachtungen gemacht, die durch die Übertragung der Frässimulation auf das Problem der Tasterradiuskompensation notwendig werden (Abschnitt 10.3.1).

Die entwickelte Lösung arbeitet rasterbasiert. Es existieren bereits kommerzielle Systeme [BBK94] sowie Prototypen von Forschungseinrichtungen [YKMA94], die nach diesem Prinzip arbeiten. Wirtschaftlichkeitsaspekte verhinderten bisher die weite Verbreitung dieses Verfahrens [BB95]. Der rasterbasierte Ansatz ist zwar rechnerisch stabil, die geforderten Genauigkeiten führen jedoch zu sehr langen Rechenzeiten bzw. dem Einsatz teurer Hardware. Durch die konsequente Anwendung inkrementeller Methoden, die aus dem Bereich der Computergrafik stammen, werden erstmalig dokumentiert Rechenzeiten erreicht, die einen wirtschaftlichen Einsatz dieses Verfahrens auch bei größeren Werkstücken ermöglicht.

Dem rasterbasierten Ansatz entsprechend wird aus den Digitalisierdaten eine gitterförmige, in X- und Y-Richtung äquidistante und mit eindeutigen Z-Koordinaten versehene Oberflächenbeschreibung erzeugt. Diese Datenstruktur ist im angelsächsichen Sprachraum unter dem Begriff *range image* bekannt. Die

Daten von taktil scannenden Verfahren, und durch die ergänzenden Betrachtungen auch die Daten optischer Verfahren, können mit den hier beschriebenen Methoden in diese rasterförmige Datenstruktur transformiert werden.

Verrasterung der Polyederfläche

Bei Betrachtung der Resultate der Simulation fällt auf, daß in Bereichen mit großem Digitalisierzeilenabstand unbefriedigende Ergebnisse erzielt werden, da sich die Spur des Tasters in der aus der Simulation resultierenden Oberfläche wiederfindet (Abbildung 10.14). Vom theoretischen Standpunkt aus betrachtet liegt der Schluß nahe, daß in diesen Bereichen die Oberfläche nicht genau genug erfaßt wurde und diese deshalb auch nur unzureichend rekonstruiert werden kann. Die Wahrscheinlichkeit, daß die tatsächliche Oberfläche wirklich die in Abbildung 10.14 gezeigte Gestalt hat, ist jedoch eher gering. Vom praktischen Standpunkt aus betrachtet ist die sich hieraus ergebende Konsequenz der Verringerung des Zeilenabstandes eine sehr unbefriedigende Lösung, führt sie doch zu längeren Digitalisierzeiten und mindert somit die Wirtschaftlichkeit des Verfahrens. Dieser Nachteil kann vermieden werden, wenn berücksichtigt wird, daß der Zeilenabstand in der Praxis dort groß gewählt wird, wo die Werkstückoberfläche nur geringfügige Änderungen aufweist (Krümmung gegen 0). Dies kann bei der Simulation berücksichtigt werden, in dem zusätzlich zu den Tastermittelpunktsbahnen auch eine aus den Tastermittelpunkten erzeugte Polyederfläche gegen die simulierte Modellkontur verrechnet wird. Hierzu werden die Tastermittelpunkte zunächst mit den in Kapitel 10.2 beschriebenen Methoden trianguliert. Die resultierende Polyederfläche enthält, zusätzlich zu den Bahnsegmenten der Digitalisierzeilen, Kanten, die zwischen den Digitalisierzeilen verlaufen (siehe Abschnitt 10.2.3). Diese werden nun zusätzlich in den Simulationslauf mit einbezogen, d.h. die Menge MM_p wird um diese Kanten erweitert.

Betrachtet man die Dreiecke der Polyederfläche, so ist nun jede Kante eines jeden Dreieckes bei der Simulation berücksichtigt worden. Was fehlt, ist die Einbeziehung der ebenen Fläche des Dreiecks. Dies wird durch eine Verrasterung des Dreiecks realisiert. Vorher muß das Dreieck um den Tasterradius in die dem Normalenvektor entgegengesetze Richtung verschoben werden (Abbildung 10.15). Seien $P_1 = (x_1, y_1, z_1)$, $P_2 = (x_2, y_2, z_2)$ und $P_3 = (x_3, y_3, z_3)$ die Eckpunkte des normalverschobenen Dreiecks. Ohne Beschränkung der Allgemeinheit seien die Eckpunkte aufsteigend nach der y-Komponente sortiert, d.h. $y_1 \leq y_2 \leq y_3$. Beginnend bei y_1 wird nun der y-Wert in Rasterschritten bis y_2 erhöht und dabei in der x-zKomponente die Verrasterung vorgenommen (Abbildung 10.16). Die grobe Struktur ist in Algorithmus 10.3.1 dargestellt. Anschließend wird der y-Wert nach dem gleichen Schema bis y_3 erhöht.

Algorithm 3 Dreiecksverrasterung

$\Delta x_S := \frac{x_3 - x_1}{y_3 - y_1}; \Delta x_E := \frac{x_2 - x_1}{y_2 - y_1};$

$\Delta z_S := \frac{z_3 - z_1}{y_3 - y_1}; \Delta z_E := \frac{z_2 - z_1}{y_2 - y_1};$

$x_S := x_1; x_E := x_1; z_S := z_1; z_E := z_1;$

$y := y_1;$

$R[x_S, y] := z_S;$

$y := y + 1;$

while $y \leq y_2$ **do**

  $x_S + = \Delta x_S;$

  $x_E + = \Delta x_E;$

  $z_S + = \Delta z_S;$

  $z_E + = \Delta z_E;$

  $\Delta z_x := \frac{z_E - z_S}{x_E - x_S};$

  $x := x_S;$

  $z := z_S;$

  while $x \leq x_E$ **do**

    $R[x, y] := min\left\{R[x, y], z\right\};$

    $x + = 1;$

    $z + = \Delta z_x;$

  end while

  $y + = 1;$

end while

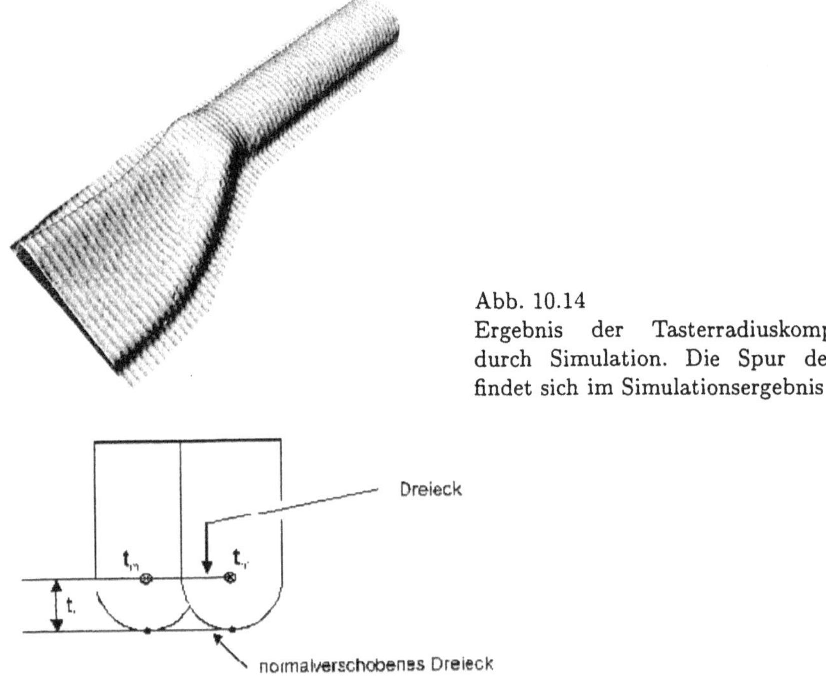

Abb. 10.14
Ergebnis der Tasterradiuskompensation durch Simulation. Die Spur des Tastes findet sich im Simulationsergebnis wieder.

Abb. 10.15 Zweidimensionale Prinzipskizze zur Verdeutlichung der Vorgehensweise zur Verrasterung der Polyederfläche. Die Tastermittelpunktsdaten werden trianguliert, die Dreiecke (hier als Linie dargestellt) werden in Normalenrichtung um den Tasterradius verschoben und anschließend verrastert.

Dieser Algorithmus kann mit aus der Computergrafik bekannten Algorithmen zum Darstellen gefüllter Polygone (Left-Edge-Scan, [FDFH92]) effizienter realisiert werden, indem die Divisionen vermieden werden.

Das Ergebnis der Simulation bei Anwendung dieser zusätzlichen Maßnahme zeigt Abbildung 10.17. Der Einfluß des größeren Zeilenabstandes ist sichtbar eliminiert.

10.4   CAD-Flächenrekonstruktion

Ziel der CAD-Flächenrekonstruktion ist die Erzeugung von Flächenbeschreibungen, die in Standard-CAD-Systeme eingelesen werden können. Dies geschieht in der Regel über Standardschnittstellen wie VDA-FS, IGES oder STEP. Hierfür müssen aus den diskreten Punktdaten Flächen erzeugt werden,

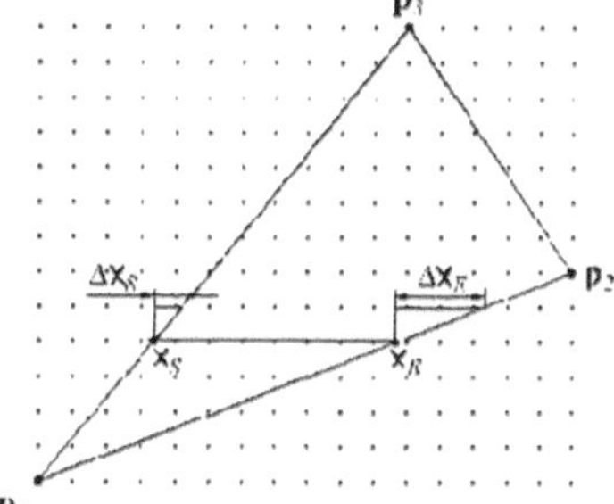

Abb. 10.16
Prinzipielle Arbeitsweise des Algorithmus zur
Verrasterung von ebenen Dreiecksflächen.

Abb. 10.17
Ergebnis der Tasterradiuskompensation
durch Simulation. Durch zusätzliches Ver-
rastern der Triangulierung kann der Einfluß
des größeren Zeilenabstandes eliminiert
werden.

die in ihrer geometrischen Repräsentation mit der in CAD-Systemen üblichen
Form übereinstimmen. Die in Kapitel 10.2 beschriebene Flächenrepräsentati-
on in Form linear interpolierter Dreiecksflächen eignet sich hierfür nicht. Weit
verbreitet in CAD-Systemen sind Tensorproduktflächen in Form von Bézier-,
B-Splines oder NURBS. Zur Generierung von Tensorproduktflächen wird eine
Segmentierung der Digitalisierdaten durchgeführt. Diese orientiert sich an dem
Krümmungsverhalten der aufgenommenen Werkstückoberfläche.

Ziel dieseS Abschnittes ist die Bestimmung symbolischer Informationen aus
den Digitalisierdaten. Aus den Punktdaten werden Merkmale abgeleitet und
Punkte mit gleichen bzw. ähnlichen Merkmalen zu einem Segment zusammengefaßt. Die Segmentierung bringt eine zusätzliche Struktur in die (relativ)
strukturlose Digitalisierdatenmenge, die vor allem für eine Modifikation der
geometrischen Gestalt im CAD-System erforderlich ist.

10.4.1 Diskussion potentieller Merkmale zur Segmentierung

In der einschlägigen Literatur zum Thema Segmentierung von Punktdaten
wird als Merkmal die *Krümmung* gewählt, da dieses Kriterium sich an der
geometrischen Gestalt der Oberfläche orientiert [CS94, SH95, HJ87a]. Zudem
ist dieses Merkmal sowohl translations- als auch rotationsinvariant [SB92]. Die
Krümmung als Merkmal hat sich auch in der Praxis als Segmentierungsmerk-
mal bewährt [BB95, Wei95].

In der initialen Datenrepräsentation, wie sie vom Digitalisierprozeß geliefert
wird, repräsentieren diskrete Punkte die geometrische Gestalt der Werkstückoberfläche. Wird die Krümmung als Merkmal verwandt, so ist anzumerken, daß
für einen Punkt (der ja die Dimension 0 hat) keine Krümmung existiert. Diese
existiert nur für eine Kurve bzw. eine Fläche. Aber auch für eine Menge von
Punkten, welche die tatsächliche Kontur beschreiben, ist keine Krümmung definiert. Von der differenzialgeometrischen Seite aus betrachtet existiert auch
für eine Polyederfläche, wie sie in Kapitel 10.2 erzeugt wird, *keine* Krümmung,
da diese nur für zweimal stetig differenzierbare Flächen definiert ist [AM91].

Die Berechnung eines numerischen Krümmungswertes gestaltet sich als diffizi-
les Problem, das zudem mit einem gewissen Unsicherheitsfaktor versehen ist,
da ein Meßfehlereinfluß nie ganz ausgeschlossen werden kann [HJ87a]. Trotzdem ist die Krümmung das Merkmal, welches die geometrische Gestalt charakterisiert und zudem sowohl translations- als auch rotationsinvariant ist.
Die oben beschriebenen Probleme können erheblich reduziert werden, wenn
statt eines numerischen Krümmungswertes nur das zur Klassifizierung notwendige grobe Krümmungsverhalten als Merkmal verwendet wird. Zudem kann
sich hieraus die Skalierungsinvarianz ergeben. Der numerische Krümmungs-
wert verändert sich bei einer Skalierung, nicht jedoch das globale Verhältnis
der Krümmungen zueinander. Die Methoden zur Berechnung der Merkmale
können deshalb nicht unabhängig vom zu verwendenden Klassifizierungsschema bestimmt werden. Zunächst wird jedoch der Begriff *Krümmung* von der
differentialgeometrischen Seite betrachtet.

10.4.2 Differentialgeometrische Definition der Krümmung

Für den zuvor umgangssprachlich verwendeten Begriff *Krümmung* existieren
entsprechende differenzialgeometrische Größen. Diese werden im Rahmen dieses Abschnittes grob umrissen. Nähere Ausführungen sind der einschlägigen
Literatur zu entnehmen.

Gegeben sei ein Punkt P auf einer Fläche

$$f : \mathbb{R}^2 \ \rightarrow \ \mathbb{R}^3 \tag{10.16}$$

$$(u,v) \ \mapsto \ f(u,v) \tag{10.17}$$

in Parameterdarstellung. Die *Normalkrümmung* beschreibt die Krümmung der Kurve, die entsteht, wenn die Fläche f am Punkt p mit einer Ebene geschnitten wird. Die Ebene muß dabei dem Begriff Normalkrümmung entsprechend so gewählt werden, daß der Normalenvektor von f an der Stelle p in dieser Ebene liegt (Abbildung 10.18). Die Normalkrümmung $\bar{\kappa}$ ergibt sich dann aus dem Quotienten von zweiter und erster Fundamentalform:

$$\bar{\kappa} = \frac{2.FF}{1.FF} \tag{10.18}$$

$\bar{\kappa}$ ist abhängig von der Lage der Schnittebene, die um den Normalenvektor um $360°$ gedreht werden kann.

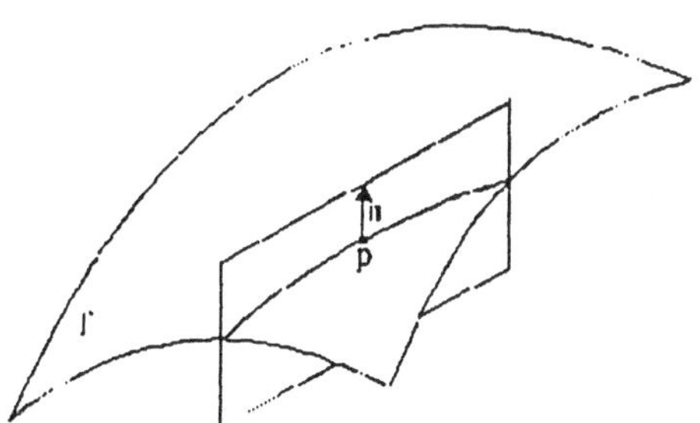

Abb. 10.18 Zur Berechnung der Normalkrümmung wird die Fläche am Punkt P mit einer Ebene geschnitten, die den Flächennormalenvektor an P enthält. Die Krümmung der Schnittkurve ist dann die Normalkrümmung [AM91].

Wird die Normalkrümmung durch Variation der Schnittebenenrichtung maximiert bzw. minimiert, so ergeben sich die Hauptkrümmungen κ_{max} und κ_{min}, deren Richtungen senkrecht zu einander stehen. Aus diesen beiden Größen läßt sich die mittlere Krümmung H und die Gaußkrümmung K ableiten:

$$H \ = \ \frac{1}{2}(\kappa_{min} + \kappa_{max}) \tag{10.19}$$

$$K \ = \ \kappa_{min} \cdot \kappa_{max} \tag{10.20}$$

Diese differentialgeometrischen Größen werden in den Klassifizierungsschemata verwendet.

10.4.3 Klassifizierungsschemata

Ziel der Klassifizierung ist, die mit bestimmten Merkmalen versehenen Punkte zu gruppieren. Hierzu ist ein Klassifizierungsschema vorzugeben, so daß anhand der konkreten Ausprägung der Merkmale die Punkte den einzelnen Klassen zugeordnet werden können. In [HJ87a] werden hierzu die Kategorien *flach, konvex, konkav* und *Sattelfläche* vorgeschlagen (Abbildung 10.19). Ziel der in [HJ87a] vorgestellten Untersuchungsergebnisse ist das Erkennen von Objekten in Digitalisierdaten. Da die zu erkennenden Objekte nicht nur aus einfachen regelgeometrischen Primitiven wie Kugel, Zylinder, ... bestehen, hat sich die Klassifizierung in flach, konvex, konkav und Sattelfläche als guter Kompromiß zur Erkennung beliebiger Objekte herausgestellt. Alternativ wird in [BJ88] die Klassifizierung anhand der Vorzeichen von mittlerer Krümmung H und Gaußkrümmung K vorgeschlagen. Dieses Schema ist unter dem Namen *HK-Vorzeichentabelle* bekannt (Abbildung 10.19).

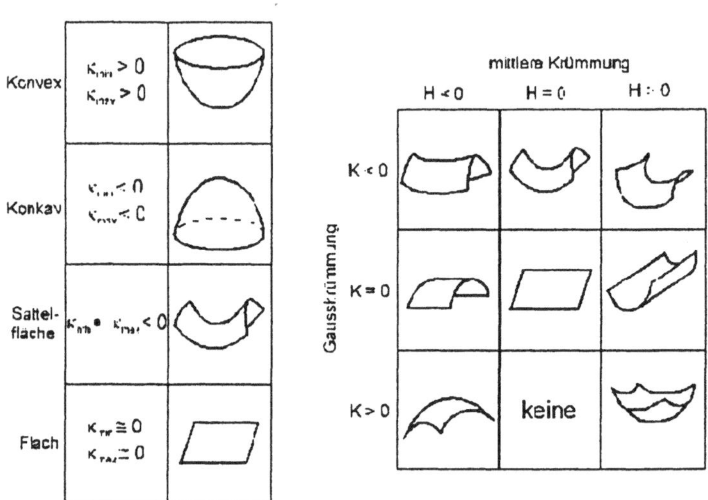

Abb. 10.19 Klassifizierungsschemata nach [SB92] und [BJ88]

10.4.4 Krümmungsberechnung und Segmentierung von Digitalisierdaten

In Anlehnung an die Methoden zur Berechnung von Normalenvektoren für diskrete Digitalisierdaten werden diskrete Analoga zur Berechnung der Vorzeichen der Hauptkrümmungen κ_{max} und κ_{min} vorgestellt. Die Verfahren lassen sich in *analytische* und *numerische* Methoden unterscheiden.

Bei der analytischen Krümmungsberechnung an einem Punkt p werden die Nachbarpunkte von p durch ein Patch approximiert. Das Patch repräsentiert lokal die tatsächliche Oberfläche und die Krümmungswerte des Patches werden als Schätzung der tatsächlichen Krümmungen verwendet.

Darüber hinaus existieren numerische Krümmungsberechnungsverfahren. Hierbei werden die differentialgeometrischen Größen durch entsprechende Differenzenmethoden berechnet. In [HJ87b] wird ein Verfahren vorgestellt, das zunächst der Berechnung eines Normalenvektors n_p bedarf. Anschließend wird für jeden Nachbarpunkt q von p die Krümmung wie folgt berechnet:

$$
\kappa(p,q) = \begin{cases}
\frac{\|n_p - n_q\|}{\|p-q\|} & \text{falls} \quad \|p - q\| \leq \|(n_p + p) - (n_q + q)\| \\[2ex]
-\frac{\|n_p - n_q\|}{\|p-q\|} & \text{sonst}
\end{cases}
\tag{10.21}
$$

$\kappa(p,q)$ beschreibt die Krümmung in Richtung des Nachbarpunktes q. Gemäß der Definition in Gleichung 10.21 ist κ symmetrisch in p und q, d.h. $\kappa(p,q) = \kappa(q,p)$.

Dieses Maß kann direkt zur Klassifizierung verwendet werden, indem innerhalb einer Digitalisierzeile die Krümmung zwischen zwei benachbarten Punkten p und q sukzessiv berechnet wird. Bei gegebener Digitalisierdatenmenge

$$
\mathcal{P} = \{p_{i,j} | i = 1, \ldots, m \ \wedge \ j = 1, \ldots, n_i\} \subset \mathbb{R}^3
\tag{10.22}
$$

wird $\kappa(p_{i,j}, p_{i,j+1})$ bei vorgegebenem Schwellwert ε_s gemäß

$$
\begin{array}{lrcl}
Konvex & : & & \kappa(p_{i,j}, p_{i,j+1}) < -\varepsilon_s \\
Flach & : & -\varepsilon_s \leq & \kappa(p_{i,j}, p_{i,j+1}) \leq \varepsilon_s \\
Konkav & : & \varepsilon_s < & \kappa(p_{i,j}, p_{i,j+1})
\end{array}
\tag{10.23}
$$

klassifiziert ($i = 1, \ldots m \ \ j = 1, \ldots, n_i$). Die Anwendung dieses Verfahrens auf ein Segment des Verschlußhakens zeigt Abbildung 10.20.

Aus der Krümmung $\kappa(p,q)$ am Punkt p in Richtung q kann nun eine grobe Schätzung für die Hauptkrümmungen abgeleitet werden. Hierzu werden die Digitalisierdaten zunächst mit den in Abschnitt 10.2 vorgestellten Methoden trianguliert. Dieser Schritt erzeugt Nachbarschaftsbeziehungen zwischen den Punkten in Form von Kanten. Ein Punkt p hat als Nachbarn die Punkte, die durch eine Kante mit p verbunden sind. Mit Hilfe der Nachbarpunkte

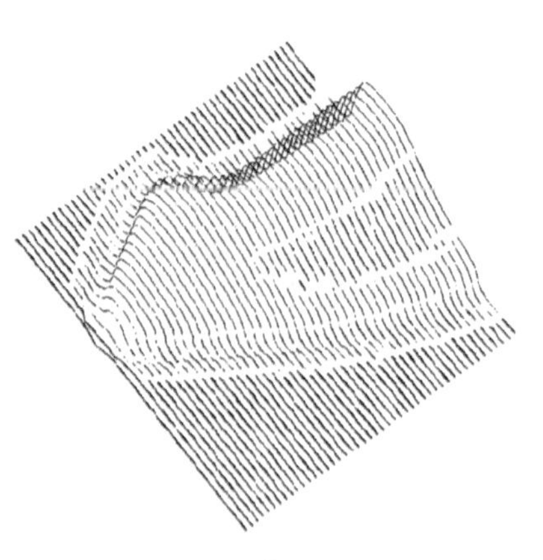

Abb. 10.20
Klassifizierung von Digitalisierdaten gemäß dem Krümmungsverhalten innerhalb einer Zeile. Die Digitalisierdaten des ersten Segmentes aus Abbildung 10.1 sind mit Hilfe des Gegentastens tasterradiuskompensiert worden. Die Krümmung $\kappa(p_{i,j}, p_{i,j+1})$ zwischen zwei benachbarten Punkten innerhalb einer Zeile wurde gemäß den Klassen *Konvex, Flach, Konkav* klassifiziert. Zur besseren Visualisierung sind benachbarte Punkte, die zur gleichen Klasse gehören, durch eine Strecke verbunden. Deren Linienstärke symbolisiert die Klassenzugehörigkeit (dünn $\hat{=}$ konvex, mitteldick $\hat{=}$ konkav und dick $\hat{=}$ flach). Als Schwellwert zur Erkennung flacher Bereiche wurde in diesem Beispiel $\varepsilon_s = 0.01$ gewählt.

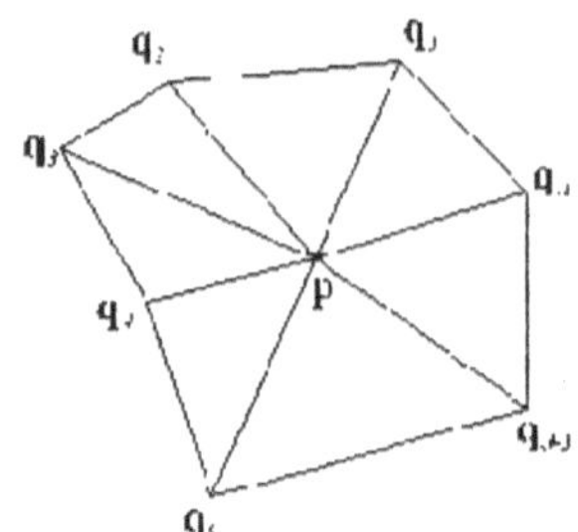

Abb. 10.21
Berechnung der Hauptkrümmungen $\kappa_{min} := min\{\kappa(p,q_i)|i=1,\dots,d\}$ und $\kappa_{max} := max\{\kappa(p,q_i)|i=1,\dots,d\}$ über die Krümmung zwischen p und seinen Nachbarpunkten. Die Nachbarschaftbeziehungen ergeben sich aus der Triangulierung.

$\{q_1, \dots, q_d\}$ werden nun die Hauptkrümmungen nach folgender Gleichung berechnet (Abbildung 10.21):

$$\kappa_{min} := min\{\|\kappa(p,q_i)\| \,|i=1,\dots,d\} \tag{10.24}$$

$$\kappa_{max} := max\{\|\kappa(p,q_i)\| \,|i=1,\dots,d\} \tag{10.25}$$

Diese Größen werden nun zur Klassifizierung eines jeden Digitalisierpunktes verwendet ($i = 1,\dots m \; j = 1,\dots,n_i$):

$$
\begin{aligned}
Konvex \;&: \quad \kappa_{max} \;<\; -\varepsilon_s \\
Flach \;&: \quad -\varepsilon_s \;\leq\; \kappa_{min} \leq \kappa_{max} \;\leq\; \varepsilon_s \\
Konkav \;&: \quad \varepsilon_s \;<\; \kappa_{min} \\
Sattelfläche \;&: \quad \kappa_{min} \;<\; -\varepsilon_s \;\wedge\; \kappa_{max} \;>\; \varepsilon_s
\end{aligned}
\tag{10.26}
$$

Auf Basis dieser Klassifizierung wird nun eine Segmentierung erzeugt. Hierbei sollen Punkte, die zu einer Klasse gehören und zudem aus einem zusammenhängenden Gebiet stammen, zu einem Segment zusammengefaßt werden.

Die Prüfung, ob Punkte zu einem zusammenhängenden Gebiet gehören erfolgt hierbei über die Triangulierung. Das Verfahren gliedert sich in die folgenden Schritte:

a.) Die Punkte werden nacheinander gemäß obiger Klassifizierung behandelt. Hierzu wird die Menge der noch nicht behandelten Punkte $\mathcal{P}_N$ eingeführt. Diese wird wie folgt initialisiert:

$$\mathcal{P}_N := \mathcal{P} = \{p_{i,j} | i = 1, \ldots, m \ \wedge \ j = 1, \ldots, n_i\} \qquad (10.27)$$

Die Segmente werden zur Identifizierung durchnummeriert. Hierzu wird ein Zähler s_z eingeführt, der mit 0 initialisiert wird.

b.) Wähle einen beliebigen Punkt $p \in \mathcal{P}_N$ und entferne diesen aus $\mathcal{P}_N$

$$\mathcal{P}_N := \mathcal{P}_N \setminus \{p\} \qquad (10.28)$$

Falls kein Punkt mehr in $\mathcal{P}_N$ enthalten ist, wird das Verfahren beendet.
Die zu einem Segment gehörenden Punkte werden in der Menge $\mathcal{S}_{s_z}$ zusammengefaßt und wie folgt initialisiert:

$$\mathcal{S}_{s_z} := \{p\} \qquad (10.29)$$

$\mathcal{S}_{s_z}$ wird nun sukzessive erweitert, wobei die Punkte in $\mathcal{S}_{s_z}$ eine Markierung erhalten, je nachdem, ob sie fertig abgehandelt sind oder nicht. Parallel zur eigentlichen Segmentierung wird für jedes Segment ein Rand in Form eines Grenzpolygonzuges erzeugt. Die Punkte dieses Polygonzuges werden in der Menge $\mathcal{G}_{s_z}$ zusammengefaßt. Deren Initialwert ist:

$$\mathcal{G}_{s_z} := \emptyset \qquad (10.30)$$

c.) Wähle einen beliebigen Punkt $p \in \mathcal{S}_{s_z}$, der noch keine Markierung hat. Falls sämtliche Punkte mit einer Markierung versehen sind, ist das Segment fertig, der Segmentzähler s_z wird um 1 erhöht und das Verfahren mit Schritt 2 fortgesetzt.

d.) Seien $\{q_1, \ldots, q_d\}$ die Punkte, die mit p durch eine Kante in der Triangulierung verbunden sind. Für jedes $q_i \in \{q_1, \ldots, q_d\}$ wird nun die Klassenzugehörigkeit geprüft. Falls q_i aus der gleichen Klasse wie p stammt, wird $\mathcal{S}_{s_z}$ um q_i erweitert:

$$\mathcal{S}_{s_z} := \mathcal{S}_{s_z} \cup \{q_i\} \qquad (10.31)$$

und die Menge der noch nicht betrachteten Punkte um diesen Punkt reduziert:

$$\mathcal{P}_N := \mathcal{P}_N \setminus \{q_i\} \qquad (10.32)$$

Ansonsten wird ein Grenzpunkt auf der halben Strecke zwischen p und q_i erzeugt:

$$g := \frac{1}{2}(p + q_i) \tag{10.33}$$

und die Menge der Grenzpunkte um diesen Punkt erweitert:

$$\mathcal{G}_{s_z} := \mathcal{G}_{s_z} \cup \{g\} \tag{10.34}$$

Das Verfahren liefert eine Menge von Segmenten $\mathcal{S}_{s_z}$. Zu jedem Segment gehört eine Menge von Grenzpunkten $\mathcal{G}_{s_z}$, die das Segment auf der Polyederfläche begrenzen. Die (ungeordneten) Grenzpunkte sind hierzu in einen geschlossenen Polygonzug umzuwandeln. Dies geschieht über die Triangulierung. Nach obiger Konstruktion liegt jeder Grenzpunkt $g \in \mathcal{G}_{s_z}$ auf einer Kante. Diese sei mit k bezeichnet (Abbildung 10.22). Falls es sich nicht um eine Kante des Randpolygonzuges handelt, existieren genau zwei Dreiecke t_1 und t_2, die diese Kante als gemeinsame Kante enthalten. Die beiden Dreiecke besitzen jeweils eine Kante k_1, k_2, die p als gemeinsamen Punkt haben. Ohne Beschränkung der Allgemeinheit wird von diesen beiden Kanten diejenige ausgewählt, die in mathematisch positiver Richtung bzgl. k liegt. Diese Kante wird mit k_n bezeichnet.

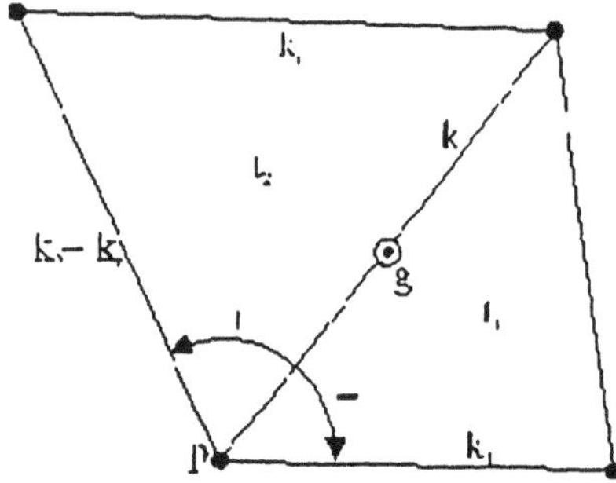

Abb. 10.22

Zur Bildung eines geschlossenen Begrenzungspolygons müssen die Grenzpunkte in die richtige Reihenfolge gebracht werden. Hierzu wird zur Kante k, auf der der Grenzpunkt g liegt, die Nachbarkante in mathematisch positiver Umlaufrichtung betrachtet.

Die ausgewählte Kante k_n bildet mit der Kante k ein Dreieck. Die dritte zu diesem Dreieck gehörende Kante sei mit k_r bezeichnet. Je nachdem, ob der Endpunkt von k_n zum gleichen Segment wie p gehört, sind zwei Fälle zu unterscheiden (Abbildung 10.23):

a.) Die ausgewählte Kante k_n enthält einen Grenzpunkt. Dieser Punkt ist dann der Nachfolgerpunkt von g im Polygonzug und das Verfahren wird mit diesem Punkt fortgesetzt.

b.) Die ausgewählte Kante k_n enthält keinen Grenzpunkt. Dann gehört der Endpunkt dieser Kante zum gleichen Segment wie p. Somit muß die dritte

Kante k_r einen Grenzpunkt besitzen, da sie die Verbindung zwischen dem Endpunkt von k_n und dem Endpunkt von k bildet und der Endpunkt von k **nicht** zum gleichen Segment gehört. Der Grenzpunkt auf k_r ist dann als Nachfolgerpunkt von g zu wählen, und das Verfahren wird mit diesem Punkt fortgesetzt.

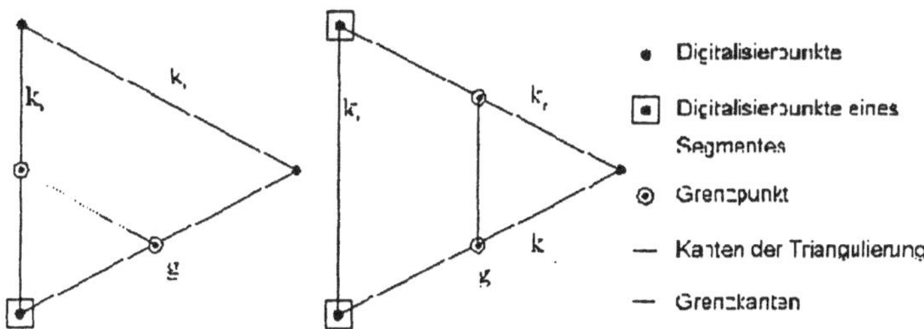

Abb. 10.23 Je nachdem, ob der Endpunkt der ausgewählten Kante k_n zum gleichen Segment wie p gehört, sind zwei Fälle zur Bildung des Grenzpolygonzuges zu unterscheiden. Im linken Bild ist der Fall dargestellt, in dem der Endpunkt von k_n nicht zum gleichen Segment wie p gehört. Aus diesem Grund enthält diese Kante einen Grenzpunkt, welcher der Nachfolgerpunkt von g wird. Das rechte Bild zeigt den Fall, wo der Endpunkt von k_n zum gleichen Segment gehört. Die Kante k_n enthält **keinen** Grenzpunkt und stattdessen ist der Grenzpunkt der dritten Kante k_r zu wählen.

Falls k auf dem Rand liegt ist das Grenzpolygon auf dem Randpolygonzug fortzusetzen, bis ein Punkt gefunden wird, der nicht mehr zum gleichen Segment wie p gehört oder der Polygonzug geschlossen ist. Falls der Polygonzug noch nicht geschlossen ist, wird wie vorher beschrieben, mit der Kante in mathematisch positiver Richtung das Verfahren fortgesetzt.

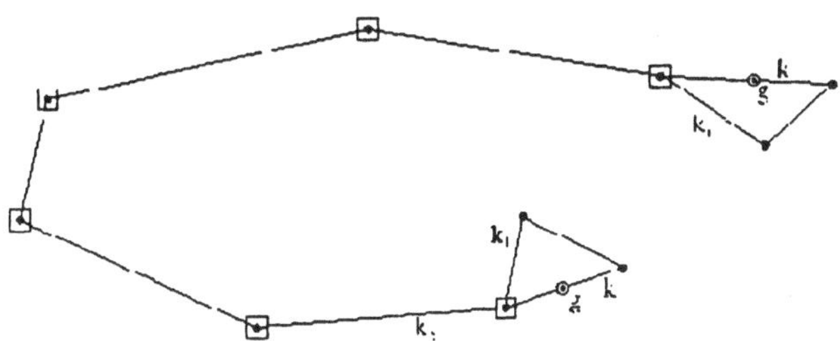

Abb. 10.24 Falls k auf dem Rand liegt wird der Grenzpolygonzug auf dem Rand fortgesetzt bis ein Punkt gefunden wird, der nicht mehr zum gleichen Segment wie p gehört oder der Polygonzug geschlossen ist.

Diese Methoden zur Segmentierung bei gleichzeitiger Erzeugung eines Randpolygonzuges sind auf den Verschlußhaken angewandt worden. Die mit einem taktilen Digitalisiersystem (Abbildung 10.1) aufgenommenen Tastermittelpunkte sind tasterradiuskompensiert worden. Auf diese Daten ist dann eine Segmentierung nach der oben aufgeführten Methode angewandt worden. Das Ergebnis für das erste Segment ist in Abbildung 10.25 dargestellt.

Abb. 10.25 Anwendung der Methoden zur Segmentierung auf das erste Segment des Verschußhakens.

Anschließend sind auf Basis der erzeugten Segmentierung CAD-Flächen mit Hilfe eines kommerziellen CAD-Flächenrekonstruktionssystems generiert worden. Die resultierenden CAD-Flächen sind in Form von Äquiparameterlinien in Abbildung 10.26 dargestellt. Wie das Beispiel zeigt, finden sich einzelne Segmente in den erzeugten Flächen wieder. So sind z.B. die zum Verrundungsradius gehörenden Punkte zu einem Segment zusammengefaßt und auch durch eine entsprechende Fläche repräsentiert. Nun können z.B. im CAD-System die zum Verrundungsradius gehörenden CAD-Flächen eliminiert werden. Anschließend kann mit den entsprechenden CAD-Funktionalitäten bei Bedarf eine neue Verrundungsfläche mit differierendem Radius erzeugt werden.

Literatur

[AD94]   ALBOUL, L. ; DAMME, R. van: Polyhedral Metrics in Surface reconstruction. Tight Triangulations / University of Twente, Dep. of Applied Mathematics. 1994. – Forschungsbericht

[AM91]   ABRAMOWSKI, S. ; MÜLLER, H.: *Geometrisches Modellieren*. Bd. 75. Reihe Informatik. BI Wissenschaftsverlag, Mannheim, 1991

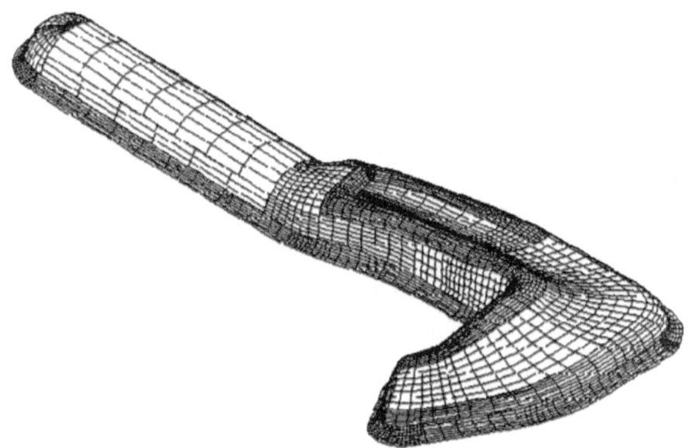

Abb. 10.26 Ergebnis der mit Hilfe eines kommerziellen Systems durchgeführten CAD-Flächenrekonstruktion auf Basis der Segmentierung. Dargestellt sind die Äquiparameterlinien der erzeugten CAD-Flächen. Die durch die Segmentierung erzeugte Struktur findet sich in den CAD-Flächen wieder.

[BA90]   BUDZYNSKI, E. ; ARETZ, R.: 3D-Digitalisierung von Freiformflächen mit Laser. In: *VDI-Z* 132 (1990), Nr. 7, S. 49–52

[Bar85]   BARNHILL, R.E.: Surfaces in Computer Aided Geometric Design: a survey with new results. In: *Computer Aided Geometric Design* 2 (1985), S. 1–17

[BB95]   BRAND, W. ; BERNDT, I.: Erfahrungen bei der Flächenrückführung komplizierter Bauteile und Geländeprofile. In: Kochan (Hrsg.) (siehe [Koc95]), S. 204–209

[BBK94]   BREMER, C. ; BERNDT, I. ; KOCHAN, D.: Von Bild-, Scan- oder Digitalisierdaten über das 3D-CAD-Modell zum realen Objekt. In: *Computer Aided Technologies, CAT '94*. Stuttgart, 17.-20. Mai 1994, S. 178–183

[BJ88]   BESL, P.J. ; JAIN, R.C.: Segmentation through variable order surface fitting. In: *IEEE Trans. Pattern Analysis and Machine Intelligence* 10 (1988), Nr. 2, S. 167–192

[BJ95]   BLOCHINGER, J. ; JUST, H.G.: Erfahrungen und Besonderheiten beim Vermessen von 3D-Designmustern. In: Kochan (Hrsg.) (siehe [Koc95]), S. 185–194

[Bre93]   BREUCKMANN, B.: *Bildverarbeitung und optische Meßtechnik in der industriellen Praxis*. Franzis, München, 1993

[Bre94]   BREMER, C.: Durchgängig. Digitalisieren mit Flächenrückführung als leistungsstarkes Koppelglied zwischen Werkstatt und Konstruktionsbüro. In: *Der Maschinenmarkt* 100 (1994), Nr. 44, S. 20–23

[Bre96]   BREMER, C.:   Effizientes Reverse Engineering mit 3D-Digitalisieren. **In:** *International Conference on Rapid Product Development* (siehe [Stu96]), S. 137–142

[BV92]   BRADLEY, C. ; VICKERS, G.W.: Automated Rapid Prototyping Utilizing Laser Scanning and Free-Form Machining. **In:** *Annals of the CIRP* 41 (1992), Nr. 1, S. 437–440

[CS78]   CHRISTIANSEN, H. ; SEDERBERG, T.: Conversion of complex Contour Line Definitions into Polygonal Element Mosaics. **In:** *Computer Graphics* 13 (1978), S. 187–192

[CS94]   CHEN, X. ; SCHMITT, F.: Surface modelling of range data by constrained triangulation. **In:** *Computer Aided Design* 25 (1994), Nr. 8, S. 632–645

[CW87]   CRONJÄGER, L. ; WOLLENBERG, R.: Digitalisierung räumlicher Modelle- Funktionen, Begriffe, Anwendungen. **In:** *VDI-Z* 129 (1987), Nr. 4, S. 34–41

[DLR90]   DYN, N. ; LEVIN, D. ; RIPPA, S.: Data Dependent Triangulations for Piecewise Linear Interpolation. **In:** *IMA Journal of Numerical Analysis* 10 (1990), S. 137–154

[FDFH92]   FOLEY, J.D. ; DAM, A. van ; FEINER, S.K. ; HUGHES, J.F.: *Computer Graphics: Principles and Practice*. Addison–Wesley, 1992

[FKU77]   FUCHS, H. ; KEDEM, Z.M. ; USELTON, S.P.: Optimal Surface Reconstruction from Planar Contours. **In:** *Communications of the ACM* 20 (1977), Oktober, Nr. 10, S. 693–702

[FMW95]   FRIEDHOFF, J. ; MÜLLER, H. ; WEINERT, K.: Efficient Discrete Simulation of 3-Axis Milling / Fachbereich Informatik, Universität Dortmund. 1995 (591). – Forschungsbericht

[HDD 92]   HOPPE, H. ; DEROSE, T. ; DUCHAMP, T. ; MCDONALD, J. ; STUETZLE, W.: Surface Reconstruction from Unorganized Points. **In:** *Computer Graphics* 26 (Juli 1992), Nr. 2, S. 71–78

[HJ87a]   HOFFMANN, R. ; JAIN, A.K.: Segmentation and Classification of Range Images. **In:** *Transaction on Pattern Analysis and Machine Intelligence* 0 (1987), Nr. 5, S. 608–620

[HJ87b]   HOFFMANN, R. ; JAIN, A.K.: Segmentation and Classification of Range images. **In:** *IEEE Trans. Pattern Analysis and Machine Intelligence* 9 (1987), Nr. 5, S. 608–620

[HL89]   HOSCHEK, J. ; LASSER, D.: *Grundlagen der geometrischen Datenverarbeitung*. B.G. Teubner, Stuttgart, 1989

[IS93]   IOANNIDES, M. ; SCHITTENHELM, K.M.: Digitalisieren mit bahngeregeltem Laser-Scanner. **In:** *ZWF-CIM* 88 (1993), Nr. 9, S. 416–418

[Kep75] KEPPEL, E.: Approximating complex surfaces by triangulation of contour lines. In: *IBM Journal of Research Development* 19 (1975), S. 2–11

[Kle92] KLEIN, H.: *Rechnergestützte Qualitätssicherung bei der Produktion von Bauteilen mit frei geformten Oberflächen*, Universität Karlsruhe, Dissertation, 1992

[Koc95] KOCHAN, D. (Hrsg.): *Internationaler Kongreß: Intelligente Produktionssysteme, Solid Freefom Manufacturing* / GFaI Sachsen, Dresden (Veranst.) 1995

[Mas96] MASSEN, R.: 5-Achsen Digitalisierer OptoShape mit Rapid Prototyping - Erfahrungen aus zwei praktischen Anwendungen. In: *International Conference on Rapid Product Development* (siehe [Stu96]), S. 129–136

[MGKR95] MASSEN, R. ; GÄSSLER, J. ; KONZ, C. ; RICHTER, H.: Optische Digitalisierung mit 5 Achsen: zwingend notwendig? In: Kochan (Hrsg.) (siehe [Koc95]), S. 176–184

[Mil89] MILNIKEL, R.: *Beitrag zur Produktivitätssteigerung beim Fertigungsverfahren Nachformen*, Universität Dortmund, Dissertation, 1989

[SB92] SUK, M. ; BHANDARKAR, S.M.: *Three-Dimensional Object Recognition from Range Images*. Springer, Berlin, 1992

[Sch93] SCHUMAKER, L.: Computing optimal triangulations using simulated annealing. In: *Computer Aided Geometric Design* 10 (1993), S. 329–345

[Sch94] SCHREIBER, T.: *Analyse und Approximation von unstrukturierten Daten und Freiformflächen*, Universität Kaiserslautern, Dissertation, 1994

[SH95] STEGER, W. ; HALLER, T.: Neue Methoden der intelligenten Verarbeitung von 3D-Meßdaten. In: Kochan (Hrsg.) (siehe [Koc95]), S. 195–203

[SH96] SCHÖNE, C. ; HOFMAN, J.: Reverse Engineering auf der Basis von ungeordneten Digitalisierdaten. In: *AWB-Workshop, Technische Akademie Esslingen* (18.-19. Juni 1996)

[SP88] SLOAN, K. ; PAINTER, J.: Pessimal Guess may be Optimal. In: *Transaction on Pattern Analysis and Machine Intelligence* 10 (1988), Nr. 6

[SR95] SHELLABEAR, M. C. ; RÖNNER, A.: Integration of Projection Moire with Coordinate Measuring Machines. In: *Firmeninformation, EOS-Electro Optical Systems, Planegg/München* (1995)

[Stu96] Stuttgarter Messe und Kongressgesellschaft (Veranst.): *International Conference on Rapid Product Development* Stuttgart, 10.-11. Juni 1996

[Wei95]   WEIGERT, H.: CAD und Flächenrückführung im Prototypenbau.
            In: Kochan (Hrsg.) (siehe [Koc95]), S. 215–222

[Woh94]   WOHLERS, T.: 3D Digitizing Systems. **In:** *Computer Graphics
            World* (1994), April, S. 59–61

[Wol87]   WOLLENBERG, R.: *Fertigung komplexer Werkstücke durch Digita-
            lisierung räumlicher Modelle*, Universität Dortmund, Habilitation,
            1987

[YKMA94]   YAZAR, K. ; KOCH, K. ; MERRICK, T. ; ALTAN, T.: Feed rate
            optimization based on cutting force calculation in 3-axis milling
            of dies and molds with sculptured surfaces. **In:** *Int. Journal of
            Machining Tools Manufacturing* 34 (1994), Nr. 3, S. 365–377

11 A Pixel-Oriented Approach for Rendering Line Drawings*

Oliver Deussen
Department of Computer Science
Institute of Simulation and Graphics
Otto-von-Guericke University of Magdeburg
D-39016 Magdeburg, Germany
email: deussen@isg.cs.uni-magdeburg.de

April 30, 1997

Abstract:

Pixel-oriented approaches for generating line drawings have been used by several authors in the last years. We extend given G-Buffer based methods by adding a special way of generating hatching lines and subsequently applying half-toning Operations. Hatching lines are created by intersecting the model with a set of planes. Half-toning is done on the basis of hatching lines and corresponding areas for which the appearance of the lines should approximate the given intensity distribution.

11.1 Introduction

In recent years, a number of methods have been evolved to generate various kinds of line drawings. The approaches can be divided in analytical and pixel-

---

*This article is a slightly changed preprint of the chapter „Pixel-oriented Rendering of Line Drawings" to be published in the book: Th. Strothotte, H. Wagener (Eds.): „Abstraction in Interactive Computational Visualization - Exploring Complex Information Spaces", Springer-Verlag, Heidelberg

based methods. In the following a pixel-based method is presented. A set of G-buffers (c.f. [ST90]) is used for encoding visual and geometrical properties of the models. A G-buffer stores information for each pixel of the image. These buffers are combined with hatching lines that are obtained by intersecting the model with a set of planes. The approach can be seen as a half-toning method that uses additional information about the object to be displayed.

In comparison to analytical solutions, a pixel-oriented approach has several advantages and also shortcomings. While working analytically, the results are resolution-independent, which is not the case with pixel-oriented methods. An analytical hidden surface removal algorithm may generate more and other information about visible lines and surfaces than is possible by a pixel-oriented method. This makes analytical approaches more flexible and also more general than pixel-based algorithms.

A pixel-oriented strategy offers the general advantage of easily using graphics hardware which makes algorithms very fast. Additionally, the methods are independent of the graphical primitives used to form the models. Everything that can be displayed by the hardware can also be used to form the line drawing. The algorithms can be parallelised easily, and in general they are much simpler to implement and to maintain than analytical methods. This makes pixel-based approaches preferentially applicable where results have to be generated fast and where huge or complex data sets are to be handled.

After giving some citations on previous work and presenting the ingredients of the method, some results are shown. A statue and a bust of Beethoven are used for this purpose. The models have been chosen because they have a slightly curved but complex geometry, which is the case for many models that are to be drawn using hatching lines. The last section gives some suggestions on combining analytical and pixel-based methods. This is future work.

11.2   Previous work

Pixel-based algorithms for solving visibility problems have a long tradition in computer graphics. CATMUL [Cat74] presented the idea of using a z-buffer, an array storing the colour and depth for each pixel of the image. This buffer is used to compute visible parts of the given geometrical data by comparing depth values of all pixels with the values already stored in the z-buffer. The amount of memory needed by this method can be reduced by using a scan line method which works only with one line of the z-buffer (c.f. [Mye75]). Other refinements concern the application to CSG solids [RR86] and the processing of data stored in BSP-Trees. Hardware implementations (cf. [BFP86]) of z-buffers can be found in nearly all graphics hardware.

SAITO and TAKAHASHI [ST90] applied image processing to the z-buffer and introduced other pixel buffers (called G-buffers) to generate expressive images such as line drawings. Their work is stated to be one of the roots of non photo-realistic imaging. Though extended in some ways, the real breakthrough for non photo-realistic imaging and especially for the use of line drawings took place in the last years, motivated by the work of SCHOFIELD [L595], SALESIN et al. (c.f. [SAB594, WS94, SALS96, WS96]). Here, mostly analytical and textural methods were used to produce line drawings.

LEISTER [Lei94] introduced a special kind of ray tracing in combination with image processing operators for generating line drawings. His method can be seen as an application of volume texturing in order to visualise objects with an outlook similar to copper plates.

The method presented here can be seen as an extension of the work of Saito and Takahashi. Additional G-buffers and cross sectional information are used to form the typical outline of hatched line drawings. The combination of G-buffers with half-toning algorithms seems to be new.

11.3 A pixel-oriented graphics pipeline

A pixel-based method for achieving line drawings is quite different to analytical approaches. In a first step some basic G-buffers are to be calculated. Image operators are applied to the basic buffers in order to generate additional buffers representing additional information for the drawing process like structural lines or vector fields

In this section the set of G-buffers and corresponding image operators is presented, some extensions to standard image operators are shown.

11.3.1 Basic G-buffers

A set of four buffers forms the basis of all subsequent operations. Each of them can be calculated efficiently by using standard graphical hardware. For simplification the domain of each pixel is assumed to be the set of integers.

The first G-buffer is the image itself. It is represented as the pixel array I with values describing the light intensity for every point of the image. For the purpose of creating black and white line drawings, a grey map which represents the intensities is sufficient.

Tab. 11.1 Basic G-buffers

Description	Symbol	Domain
Image	I	$\mathbb{N}$
Depth values	Z	$\mathbb{N}$
id-buffer	ID	$\mathbb{N}$
Normal vectors	N	$\mathbb{R}^3$

The second G-buffer is called the depth buffer or z-buffer. The values determine the distance of the model to the viewing plane for each pixel. Later, some image operators will be applied to this buffer to generate other buffers.

Another useful buffer is the id-buffer. The value (colour or grey value) of every pixel encodes the index of the visible geometric primitive at this point. For instance, this buffer can also be used for computing efficiently a high quality representation of the image I, as the hidden surface problem is already solved if an id-buffer is present.

The last basic G-buffer stores normal vectors of the geometry. For each pixel the corresponding normal vector of the visible geometry is stored (if it is defined). Usually one needs three images to store the values, the pixels of each image store one coordinate.

It should be pointed out that numerical accuracy is at many times crucial for obtaining good results. Therefore intermediate G-buffers might be stored by using floating point numbers or long integers.

11.3.2 G-buffer operators

In the following the set of image operators is shown. These operators are applied to the basic G-buffers in order to compute other G-buffers necessary for generating line drawings. A functional notation is used to describe the operators. For example the bitwise „and" of two images I_1, I_2 is denoted as „$\mathrm{And}(I_1, I_2)$".

Tables 11.2 and 11.3 list the image operators used for generating the line drawings. Most of them are known from standard image analysis literature. The implementation of the others can be found below.

Difference operators

Calculating the value of first and second order differences from a pixel image is a classical operation in image analysis. In [ST90] the difference operator of

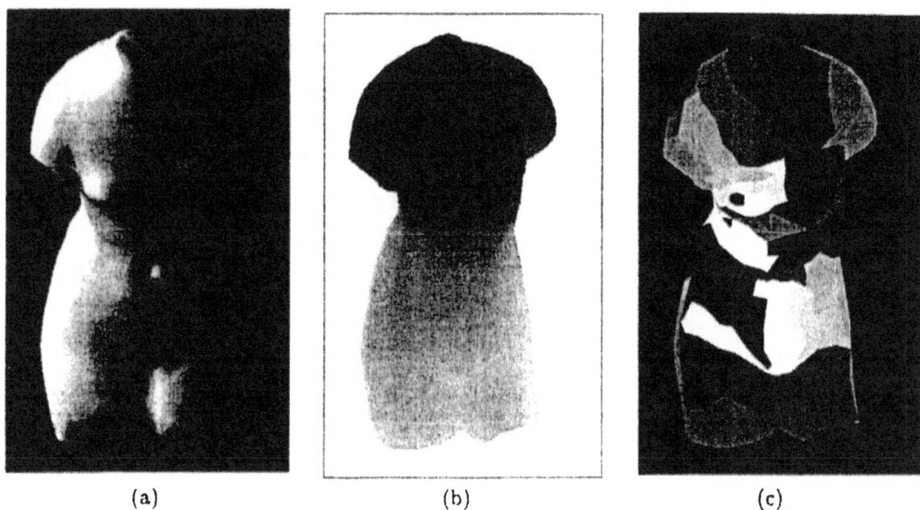

Abb. 11.1 Basic G-buffers: a) Image intensity (I), b) Depth values (Z), c) Primitive index
(ID).

SOBEL (c.f. [RK82]) is used. In the following $G_{i,k}$ denotes the value of the
pixel in line i and row k of G-buffer G.

$$
\begin{aligned}
d1(G_{i,k}) = (|&G_{i-1,k-1} + 2G_{i,k-1} + G_{i+1,k-1} \\
&- G_{i-1,k+1} - 2G_{i,k+1} - G_{i+1,k+1}| \\
|&G_{i+1,k-1} + 2G_{i+1,k} + G_{i+1,k+1} \\
&- G_{i-1,k-1} - 2G_{i-1,k} - G_{i-1,k+1}|)/8
\end{aligned}
$$

The purpose of this operator is to detect discontinuities in the basic G-buffers.
These discontinuities can be used to form structural lines. Therefore the operator is normalised; k_{d1} denotes the threshold, $d1_{min}$ and $d1_{max}$ the minimal
and maximal differences.

$$
Diff(G_{i,k}) = \begin{cases}
\dfrac{(d1_{min}(G_{i,k}) - d1(G_{i,k}))}{(d1_{max}(G_{i,k}) - d1_{min}(G_{i,k}))} & d1_{max}(G_{i,k}) - d1_{min}(G_{i,k}) > k_{d1} \\[2em]
\dfrac{(d1_{min}(G_{i,k}) - d1(G_{i,k}))}{k_{d1}} & d1_{max}(G_{i,k}) - d1_{min}(G_{i,k}) \le k_{d1}
\end{cases}
$$

To detect discontinuities of second order, the following operator is used by Saito and Takahashi. It is also normalised to allow the generation of uniform lines:

$$d2(G_{i,k}) = (8G_{i,k} - G_{i-1,k-1} - G_{i-1,k} - G_{i-1,k+1} - G_{i,k-1} - G_{i,k} -$$
$$-G_{i,k+1} - G_{i+1,k-1} - G_{i+1,k} - G_{i+1,k+1})/3$$

$$Diff2(G_{i,k}) = \begin{cases} d2(G_{i,k}) & d1_{max}(G_{i,k}) \leq k_{d2} \\ \frac{d2(G_{i,k})}{(d1_{max}(G_{i,k})/k_{d2})^2} & d2_{max}(G_{i,k}) > k_{d2} \end{cases}$$

Tab. 11.2 Unary G-buffer operators

Description	Symbol	Domain
Bitwise operators	$Set()$	$\mathbb{N} \rightarrow \mathbb{N}$
	$Unset()$	$\mathbb{N} \rightarrow \mathbb{N}$
	$Round()$	$\mathbb{R} \rightarrow \mathbb{N}$
Value of first order difference	$Diff1()$	$\mathbb{N}^2 \rightarrow \mathbb{R}$
Valne of second order difference	$Diff2()$	$\mathbb{N}^2 \rightarrow \mathbb{R}$
Direction of pixels with same value	$ISO()$	$\mathbb{N}^2 \rightarrow \mathbb{R}^2$
Integer conversation of direction vector (angle)	$A^{-1}()$	$\mathbb{R}^2 \rightarrow \mathbb{N}$
Retrieval of direction vector from integer value	$A()$	$\mathbb{N} \rightarrow \mathbb{R}^2$

Tab. 11.3 Binary G-buffer operators

Description	Symbol	Domain
Bitwise operations	$And()$	$\mathbb{N} \times \mathbb{N} \rightarrow \mathbb{N}$
	$Or()$	$\mathbb{N} \times \mathbb{N} \rightarrow \mathbb{N}$
Pixel-wise arithmetic operations	$Add()$	$\mathbb{N} \times \mathbb{N} \rightarrow \mathbb{N}$
	$Sub()$	$\mathbb{N} \times \mathbb{N} \rightarrow \mathbb{N}$
	$Max()$	$\mathbb{N} \times \mathbb{N} \rightarrow \mathbb{N}$
	$Min()$	$\mathbb{N} \times \mathbb{N} \rightarrow \mathbb{N}$
	$Mul()$	$\mathbb{N} \times \mathbb{N} \rightarrow \mathbb{N}$
	$Div()$	$\mathbb{N} \times \mathbb{N} \rightarrow \mathbb{N}$
Multiplication with scalar value	$Smult()$	$\mathbb{N} \times \mathbb{R} \rightarrow \mathbb{R}$
Threshold operation	$T()$	$\mathbb{N} \times \mathbb{N} \rightarrow \mathbb{N}$

Though these operators allow to extract discontinuities in a desirable way, a third operator was designed to generate „lighter" lines which are needed for high quality pixel-vector conversion (see below).

Thc difference operator $Diff1$ generates lines as can be seen in Figure 11.2(b). Vertical and horizontal lines are generated as required, but diagonal lines are too fat. Application of the operator $Diff1a$ leads to a better (lighter) result.

The operator $Diff1$ a is also normalised, i.e. it delivers binary values and no information about the level of discontinuity is provided.

Figure 11.2: Results of difference operators: a) Original image; b) after applying $Diff1$, c) after applying $Diff1a$.

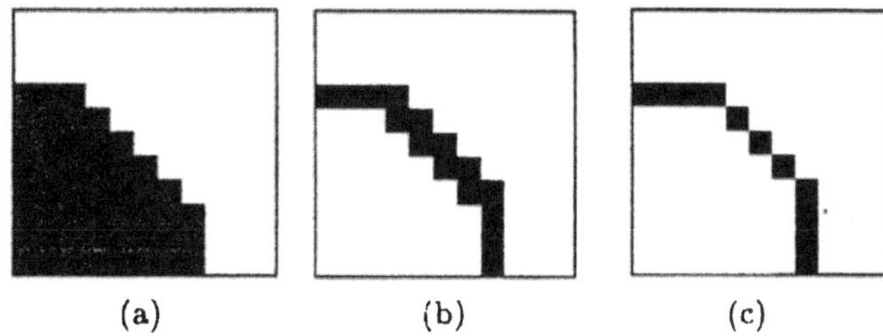

(a)   (b)   (c)

Abb. 11.2 Results of difference operators: a) Original image, b) after applying $Diff1$, c) after applying $Diff1a$.

The operator has a procedural implementation that works in two steps: First, the image is scanned line by line. If the horizontal differences are above the threshold k_{d1}, the pixel is set. Second, the image is processed row by row. Now a pixel is set only if either the upper or right neighbour is not set at this time.

```
Procedure Diff1a()
{
  for (k=0;k<height;k++) {
    unset (G_{i,0});
    for (i=1;i<width;i++)
      if (|G_{i-1,k} - G_{i,k}| > k_{d1}) then set(G_{i,k}) else unset(G_{i,k})
  }
  for (i=1;i<width;i++)
    for (k=0;k<height;k++)
      if (|G_{i,k+1} - G_{i,k}| > k_{d1}) and (!G_{i,k+1} or
          !G_{i-1,k}) then {
        set(G_{i,k});
        if (G_{i,k-1} and G_{i-1,k}) unset(G_{i,k});
      }
}
```

An application of the difference operators to G-buffers can be found in Figure 11.3, where structure lines are generated using the image and the z-buffer by application of difference operators.

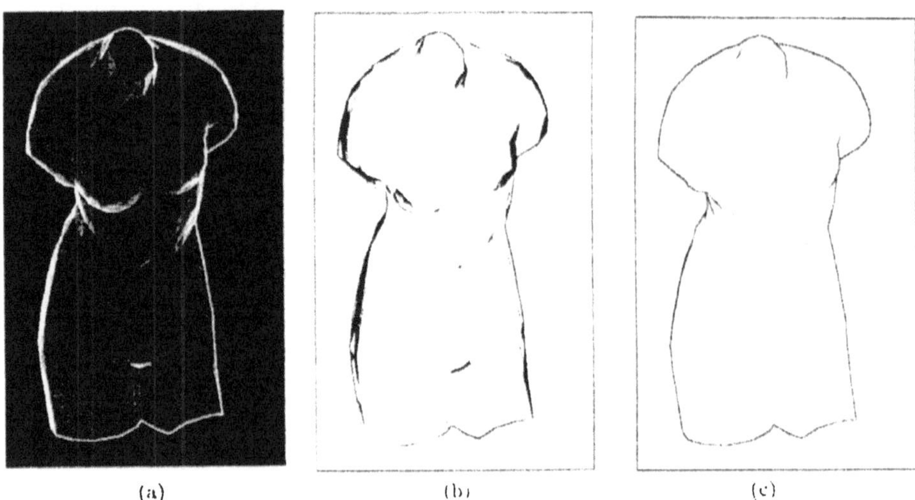

Abb. 11.3 Application of difference operators to the image and the z-buffer: a) $Diff1(I)$, b) $Tresh(Diff1(I), 30)$, c) $Tresh(Diff1(Z), 30)$.

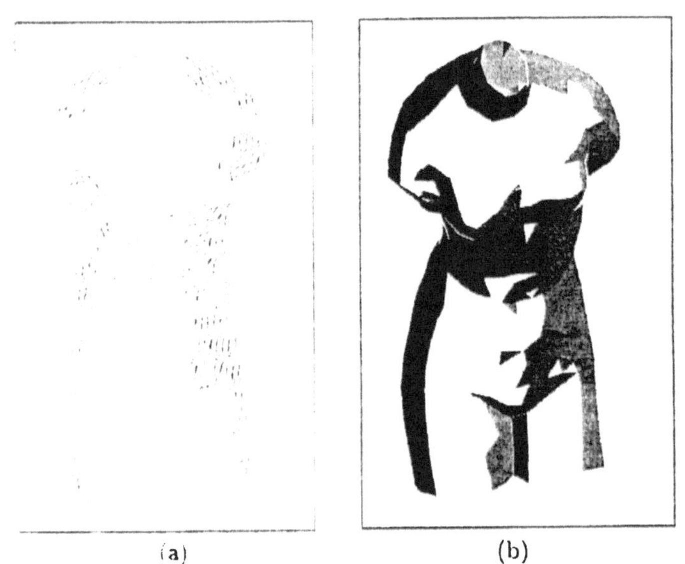

Abb. 11.4 Visualization of *ISO* depth vectors (a). The vectors are stored by their direction angle (b).

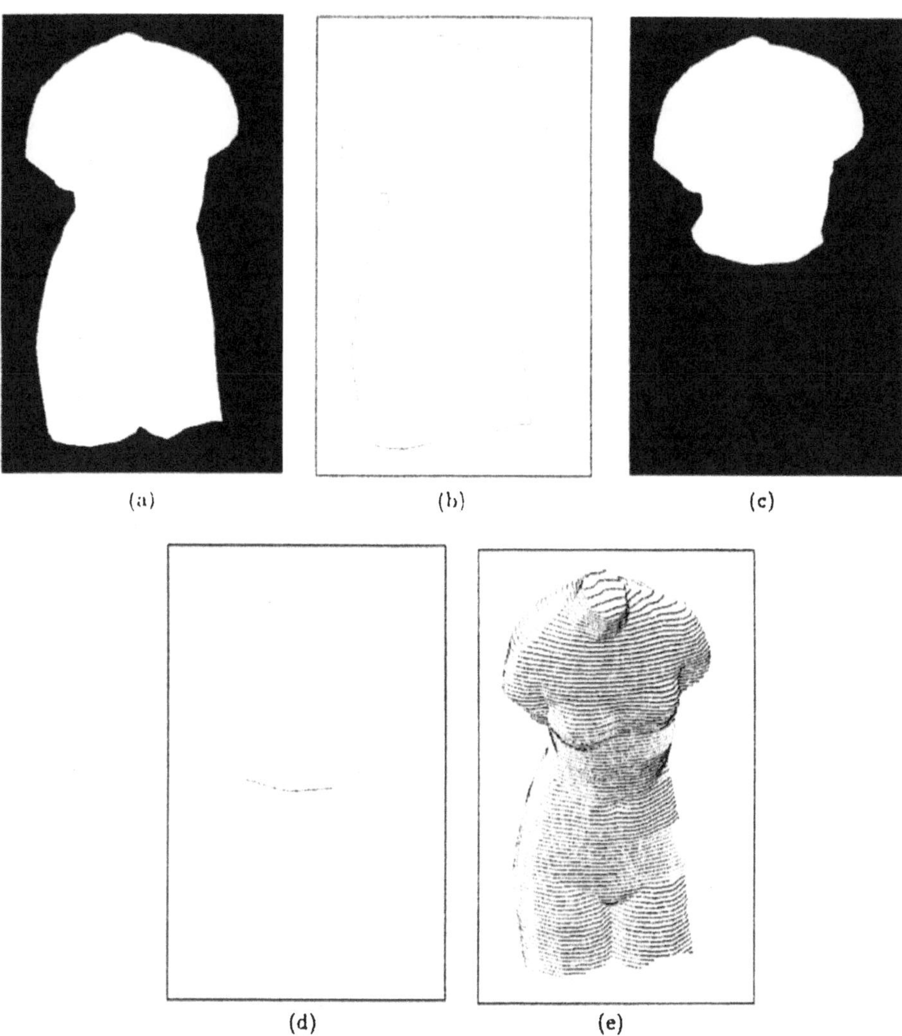

Abb. 11.5 Pixel based generation of intersecting lines: a) Flat shaded image of the full model, b) Extracting the outline by application of $Diffa()$ and pixel vector conversation, c) A flat shaded image by using a clipping plane, d) Resulting vector after subtracting the outline of Figure b), e) The whole set of intersecting lines.

These results can be seen as first sketches of the figure. It can be seen that $Tresh(Diff1(Z), 30)$ yields better results than $Tresh(Diff1(1), 30)$ if the figure should not be drawn in a very „sketchy" way.

The *ISO* operator

During the generation of hatching lines it is sometimes necessary to draw lines along pixels with the same depth value. This is done by using another G-buffer that stores for every pixel the direction of pixels with the same value (if this direction is unique).

This buffer can be generated by applying the *ISO* operator to a G-buffer. The *ISO* operator is defined by the perpendicular vector of the pixel-wise gradient direction:

$$GRAD_x(G_{i,k}) = - G_{i-1,k-1} + G_{i+1,k-1} -$$
$$- G_{i-1,k} + G_{i+1,k} -$$
$$- G_{i-1,k+1} + G_{i+1,k+1}$$

$$GRAD_y(G_{i,k}) = - G_{i-1,k-1} + G_{i-1,k+1} -$$
$$- G_{i,k-1} + G_{i+1,k+1} -$$
$$- G_{i+1,k-1} + G_{i+1,k+1}$$

$$ISO(G_{i,k})) = (GRAD_y(G_{i,k}), -GRAD_x(G_{i,k}))^T \tag{11.1}$$

In Figure 11.4(a) the direction of the vectors is visualised. The vectors are stored by their direction angle using the functions $A()$ rsp. $A^{-1}()$.

The other operators of Tables 11.2 and 11.3 should be clear to the reader, otherwise it is referred to the standard literature of image analysis (eg. [RK82]).

Until now it was shown how G-buffers can be created by using image operators to the basic G-buffers. In the next paragraph another sort of information is introduced which allows us to use more knowledge about the geometry of the model. All this information is combined later in the half-toning step to form the image.

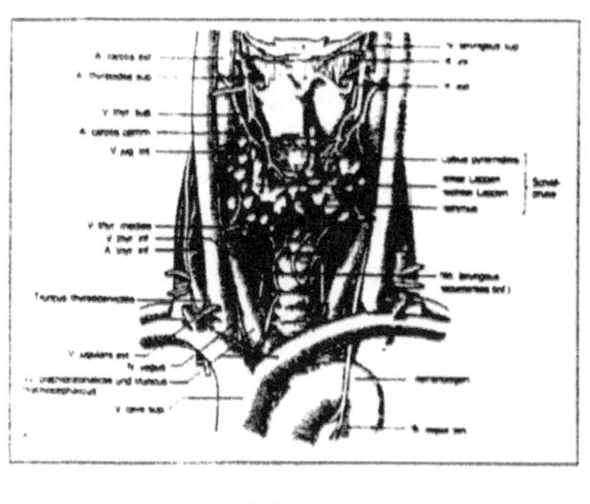

(a)

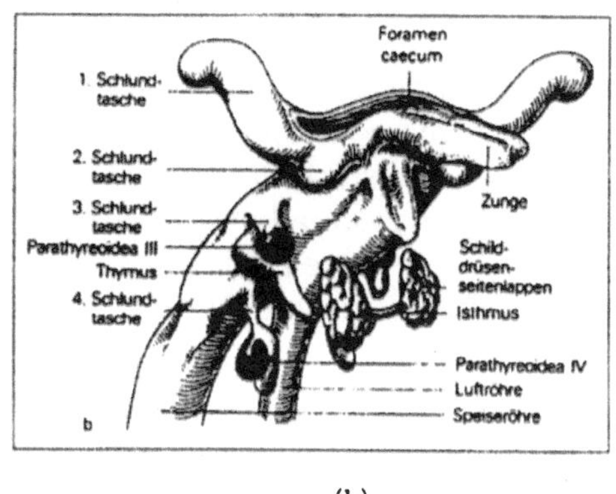

(b)

Abb. 11.6 Two examples of medical illustrations.

11.3.3 Introducing Additional Intersection Information

Looking at Figures 11.6 (a) and (b) one might see the hatching lines of some of the objects look like drawn along intersections between the object and a set of parallel planes.

Having such a set of intersecting lines should help in directing subsequent half-toning operators along the surface of the objects. This was the reason for generating intersection lines. In Figure 11.5(e) such a set is shown.

Intersection lines can be created either analytically by intersecting the model with a set of planes or, as done here, by a combination of pixel-based operations and image analysis.

As we wanted to study the capability of pixel-based methods, we created the intersections by using the second method. The process has several steps: First the full model is shaded using flat shading and a dark background (Figure 11.5(a)). By applying the operator $Diff1a()$ and performing a pixel-vector conversation, the outline of the model is generated (Figure (b)).

Now the same is done by using a set of clipping planes. The operator $Diff1a()$ is applied again and the outline of the model is subtracted. What remains is the pixel representation of the intersecting line. A pixel-vector conversation is done to achieve the desired pixel vector. One of these vectors is called S_i, the whole set is called $\{S_i\}$

In the next section the G-buffers and the sets of intersecting lines are used by some half-toning procedures to form the line drawing.

11.3.4 Half-toning

The half-toning process is a function which maps an image of grey values to another image composed by the colours black and white. The half-toning process must preserve the integral grey value over each (sufficiently large) part of the picture. Normally zero knowledge is assumed about the content of the image to be processed. This is not the case here, as we want to do a special kind of half-toning which leads us to hatched images.

In Figure 11.7 is shown how information about the model can be used by a half-toning process. Figure (a) shows the result of half-toning by a standard error diffusion algorithm. In Figure (b) the error diffusion algorithm was modified to generate short hatching lines with a slope of 45 degrees. The artefacts of one line direction can be eliminated by using two different line directions and a slight variation of the slope angle around 45 degrees (c.f. Figure (c)).

In Figure (d) these lines are modulated by the depth of the model. For places with higher depth the generated lines are redirected to the direction of $ISO(Z)$-buffer. This improves the quality of the half-toning as can be seen in the region to the right of the model. Now, pixels of similar grey value but different depth can be distinguished better by the angle of the hatching lines.

Another nice effect can be achieved if wood carving is simulated (c.f. Figure 11.8). In Figure (a) the width of a sine wave was modulated by the grey values of the image I. In Figure (b) the frequency of the wave was raised according to the depth values of the model.

In the last example intersecting lines are used for half-toning. In Figure 11.9(a) the width of the lines is chosen according to the grey value of the corresponding pixels in I. The $ISO(Z)$-buffer is used to draw the lines visually on the surface of the model. If the set of intersecting lines is changed, some artistic effects can be achieved (see Figure (b)).

Computer generated copper plates

As mentioned above, LEISTER used ray tracing in combination with black and white volume textures to simulate the generation of copper plates. This approach is quite similar to explicitly generating intersections, as was done above. If the volume texture consists of parallel planes, the ray tracing algorithms tests for each pixel if one of these planes is present at the point, where the ray hits the surface of the visible object.

The advantage of generating intersections explicitly is that these intersections can be post-processed later using additional information about the object. This makes the approach somewhat more general.

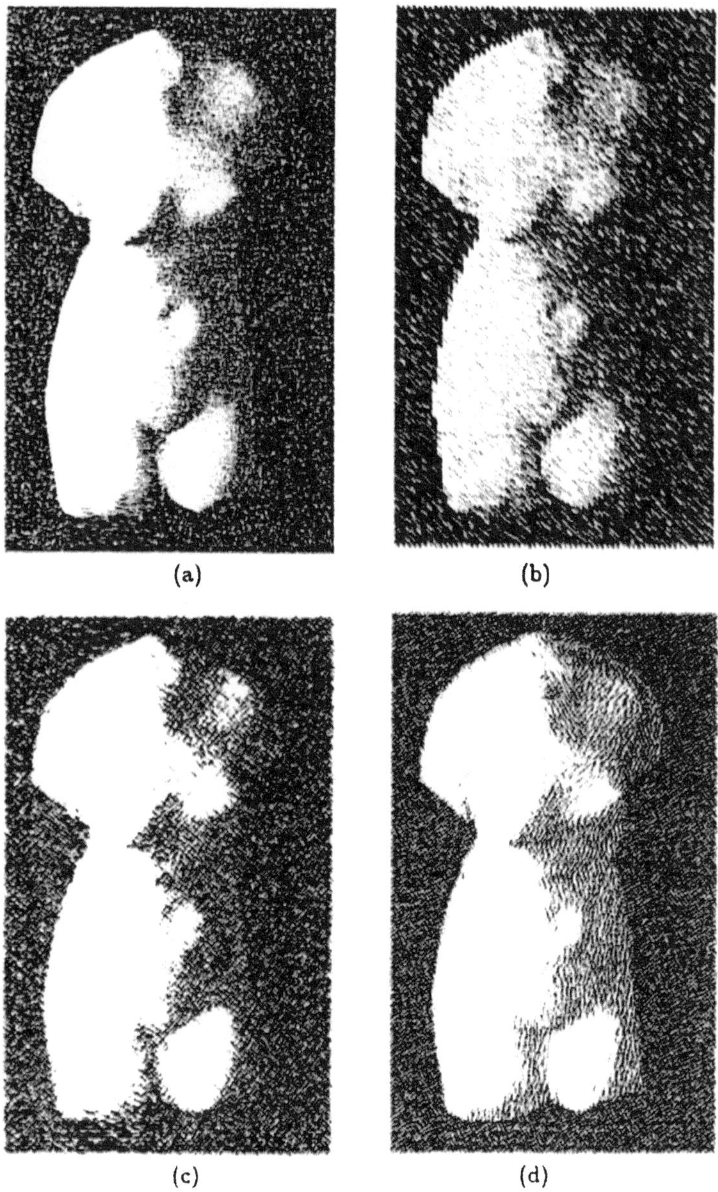

Abb. 11.7 A first half-toning process using hatching lines and G-buffers: a) Application of a error diffusion algorithm using points, b) The same can be done by using short lines, c) Two line directions are combined, d) The direction of the hatching lines is modulated by the depth of the geometry with respect to the $ISO(Z)$ vectors.

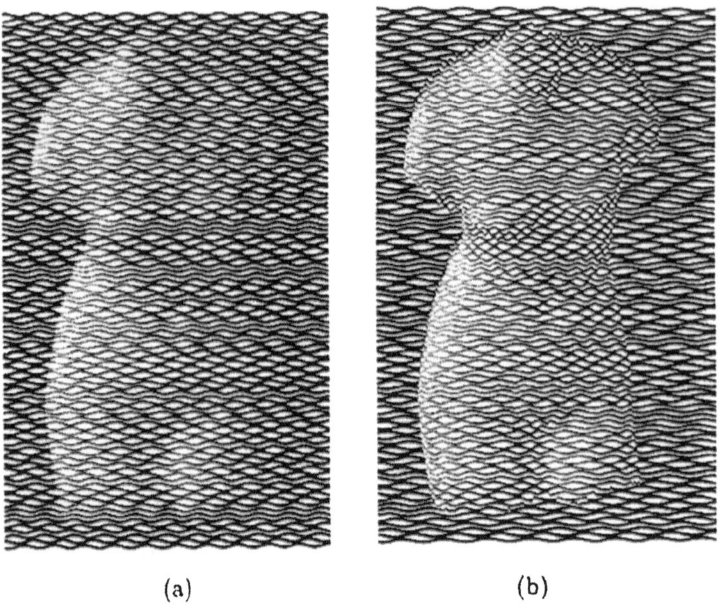

(a)   (b)

Abb. 11.8 Simulation of wood carving: The frequency of a sine wave was modulated by the depth of the model, the width by the grey values of I.

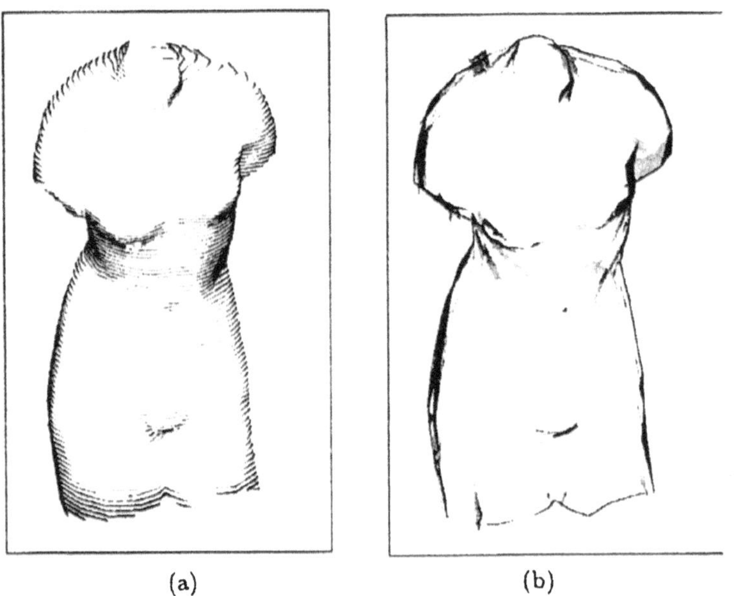

(a)   (b)

Abb. 11.9 (a) Using intersection lines for hatching, (b) Artistic effects can be achieved by changing the set of intersecting lines.

Artists use several tricks while working out copper plates. It is too simple to assume one can achieve a computer generated copper plate by just intersecting the model with a set of parallel planes. Real copper plates are made by using non-parallel planes or even other objects, sometimes several planes are overlaid as can be seen in the face of the left nun in Figure 11.10. In the right image different styles are used for the light and the dark parts of the face.

(a)   (b)

Abb. 11.10 Two copper plates of nuns demonstrate the usage of different styles within one image.

In Figure 11.11 a copper plate is simulated. Several parts of the model were processed separately and later combined by using z-buffers. The size of the generated dots was chosen according to the intensity of the model's image I.

11.3.5 Summary

In this section a pixel-based rendering pipeline was demonstrated. The pipeline consists of three steps. First the basic G-buffers have to be generated. By application of image operators additional buffers are created in a second step. One may also create intersection information, if appropriate. In the last step a half-toning process is applied to the data which maps the intensities of the image buffer I to the size, direction and style of the generated lines.

For high quality images sometimes a high resolution of intermediate G-buffers is needed. Therefore it can be useful to partition the buffers (OpenGL works with images of 2,000x2,000 pixels maximum).

11.4 Combining analytical and pixel-oriented methods

Abb. 11.11 A computer generated copper plate showing a bust of Beethoven. The face was drawn by using two sets of intersecting planes, the rest was generated by using one set.

There are some places where analytical and pixel-oriented methods can be combined. On one hand the analytical generation of intersections can be used to get 3-D results, on the other hand their pixel-based generation can be mapped into 3-D by using back projection (parts of the intersections are possibly missing if not visible). The results are now usable in an analytical approach.

G-buffers in general can be used at places where it is sufficient to store information at discrete points. Every analytical approach involves the creation of the image for a pre-defined view. At this point, pre-calculated G-buffers may introduce additional information like vector fields (eg. ISO-values) or depth information.

Pixel-oriented methods may also be used to obtain image-based control on the number and distance of hatching lines. The avoidance of Moiré-patterns is an important problem during the generation of line drawings. It depends on the resolution of the output devices how narrow curves can be placed to each other without obtaining a Moiré-pattern. If a line drawing should be rendered for a specific output device with given resolution, G-buffers may allow to calculate the pixel distance from line to line efficiently.

The generation of intesecting lines may now be an iterative process: A new intersection is generated, the maximal and minimal pixel-distances to their neighbours is measured and the intersection plane is moved if the distances do not match pre-defined criteria. Such methods were proposed by SAITO and TAKAHASHI in [ST90] and also by TURK and BANKS (c.f. [TB96]) for generating stream lines. The application to line drawings is future work.

11.5   References

[BFP86]   Kellogg S. Booth David R. Forsey, and Alan W. Paeth. Hardware assistance for Z-buffer visible surface algorithms. In M. Green, editor, *Proceedings of Graphics Interface '86*, pages 194-201, May 1986

[Cat74]   E. Catmull. *A subdivision Algorithm for Computer Display of Curved Surfaces*. PhD thesis, Computer Science Department, University of Utah, Salt Lake City, UT (REPORT UTEC-CSs-74-133), 1974.

[Lei94]   W. Leister. Computer generated copper plates. *Computer Graphics Forum*, 13(1):69-77, 1994.

[LS95]   John Lansdown and Simon Schofield. Expressive rendering: A review of nonphotorealistic techniques. *IEEE Computer Graphics and Applications*, 15(3):29-37, May 1995.

[Mye75]   A. Myers. An efficient visible surface program. Technical report, National Science Foundation, Computer Graphics Research Group, Ohio State University, Columbus, Ohio, 1975.

[RK82]   A. Rosenfeld and A.C. Kak. *Digital Picture Processing*. Academic Press, 1982.

[RR86]   J. R. Rossignac and A. A. G. Requicha. Depth-buffering display techniques for constructive solid geometry. *IEEE Computer Graphics and Applications*, 6(9):29-39, 1986.

[SABS94]   Michael P. Salisbury, Sean E. Anderson, Ronen Barzel, and David H. Salesin. Interactive pen-and-ink illustration. In Andrew Glassner, editor, *Proceedings of SIGGRAPH '94 (Orlando, Florida, July 24-29, 1994)*, Computer Graphics Proceedings, Annual Conference Series, pages 101-108. ACM SIGGRAPH, ACM Press, July 1994. ISBN 0-89791-667-0.

[SALS96]   Mike Salisbury, Corin Anderson, Dani Lischinski, and David H. Salesin. Scale-dependent reproduction of pen-and-ink illustrations. In Holly Rushmeier, editor, *SIGGRAPH 96 Conference Proceedings*, Annual Conference Series, pages 461-468. ACM SIGGRAPH, Addison Wesley, August 1996. held in New Orleans, Louisiana, 04-09 August 1996.

[ST90]   T. Saito and T. Takahashi. Comprehensive rendering of 3-d shapes. In *Computer Graphics (Proc. SIGGRAPH 90)*, volume 24(4), pages 197-206. ACM SIGGRAPH, ACM Press, 1990.

[TB96]   Greg Turk and David Banks. Image-guided streamline placement. In Holly Rushmeier, editor, *SIGGRAPH 96 Conference Proceedings*, Annual Conference Series, pages 453-460. ACM SIGGRAPH, Addison Wesley, August 1996. held in New Orleans, Louisiana, 04-09 August 1996.

[WS94]   Georges Winkenbach and David H. Salesin. Computer-generated pen-and-ink illustration. In Andrew Glassner, editor, *Proceedings of SIGGRAPH '94 (Orlando, Florida, July 24- 29, 1994)*, Computer Graphics Proceedings, Annual Conference Series, pages 91-100. ACM SIGGRAPH, ACM Press, July 1994. ISBN 0-89791-667-0.

[WS96]   Georges Winkenbach and David H. Salesin. Rendering free-form surfaces in pen and ink. In Holly Rushmeier, editor, *SIGGRAPH 96 Conference Proceedings*, Annual Conference Series, pages 469-476. ACM SIGGRAPH, Addison Wesley, August 1996. held in New Orleans, Louisiana, 04-09 August 1996.

12 Reconstruction of Surfaces from Three-Dimensional Point Clouds

Robert Mencl

Universität Dortmund

Informatik VII (Computer Graphics)

mencl@LS7.informatik.uni-dortmund.de

12.1 Introduction

The difficulties in modeling complex objects for engineering, medicine or computer animation lead to the use of automatic range scanning systems which provide point data on the object's surface. The computation of a surface out of this point data is referred to as surface reconstruction. The resulting surface is usually represented as a triangular mesh, but other representations like B-spline patches or implicit surface descriptions are also possible.

The problem of surface reconstruction is not a precisely defined task. For that reason, many heuristic algorithms were developed in the past with different strengths and weaknesses. While some algorithms compute only an approximating surface to the point data, other approaches yield an interpolating result that is sometimes required for the specific application. Problems can also arise if the user has to adjust global parameter values that have to fit at areas with high detail and high point density as well as to areas with low point density. Another difficulty is the reconstruction of sharp turns of the surface. This usually implies restrictions on the sampling strategy that is necessary for a correct reconstruction. Whenever an approach is based on some assumptions on the type of surface that is represented by the data, the consequence may be that other types cannot be reconstructed appropriately. For example, if an algorithm is specialized on reconstructing orientable surfaces, non-orientable surfaces are problematic.

In the following we give a survey of existing algorithms in chronological order and finally outline a new approach developed by the author. The algorithms are classified by identifying basic methods that are common to the independently developed solutions. Some algorithms use more than one methodology. The different basic classes are reconstruction based on spatial subdivision (sections 12.2, 12.5, 12.6, 12.8, 12.9, 12.11, 12.12, 12.13, 12.15, 12.16), on distance functions (sections 12.6, 12.10, 12.14), on warping (sections 12.7, 12.11), and on incremental surface growing (sections 12.3, 12.17). Sections 12.4 and 12.17 treat the aspect that an object represented in a sample data set may consist of several connected components.

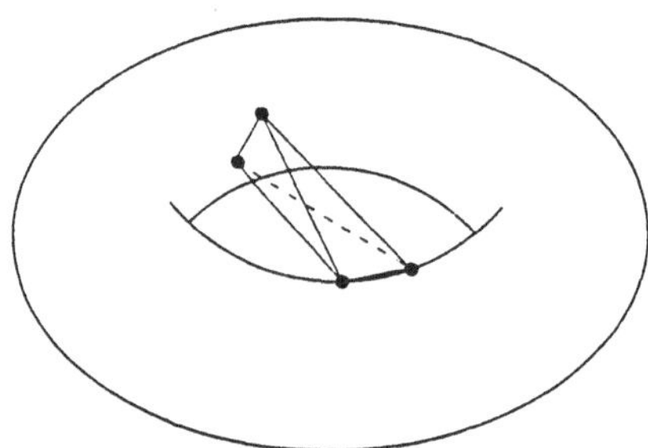

Abb. 12.1 Boissonnat's volume-oriented approach. An example for a tetrahedron which cannot be removed by the elimination rule of Boissonnat. The tetrahedron in the hole of the torus has four faces on the boundary.

12.2   Boissonnat's Volume-Oriented Approach

Boissonnat's volume-oriented approach starts with the Delaunay triangulation of the given set P of sampling points. From this triangulation of the convex hull, tetrahedra having particular properties are successively removed. First of all, only tetrahedra with *two faces, five edges and four points* or *one face, three edges and three points* on the boundary of the current polyhedron are eliminated. Because of this elimination rule only objects without holes can be reconstructed, cf. Figure 12.1.

Tetrahedra of this type are iteratively removed according to decreasing *decision values*. The decision value is the maximum distance of a face of the tetrahedron to its circumsphere. This decision value is useful because flat tetrahedra of the Delaunay tetrahedrization usually tend to be outside the object and cover areas of higher detail. The algorithm stops if all points lie on the surface, or if the deletion of the tetrahedron with highest decision value does not improve the sum taken over the decision values of all tetrahedra incident to the boundary of the polyhedron.

12.3   Boissonat's Surface-Oriented Approach

Boissonnat's surface oriented contouring algorithm [13] usually starts at the shortest connection between two points of the given point set P. In order to attach a new triangle at this edge, and later on to other edges of the boundary, a locally estimated tangent plane is computed based on the points in the neighborhood of the boundary edge. The points in the neighbourhood of the

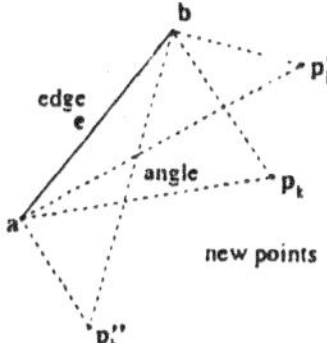

Abb. 12.2 Point $\mathbf{p}_k$ sees the boundary edge $\mathbf{e}$ under the largest angle. The points are projected onto the local tangent plane of points in the neighborhood of $\mathbf{e}$.

boundary edge are then projected onto the tangent plane. The new triangle is obtained by connecting one of these points to the boundary edge. That point is taken which maximizes the angle between its edges in the new triangle, that is, the point sees the boundary edge under the maximum angle, cf. Figure 12.2. The algorithm terminates if there is no free edge available any more. The behavior of this algorithm can be seen in Figure 12.3.

12.4   The Approach of Fua and Sander

The following approach of Fua and Sander [17, 18, 19] is an example of how clustering can be performed. It consists of three steps.

In the first step, a quadric surface patch is iteratively fitted around every data point, and the data point is moved onto the surface patch. One additional effect of this step besides yielding a set of local surfaces is that a smoothing of the given sample data is performed. Figures 12.4 (a),(b) show a set of sample points, and Figure 12.4 (c) the result of smoothing.

When smoothing is done, the data points still form an irregular sampling of the underlying surface. In the second step, the sample points together with their

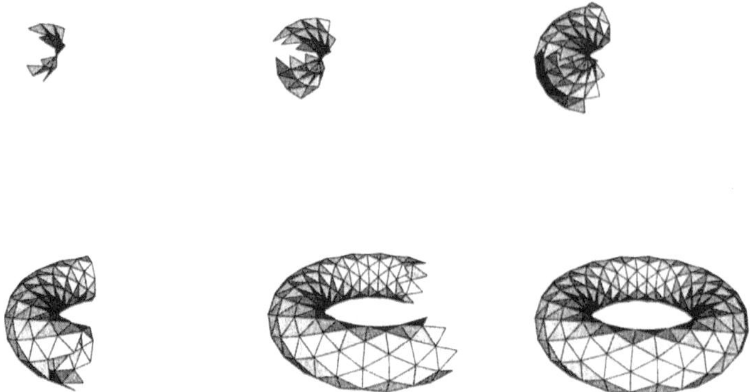

Abb. 12.3 This figure shows the behavior of a contouring algorithm like Boissonnat's [13] during the reconstruction of a torus. The picture sequence was not reconstructed by the original software (which was not available).

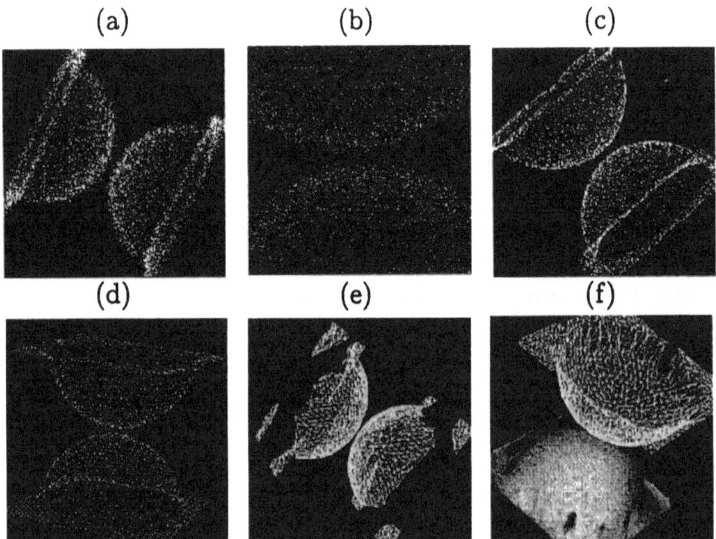

Abb. 12.4 The approach of Fua and Sander. From left to right and top to down: (a) Two noisy hemispheres. (b) A zoom into the scene. (c) Smoothed data of the spheres after several iterations. (d) Resampled points on the estimated surface. (e),(f) Two possible segmentations of the data points according to the segmentation parameter. The 2D Delaunay triangulation in the tangent plane have been used in both cases to generate the triangular mesh. In (f), one of the spheres is shaded. Pictures from Fua and Sander [18]. © 1992 IJCAI. Courtesy of INRIA. Reprinted with Permission.

local surface patches are moved onto positions on a regular grid. Figure 12.4 (d) depicts the result.

In the third step, a surface-oriented clustering is performed. A graph is calculated whose vertices are the corrected sample points of the previous step. An edge is introduced between two vertices if the quadrics assigned with them are similiar. A measure of similarity and a threshold are defined for that purpose. The connected components of the graph define the clusters of the surface in the data set, cf. Figure 12.4 (e),(f).

Each of these clusters can now be also treated by one of the reconstruction algorithms of the other sections.

12.5 Edelsbrunner's and Mücke's Alpha-shapes

Edelsbrunner and Mücke [16, 29, 15] use an irregular spatial decomposition. In contrast to some other approaches, the given sample points are part of the subdivision. The decomposition chosen for that purpose is the Delaunay tetrahedrization of the given set P of sampling points. A tetrahedrization of a set P of spatial points is a decomposition of the convex hull of P into tetrahedra so that all vertices of the tetrahedra are points in P. A tetrahedrization is a *Delaunay tetrahedrization* if none of the points of P lies inside the circumsphere of a tetrahedron. It is well known that each finite point set has a Delaunay tetrahedrization which can be calculated efficiently [30]. This is the first step of the algorithm.

The second step is to erase tetrahedrons, triangles, and edges of the Delaunay tetrahedrization using so-called α-balls as eraser sphere with radius α. Each tetrahedron, triangle, or edge of the tetrahedrization whose corresponding minimum surrounding sphere does not fit into the eraser sphere is eliminated. The resulting so-called α-shape is a collection of points, edges, faces, and tetrahedra.

In the third step, the triangles are extracted out of the α-shape which belong to the desired surface, using the following rule. Consider the two possible spheres of radius α through all three points of a triangle of the α-shape. If at least one of these does not contain any other point of the point set, the triangle belongs to the surface.

A problem of this approach is the choice of a suitable α. Since α is a global parameter the user is not swamped with many open parameters, but the drawback is that a variable point density is not possible without loss of detail in the reconstruction.

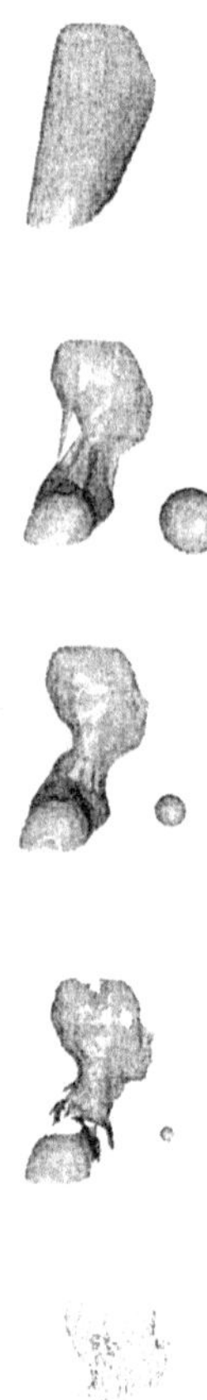

Abb. 12.5 Edelsbrunner's and Mücke's α-shapes applied to a sampled bust. Different α, visualized by the corresponding α-balls, were used. The bottom right figure shows the given data set, the upper left one its convex hull. The pictures were generated with original α-shape software [16, 29, 15].

An example for a reconstruction of a body is shown in Figure 12.5. If α is too small, gaps in the surface can occur, or the surface may become fragmented.

Guo et al. [20] also make use of α–shapes for surface reconstruction but they propose a so–called *visibility* algorithm for extracting those triangles out of the α–shape which represent the simplicial surface.

12.6 The Approach of Hoppe et al.

Another possibility of surface reconstruction is based on the distance function approach of Hoppe [23, 24, 22].

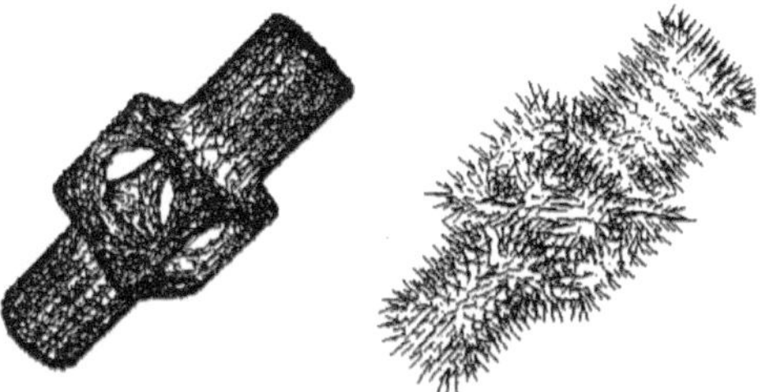

Abb. 12.6 Left: The Riemannian Graph. Right: The distance vectors from the vertices of the surrounding voxel grid. Pictures from Hoppe '94 [22]. Reprinted with Permission.

The distance function of the surface of a closed object tells for each point in space its minimum signed distance to the surface. Points on the surface of course have distance 0, whereas points outside the surface have positive, and points inside the surface have negative distance.

At the beginning of the distance function calculation, for each point $\mathbf{p}_i$ an estimated tangent plane is computed. The tangent plane is obtained by fitting the best approximating plane in the least square sense [14] into a certain number k of points in the neighborhood of $\mathbf{p}_i$. In order to get the sign of the distance in the case of closed surfaces, a consistent orientation of neighboring tangent planes is determined by computing the *Riemannian graph*, cf. Figure 12.6. The vertices of the Riemannian graph are the centers of the tangent planes which are defined as the centroids of the k points used to calculate the tangent plane. Two tangent plane centers $\mathbf{o}_i, \mathbf{o}_j$ are connected with an edge (i, j) if one center is in the k-neighborhood of the other center. By this construction, the edges of the Riemannian graph can be expected to lie close to the sampled surface. Each edge is weighted by 1 minus the absolute value of the scalar product between normals of the two tangent plane centers defining the edge. The orientation of the tangent planes is determined by propagating the orientation at a starting point, by traversing the minimum spanning tree of the resulting weighted Riemannian graph.

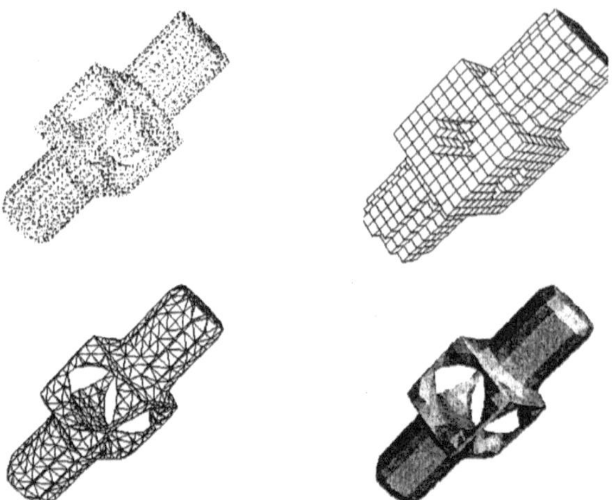

Abb. 12.7 The approach of Hoppe et al., from left to right: a point set, the nonemtpy voxels of a voxelization of the space, the resulting triangular mesh displayed as wire frame and as shaded surface. Pictures from Hoppe '94 [22]. Reprinted with Permission.

Using the tangent plane description of the surface and their correct orientations, the signed distance is computed by first determining the tangent plane center nearest to the query point. The distance between the query point and its projection on the nearest tangent plane. The sign is obtained form the orientation of the tangent plane.

After the distance function has been calculated the final reconstruction algorithm can be described as follows.

The first step of the algorithm is implemented by a regular voxel grid. The voxel cells selected in the second step are those which have vertices of opposite sign. Evidently, the surface has to traverse these cells. In the third step, the surface is obtained by the marching cubes algorithm of volume visualization [26]. The marching cubes algorithm defines templates of separating surface patches for each possible configuration of the signs of the distance values at the vertices of a voxel cell, cf. Figure 12.7. The voxels are replaced with these triangulated patches. The resulting triangular mesh separates the positive and negative distance values on the grid.

A similar algorithm was suggested by Roth and Wibowoo [31]. It differs from the approach of Hoppe et al. in the way the distance function is calculated, cf. section 12.14. Furthermore, the special cases of profile lines and multiple view range data are considered besides scattered point data.

A difficulty with these approaches is the choice of the resolution of the voxel grid. One effect is that gaps may occur in the surface because of troubles of the heuristics of distance function calculation.

12.7 Baader and Hirzinger's Kohonen Feature Map

The Kohonen feature map approach of Baader and Hirzinger [4, 5, 3] can be seen as another implementation of the idea of surface construction by warping. Kohonen's feature map is a two-dimensional array of units (neurons), cf. Figure 12.8. Each unit u_j has a corresponding weight vector $\vec{w}_j$. In the beginning these vectors are set to normalized random values (of length equal to 1). During the reconstruction or training process the neurons are fed with the

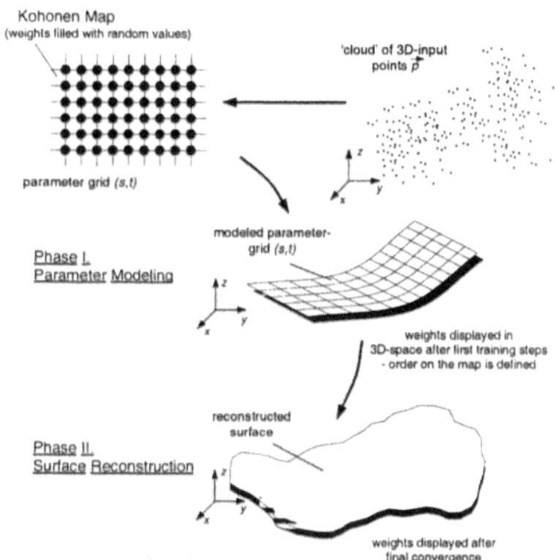

Abb. 12.8 Arranging the Kohonen feature map to a point set in three dimensions. Picture: Courtesy of Baader and Hirzinger [5]. © 1993 IEEE. Reprinted with Permission.

input data which affects their weight vectors (which resemble their position in three-space). Each input vector $\vec{i}$ is presented to the units u_j which produce output o_j of the form

$$o_j = \vec{w}_j \cdot \vec{i},$$

which is the scalar product of $\vec{w}_j$ and $\vec{i}$. The unit generating the highest response o_j is the center of the excitation area. The weights of this unit and a defined neighborhood are updated by the formula

$$\vec{w}_j(t+1) = \vec{w}_j(t) + \epsilon_j \cdot (\vec{i} - \vec{w}_j(t))$$

Note that after this update the weight vectors have to be normalized again. The value $\epsilon_j = \eta \cdot h_j$ contains two values, the learning rate η and the neighborhood relationship h_j. Units far away from the center of excitation are only slightly changed.

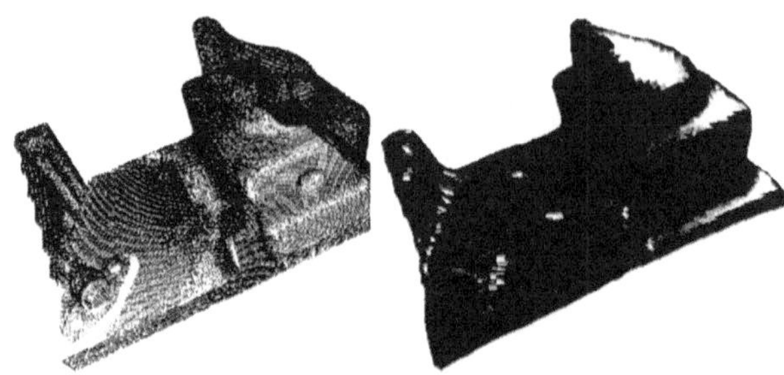

Abb. 12.9 Top: The point set. Bottom: The result of the Kohonen feature map approach. Pictures from Baader '95 [3]. © 1995 VDI Verlag. Reprinted with Permission.

The algorithm has one additional difficulty. If the input point data do not properly correspond with the neuron network it is possible, that neurons might remain which had not been in any center of excitation so far. Therefore they had been updated only by the neighborhood update which usually is not sufficient to place the units near the real surface. Having this in mind, Baader and Hirzinger have introduced a kind of *reverse training*. Unlike the *normal training* where for each input point a corresponding neural unit is determined and updated the procedure in the intermediate *reverse training* is reciprocal. For each unit u_j the part of the input data with the highest influence is determined and used for updating u_j.

The combination of this normal and reverse training completes the algorithm of Baader and Hirzinger and has to be used in the training of the network.

A result is depicted in Figure 12.9.

12.8 The γ–indicator Approach of Veltkamp

To describe the method of Veltkamp [34, 35] some terminology is required.

A γ-*indicator* is a value associated to a sphere through three boundary points of a polyhedron which is positive or negative, cf. Figure 12.10 for an illustration of the 2D-case. Its absolute value is computed as $1 - \frac{r}{R}$, where r is the circle for the boundary triangle and R the radius of the boundary tetrahedron. It is taken to be negative if the center of the sphere is on the inner side and positive if the center is on the outer side of the polyhedron. Note, that the γ–indicator is independent of the size of the boundary triangle (tetrahedron, respectively). Therefore, it adapts to areas of changing point density. A removable face is a face with positive γ–indicator value.

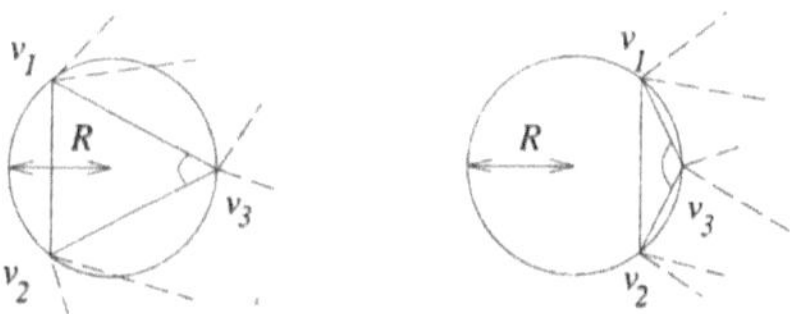

Abb. 12.10 Two cases for the γ-indicator value, in the 2D-case. Picture from Veltkamp '94 [34]. © 1994 Springer Verlag. Reprinted with Permission.

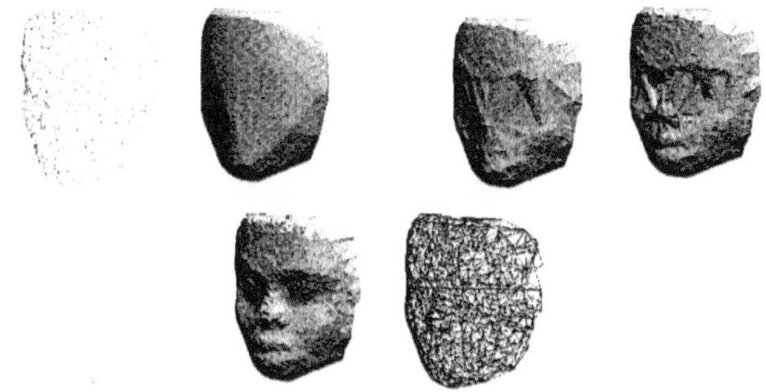

Abb. 12.11 The approach of Veltkamp. From left to right: The given point set, its convex hull, two intermediate stages of construction, the final result, and the resulting mesh rendered as wire frame. Pictures from Veltkamp '94 [34]. © 1994 Springer Verlag. Reprinted with Permission.

The first step of the algorithm is to calculate the Delaunay tetrahedrization.

In the second step, a heap is filled with removable tetrahedra which are sorted according to their γ–indicator value. The removable tetrahedra are of the same boundary types as in Boissonnat's volume-oriented approach [13]. The tetrahedron with the largest γ-indicator value is removed and the boundary is updated. This process continues until all points lie on the boundary, or there are no further removable tetrahedra.

The main advantage of this algorithm is the adaption of the γ-indicator value to variable point density. Like Boissonnat's approach, the algorithm is restricted to objects without holes.

Some intermediate stages during the construction of a surface are displayed in Figure 12.11.

12.9   The Approach of Bajaj, Bernardini et al.

The approach of Bajaj, Bernardini et al. [8] differs from other algorithms that spatial decomposition is irregular and adaptive.

The algorithm also requires a signed distance function. For this purpose, a first approximate surface is calculated in a preprocessing phase. The distance to this surface is used as distance function. The approximate surface is calculated using α-solids. While α-shapes are computed by using eraser spheres at every point in space, the eraser spheres are now applied from outside the convex hull, like in Boissonnat's approach [13]. To overcome the approximation problems inherent to α-shapes a re-sculpturing scheme has been developed. Re-sculpturing roughly follows the volumetric approach of Boissonnat in that further tetrahedra are removed. This goal is to generate finer structures of the object provided the α-shape approach has correctly recognized the larger structures of the object.

Having the distance function (represented as α-solid) in hand, the space is incrementally decomposed into tetrahedra starting with an initial tetrahedron surrounding the whole data set. By inspecting the signs of the distance function at the vertices, the tetrahedra traversed by the surface are found out. For each of them, an approximation of the traversing surface is calculated. For this purpose, a Bernstein-Bézier trivariate implicit approximant is used. The approximation error to the given data points is calculated. A bad approximation induces a further refinement of the tetrahedrization. The refinement is performed by incrementally inserting the centers of tetrahedra with high approximation error into the tetrahedrization. The process is iterated until a sufficient approximation is achieved.

In order to keep the shape of the tetrahedra balanced, an incremental tetrahedrization algorithm is used so that the resulting tetrahedrizations always have the Delaunay property. A tetrahedrization is said to have the *Delaunay property* if none of its vertices lies inside the circumscribed sphere of a tetrahedron [30].

The resulting surface is composed of trivariate implicit Bernstein–Bézier patches. A C^1 smoothing of the constructed surfaces is obtained by applying a Clough-Tocher subdivision scheme.

In Bernardini et al. [11, 9] an extension and modification of this algorithm is formulated [6, 10]. The algorithm consists of an additional mesh simplification step to reduce the complexity of the mesh represented by the α-solid [7]. This step replaces the tetrahedral refinement algorithm (see above). The reduced mesh is used in the last step of the algorithm for polynomial-patch data fitting using Bernstein–Bézier patches for each triangle (by interpolating the vertices and normals and by approximating data points in its neighborhood). Additionally, the representation of sharp features can be achieved in the resulting surface.

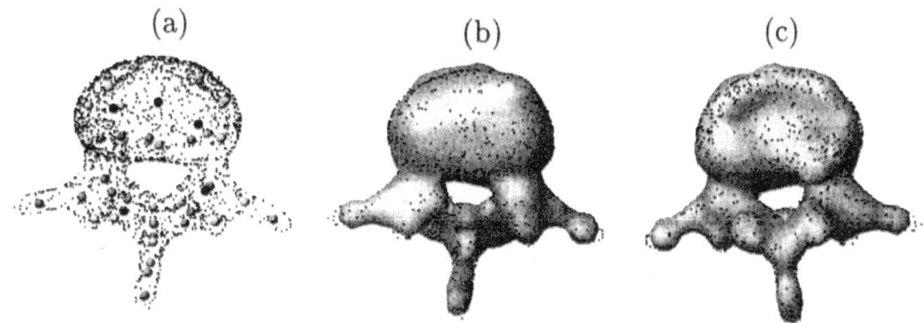

Abb. 12.12 Surface Construction by Medial Axes. (a) The point set with medial axis points selected according to the search strategy. (b) The constructed implicit surface. (c) The object from behind. Picture: Courtesy of Bittar et al. [12]. © 1995 Eurographics. Reprinted with Permission.

12.10 The Approach of Bittar et al. with Medial Axes

The approach of Bittar et al. [12] consists of two steps, the calculation of the medial axis and the calculation of an implicit surface from the medial axis.

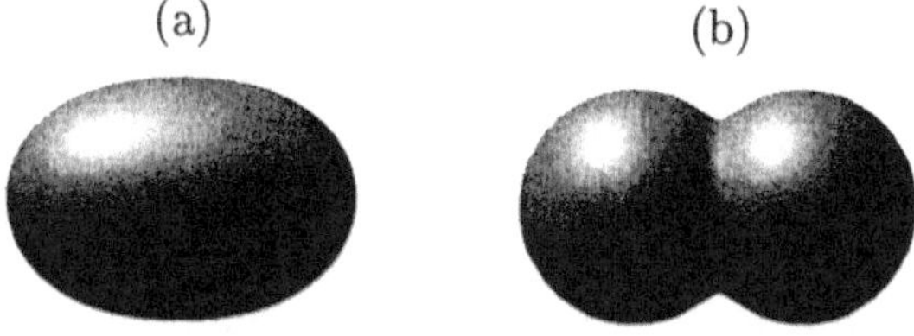

Abb. 12.13 A soft field function melts two spheres together (a) while a sharp field function preserves detail (b). Picture from Bittar et al. 95 [12]. © 1995 Eurographics. Reprinted with Permission.

The medial axis is calculated from a voxelization of a bounding box of the given set of points. The voxels containing points of the given point set P are assumed to be boundary voxels of the solid to be constructed. Starting at the boundary of the bounding box, voxels are successively eliminated until all boundary voxels are on the surface of the remaining voxel volume. A distance function is propagated from the boundary voxels to the inner voxels of the volume, starting with distance 0 on the boundary voxels. The voxels with locally maximal distance value are included to the medial axis.

The desired surface is calculated by distributing centers of spheres on the medial axis, cf. Figure 12.12 (a). The radius of a sphere is equal to the distance assigned to its center on the medial axis. For each sphere, a field function is defined which allows to calculate a scalar field value for arbitrary point in space. A field function of the whole set of spheres is obtained as sum of the field functions of all spheres. The implicit surface is defined as an iso-surface of the field function, that is, it consists of all points in space for which the field function has a given constant value, cf. Figure 12.12 (b),(c).

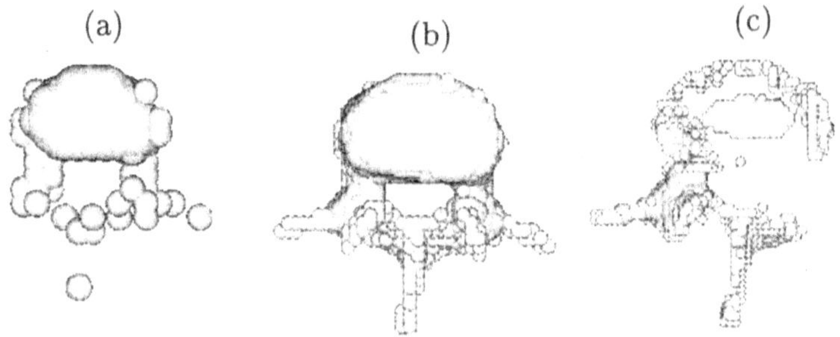

Abb. 12.14 Surface Construction by Medial Axes. (a) Low precision. (b) Mid precision. (c) The precision is too high. Picture from Bittar et al. 95 [12]. © 1995 Eurographics. Reprinted with Permission.

In order to save computation time, a search strategy is introduced which restricts the calculation of the sum to points with suitable positions.

The shape of the resulting surface is strongly influenced by the type of field function. For example, a *sharp* field function preserves details while a *soft* function smoothes out the details, cf. Figure 12.13. Also the connectness of the resulting solid can be influenced by the shape function cf. Figure 12.14.

Because of the voxelization, a crucial point is tuning the resolution of the medial axis. If the resolution of the axis is low, finer details are not represented very accurately. The display of the surface detail is improved if the resolution is increased but can also tend to disconnect parts of the surface if the resolution is higher than the sample density at certain regions, cf. Figure 12.14.

A result of this algorithm is shown in Figure 12.12.

12.11 The Approach of Algorri and Schmitt

An example for a spatial subdivision approach is the algorithm of Algorri and Schmitt[1]. For the first step, the rectangular bounding box of the given data set is subdivided by a regular voxel grid.

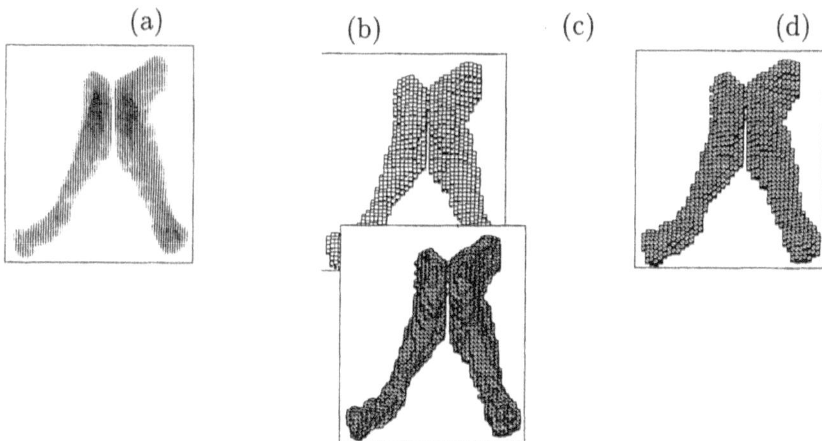

Abb. 12.15 The steps of the approach of Algorri and Schmitt: the given point set (a), the cuberille face description (b), the triangulated cuberilles (c), and the filtered mesh (d). Picture from Algorri and Schmitt '96 [1]. © 1996 Eurographics. Reprinted with Permission.

In the second step, the algorithm extracts those voxels which are occupied by at least one point of the sampling set P. In the third step, the outer quadrilaterals of the selected voxels are taken as a first approximation of the surface (see Figure 12.15). This resembles the cuberille approach of volume visualization [21].

In order to get a more pleasant representation, the surface is transferred into a triangular mesh by diagonally splitting each quadrilateral into two triangles. The cuberille artifacts are smoothed using a depth-pass filter that assigns a new position to each vertex of a triangle. This position is computed as the weighted average of its old position and the position of its neighbors. The approximation of the resulting surface is improved by warping it towards the data points.

The vertices of the mesh are interpreted as mass points (cf. Figure 12.16). The edges are replaced with springs. Each nodal mass of the resulting mesh of springs is attached to its closest point in given set P of sampling points by a further spring. The masses and springs are chosen so that the triangular mesh

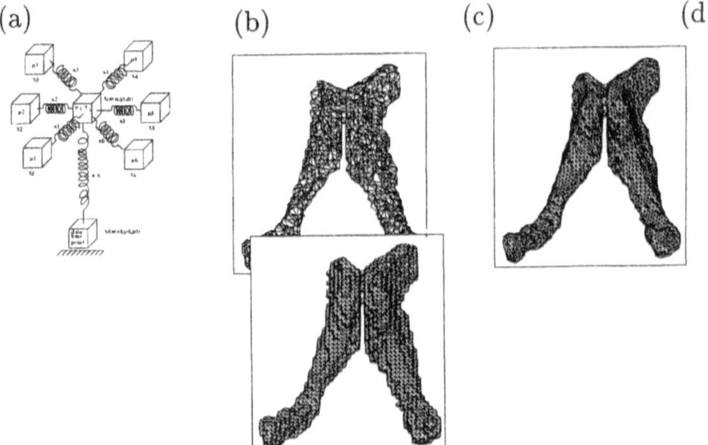

Abb. 12.16 (a) Illustration of the spring model used in the dynamic model warping approach of Algorri and Schmitt. (b)-(d) show the resulting meshes for three different parameter values. Picture from Algorri and Schmitt '96 [1]. © 1995 Eurographics. Reprinted with Permission.

is deformed towards the data points. Figure 12.16(b)–(d) shows the resulting meshes for three different parameter values on the data of Figure 12.15.

The model can be expressed as a linear differential equation of degree 2. This equation is solved iteratively. Efficiency is gained by embedding the data points and the approximate triangular mesh into a regular grid of voxels, like that one already yielded as described above.

12.12 Attali's Normalized Meshes

In the approach of Attali [2], the Delaunay tetrahedrization is also used as a basic spatial decomposition. Attali introduces so-called normalized meshes which are contained in the Delaunay graph. It is formed by the edges, faces and tetrahedra whose dual Voronoi element intersects the surface of the object.

In two dimensions, the normalized mesh of a curve c consists of all edges between pairs of points of the given set P of sampling points on c which induce an edge of the Voronoi diagram of P that intersects c. The nice property of normalized meshes is that for a wide class of curves of bounded curvature, the so-called r-regular shapes, a bound on the sampling density can be given within which the normalized mesh retains all the topological properties of the original curve.

For reconstruction of c, the edges belonging to the reconstructed mesh are obtained by considering the angle between the intersections of the two possible circles around a Delaunay edge. The angle between the circles is defined to be the smaller of the two angles between the two tangent planes at one intersection point of the two circles. This characterization is useful because Delaunay discs tend to become tangent to the boundary of the object. The reconstructed mesh consists of all edges whose associated Delaunay discs have an angle smaller than $\frac{\pi}{2}$. If the sampling density is sufficiently high, the reconstructed mesh is equal to the normalized mesh.

While in two dimensions the normalized mesh is a correct reconstruction of shapes having the property of r-regularity, the immediate extension to three dimensions is not possible. The reason for that is that some Delaunay spheres can intersect the surface without being approximately tangent to it. Therefore, the normalized mesh in three dimensions does not contain all faces of the surface.

To overcome this problem, two different heuristics for filling the gaps in the surface structure were introduced.

The first heuristic is to triangulate the border of a gap in the triangular mesh by considering only triangles contained in the Delaunay tetrahedrization.

The second heuristic is volume-based. It merges Delaunay tetrahedra to build up the possibly different solids represented in the point set. The set of mergeable solids is initialized with the Delaunay tetrahedra and the complement of the convex hull. The merging step is performed by processing the Delaunay triangles according to decreasing diameters. If the current triangle separates two different solids in the set of mergable solids, they are merged if the following holds:

- no triangle from the normalized mesh disappears;
- merging will not isolate sample points inside the union of these objects, i.e. the sample points have to remain on the boundary of at least one object.

The surface finally yielded by the algorithm is formed by the boundary of the resulting solids.

12.13 The Method of Isselhard, Brunnett, and Schreiber

The approach of [25] is an improvement of the volume-oriented algorithm of Boissonnat [13]. While Boissonnat cannot handle objects with holes, the deletion procedure of this approach is modified so that construction of holes becomes possible.

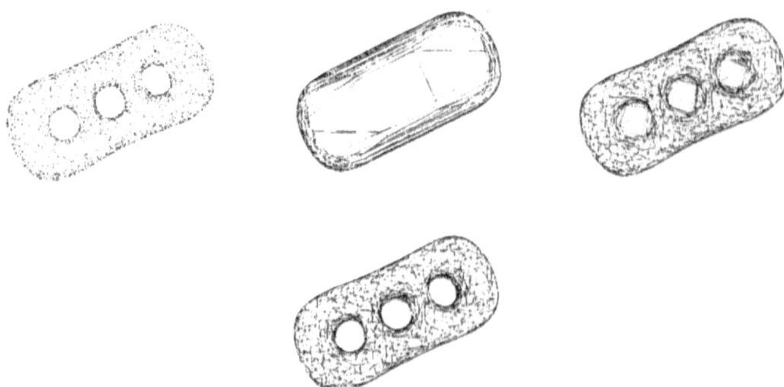

Abb. 12.17 The approach of Isselhard, Brunnett, and Schreiber. From left to right: The point set, the convex hull, an intermediate step during the process of tetrahedra elimination, and the reconstruction result [25]. Courtesy of Arbeitsgruppe CAD und Algorithmische Geometrie, Fachbereich Informatik, University of Kaiserslautern, Germany. Reprinted with Permission.

As before, the algorithm starts with the Delaunay triangulation of the point set. An incremental tetrahedron deletion procedure is then performed on tetrahedra at the boundary of the polyhedron, as in Boissonnat's algorithm. The difference is, that more types of tetrahedra can be removed in order to being able to reconstruct even object with holes, remember the configuration depicted in Figure 12.1. The additionally allowed types of tetrahedra are those with *one face and four vertices* or *three faces* or *all four faces* on the current surface provided that no point would become isolated through their elimination.

The elimination process is controlled by observing an *elimination function*. The elimination function is defined as the maximum decision value (in the sense of Boissonnat) of the remaining removable tetrahedra. In this function, several significant jumps can be noticed. One of these jumps is expected to indicate that the desired shape is reached. In practice, the jump before the stabilization of the function on a higher level is the one which is taken. This stopping point helps handling different point densities in the point set which would lead to undesired holes through the extended type set of removable tetrahedra in comparison to Boissonnat's algorithm [13].

If all data points are already on the surface, the algorithm stops. If not, more tetrahedra are eliminated to recover sharp edges (reflex edges) of the object. For that purpose the elimination rules are restricted to those of Boissonnat, assuming that all holes present in the data set have been recovered at this stage. Additionally, the decision value of the tetrahedra is scaled by the radius of the circumscribed sphere as a measure for the size of the tetrahedron. In this way, the cost of small tetrahedra is increased which are more likely to be in regions of reflex edges than big ones. The elimination continues until all data points are on the surface and the elimination function does not decrease anymore.

An example point set and the deletion process is depicted in Figure 12.17.

12.14 The Approach of Roth and Wibowoo

The goal of the algorithm of Roth and Wibowoo [31] is to calculate distance values at the vertices of a given voxel grid surrounding the data points. The data points are assigned to the voxel cells into which they fall. An "outer" normal vector is calculated for each data point by finding the closest two neighboring points in the voxel grid, and then using these points along with the original point to compute the normal.

The normal orientation which is required for signed distance calculation is determined as follows. Consider the voxel grid and the six axis directions $(\pm x, \pm y, \pm z)$. If we look from infinity down each axis into the voxel grid, then those voxels that are visible must have their normals point towards the viewing direction. The normal direction is fixed for these visible points. Then the normal direction is propagated to those neighboring voxels whose normals are not fixed by this procedure. This heuristic only works if the nonempty voxel defines a closed boundary without holes.

The value of the signed distance function at a vertex of the voxel grid is computed by taking the weighted average of the signed distances of every point in the eight neighboring voxels. The signed distance to a point with normal is the Euclidean distance to this point, with positive sign if the angle between the normal and the vector towards the voxel vertex exceeds $90°$.

12.15 The Approach of Schreiber and Brunnett

The approach of Schreiber and Brunnett [32, 33] uses properties of the Voronoi diagram of the given point set for tetrahedron removal. The *Voronoi diagram* of a point set P is a partition of the space in regions of nearest neighborhood. For each point $\mathbf{p}$ in P, it contains the region of all points in space that are closer to $\mathbf{p}$ than to any other point of P. It is interesting to note that the Voronoi diagram is dual to the Delaunay tetrahedrization of P. For example, each vertex of the Voronoi diagram corresponds to the center of a tetrahedron of the tetrahedrization. Edges of the Voronoi diagram correspond to neighboring faces of the tetrahedra dual to its vertices. The same observation holds for Voronoi diagrams in the plane that are used in the following for the explanation of the 2D-version of the algorithm.

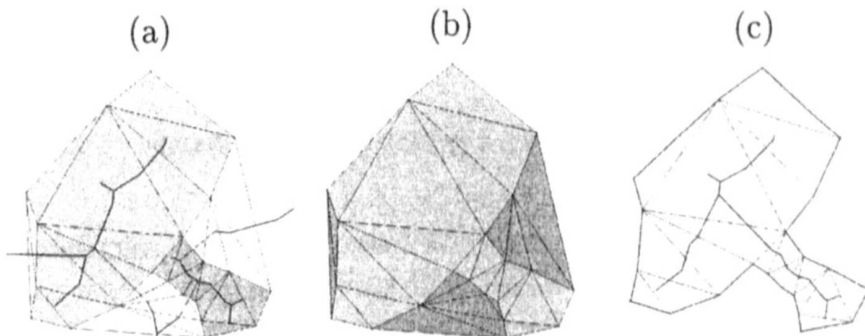

Abb. 12.18 The approach of Schreiber and Brunnett. From left to right: (a) The desired polygon (filled) and Delaunay triangulation of the given points with an inner MST (drawn fat), (b) the classification into inner and outer regions, (c) and the reconstructed polygon. The pictures have been generated for this paper by the Arbeitsgruppe CAD und Algorithmische Geometrie, Fachbereich Informatik, University of Kaiserslautern, Germany [32, 33].

In the first step, the Delaunay triangulation and the dual Voronoi diagram of P is determined. The second step, the selection of tetrahedra, uses a minimum spanning tree of the Voronoi graph, cf. Figure 12.18 (a). The *Voronoi graph* is the graph induced by the vertices and edges of the Voronoi diagram. A *minimum spanning tree* (MST) of a graph is a subtree of the graph which connects all vertices and has minimum summed edge length. Edge length in our case is the Euclidean distance of the two endpoints of the edge.

In the second step, a pruning strategy is applied to it which possibly decomposes it into several disjoint subtrees, cf. Figure 12.18 (a). Each subtree represents a region defined by the union of the triangles dual to its vertices.

Two pruning rules have been developed for that purpose:

a.) All those edges will be pruned for which no end point is contained in the circumcircle of the dual Delaunay triangle of the other end point.
b.) An edge will be pruned if its length is shorter than the mean value of the radii of both circumcircles of the dual Delaunay triangles of its voronoi end points.

The number of edges to be pruned can be controlled by using the edge length as a parameter.

The resulting regions are then distinguished into inside and outside, cf. Figure 12.18 (b). In order to find the inside regions, we add the complement of the convex hull as further region to the set of subtree regions. The algorithm starts with a point on the convex hull which is incident to exactly two regions. The region different from the complement of the convex hull is classified "inside". Then the label "inside" is propagated to neighboring regions by again considering points that are incident to exactly two regions.

After all regions have been classified correctly, the boundary of the constructed shape is obtained as the boundary of the union of the region labeled "inside", cf. Figure 12.18 (c).

An adaption of this method to three dimensions is possible.

12.16 Weller's Approach of Stable Voronoi Edges

Let P be a finite set of points in the plane. P' is an ε-*perturbation* of P if $d(\mathbf{p}_i, \mathbf{p}_i') \leq \varepsilon$ holds for all $\mathbf{p}_i \in P$, $\mathbf{p}_i' \in P'$, $i = 1, \ldots, n$. An edge $\mathbf{p}_i', \mathbf{p}_j'$ of the Delaunay triangulation is called *stable* if the perturbed endpoints $\mathbf{p}_i'$, $\mathbf{p}_j'$ are also connected by an edge of the Delaunay triangulation of the perturbed point set P'.

It turns out that for intuitively reasonably sampled curves in the plane, the stable edges usually are the edges connecting two consecutive sampling points on the curve, whereas the edges connecting non-neighboring sampling points are instable.

The stability of an edge can be checked in time $O(\#\text{Voronoineighbors})$, cf. [36].

The extension of this approach to 3D-surfaces shows that large areas of a surface can usually be reconstructed correctly, but still not sufficiently approximated regions do exist. This resembles the experience reported by Attali [2], cf. section 12.12. Further research is necessary in order to make stability useful for surface construction.

12.17 Our Surface–Oriented Reconstruction Algorithm

Let $P = \{\mathbf{p}_1, \ldots, \mathbf{p}_n\}$ be a set of points describing a surface. A graph $G = (P, E)$ consists of a point set P and a set of connecting edges E.

Based on these definitions we introduce the concept of a surface description graph (SDG) hierarchy. We define $\text{SDG}^{(0)}(P) = (P, \{\})$ (with an empty set of edges) as the initial surface description graph. A sequence of surface description graphs is denoted by $(\text{SDG}^{(i)})_{i=0}^{s}$. Using this terminology, we expect that $\text{SDG}^{(k+1)}$ *represents the surface better* than $\text{SDG}^{(k)}$, for $k \geq 0$. The basic assumption in this approach is that throughout all modifications all of the resulting graph edges are lying on the real surface (which is of course unknown) or connect different objects by single edges. After computing a number of surface description graphs, the edges of the final graph are supposed to lie on the surface. This final surface description graph $\text{SDG}^{(final)}$ is used as input for the last step of our algorithm, the triangle filling procedure. In this procedure, possible triangles for the insertion are sorted with respect to a criterion resembling the probability that a triangle belongs to the surface and are then filled into the wire frame.

In the following we outline the several steps of our algorithm [27, 28].

Step 1: Computation of the EMST

A tree is an acyclic connected graph. A *Euclidean minimum spanning tree* (EMST) is a tree connecting all points of P with line segments so that the sum of its edge lengths is minimized.

Evidently, the edges of a Euclidean minimum spanning tree connect points that lie close together in space. On the other hand, it can be expected for a reasonably sampled surface that the point density on the surface is higher than anywhere else in the surrounding space. In particular, for non-convex surfaces and objects consisting of more than one component, points lying far apart from each other in space are unlikely to be neighbouring on the surface. Further, if it is necessary to reconstruct very small and detailed structures the point density at those areas should be higher than at parts with less detail. The distribution of the points should allow a human observer to understand the structure of the surface even in areas with high local curvature.

Using our terminology, we define $\text{SDG}^{(1)}(P) = \text{EMST}(P) = (P, E_{\text{EMST}(P)})$ as the Euclidean minimum spanning tree of the point set P. Figure 12.19 shows some results for EMSTs.

Step 2: Extension of the EMST at leaf points

The surface description graph of second order $\text{SDG}^{(2)}(P)$ is obtained by connecting the leaves of the $\text{SDG}^{(1)}(P)$ to points in their neighborhood. The graph $\text{SDG}^{(2)}(P)$ is constructed for each component separately.

The selection of a point to be connected to a leaf is based on the assumption that the edges of the graph $\text{EMST}(P)$ lie almost in parallel to the true tangent plane of the surface (which is of course unknown).

Abb. 12.19 Some examples for EMSTs of various point sets. The results look quite naturally.

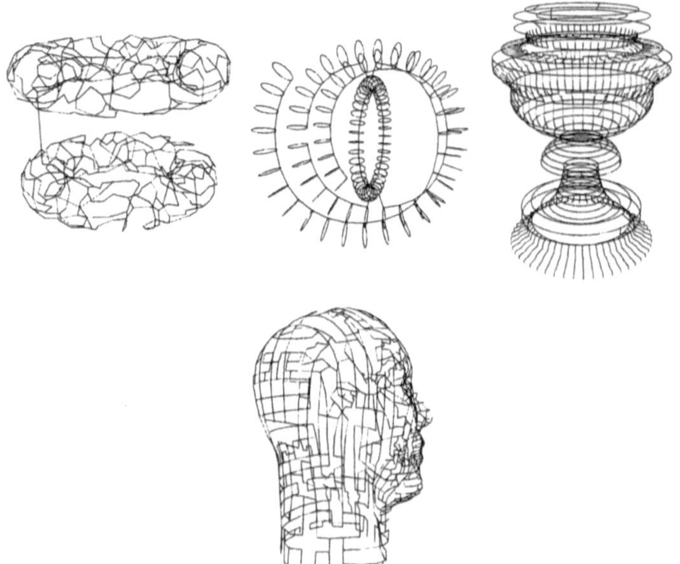

Abb. 12.20 Some examples of the $SDG^{(2)}(P)$. The new edges are drawn in blue.

More specifically, a point $\mathbf{p}_{add}$ is connected to a leaf $\mathbf{p}_{leaf}$ in the SDG iff $\mathbf{p}_{add}$ is the closest point in a specified search cone and its distance does not differ too much from the length of the leaf edge.

The concrete $SDG^{(2)}$ depends on the choice of the appropriate parameters. Experiments have shown that for a wide range of data sets these parameters can be chosen so that the SDG leads to a intuitively reconstructed surface. Figure 12.20 shows $SDG^{(2)}$'s for some point sets.

Step 3: Recognition of features in the surface description graph

Using human knowledge in geometric structures, we have seen that point data is often structured in some sense. In computer vision, the concept of feature recognition is well-known to determine the type of object in a raster image. We adapt these methods for the purpose of surface reconstruction. Although this section is only one step in the direction of feature recognition for surface reconstruction, we demonstrate the general principle in the area of surface reconstruction. We consider *features* to be structures of certain importance that can emerge through special structures of the object as well as through the scanning method. The idea is to use this feature knowledge as a base for a graph modification step. Considering the structural coherence of features we can connect or disconnect regions in the graph to improve the correctness of our surface description graph.

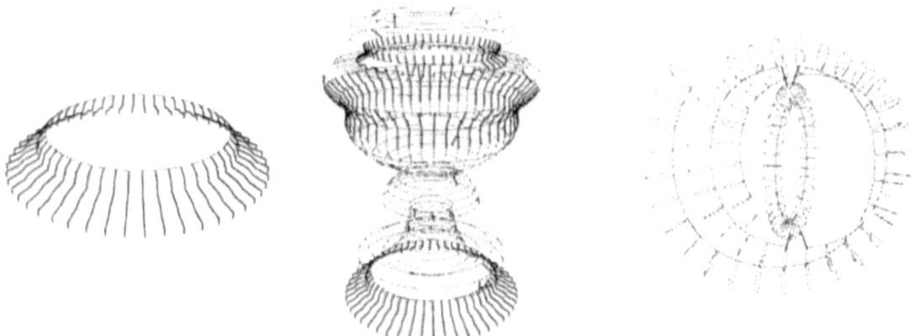

Abb. 12.21 Some recognized features in a surface description graph $SDG^{(3)}(P)$: Rings (orange) and Paths (green).

At the current stage of our algorithm we detect two kinds of features: *Rings* and *Paths.* These are especially useful for the reconstruction of synthetic objects, since they are often contained in artificial structures. A *ring* is cycle in the graph where all adjacent edges enclose a certain minimum angle and where all edges are *near* to the common approximated tangent plane of the ring points. In general, a ring will look like a circle of points in space. A *path* is a cycle free list (minimum two edges) of pairwise adjacent edges where all angles between two consecutive edges exceed a minimum value (e.g. 170 degrees).

$SDG^{(3)}$ (cf. Figure 12.21) is computed out of $SDG^{(2)}$ by indentifying all *rings* and *paths* in $SDG^{(2)}$. This feature recognition step is of course extendable to gain more information about the object. Currently, we are working on a broader view of the feature recognition step.

Step 4: Extraction of different objects out of the graph

The feature-based analysis of our object can now be used to modify the current surface description graph in order to get a better description quality for the surface. Since it is possible that more than one object is part of a data site, the automatic disconnection of these objects is an important step.

If the point set describes more than one surface, the different surfaces are connected by single edges in the EMST. These edges are characterized by an exceptionally high length in comparison to edges in their neighborhood. For data sites generated by random sampling of the object(s) we therefore invent the following method for disconnecting substructures in the graph. Whenever an edge exceeds the average edge length in the neighborhood of its end points (by a certain factor) then it can only be deleted, provided that it does not connect regions that belong together according to the features. Otherwise, we

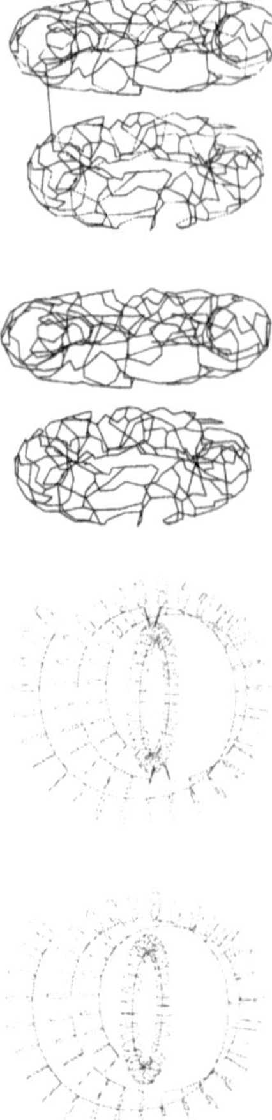

Abb. 12.22 Examples for the $SDG^{(3)}(P)$ (left) and $SDG^{(4)}(P)$ (right). Tori: The longest edge is deleted. Spiral with inner torus: The black edges connecting the torus with the spiral are deleted.

could disconnect edges that connect rings in artificial objects like the spiral with inner torus, for example (cf. Figure 12.21).

If rings in the graph do not belong together the connection between their centers of gravity is *almost perpendicular* (dependent on a threshold) to their normals. An example is given in Figure 12.22 where the black edges connect the inner torus with the outer spiral. If the vectors have almost the same orientation (they are *almost parallel*), we assume that they belong to the same surface structure.

By this method we preserve long edges between features in artificial point sets while disconnecting different clusters from each other. This is just one possible method, but many combinations with other point clustering strategies are possible. After applying these principles on $SDG^{(3)}$ we get the new graph $SDG^{(4)}$. Note, that the number of objects that are contained in the same point set can be detected by simply identifying the disjoint subgraphs.

Step 5: Connection of features of the same kind

As seen in the previous step, we can use particular information of our feature recognition step to determine which areas obviously do not belong together. Taking into account the minimum length property of the EMST we can expect that certain object structures (even same objects) might remain not connected, cf. Figures 12.19 and 12.21. To assure that surface parts of similar feature information are connected appropriately, we connect special path regions with each other.

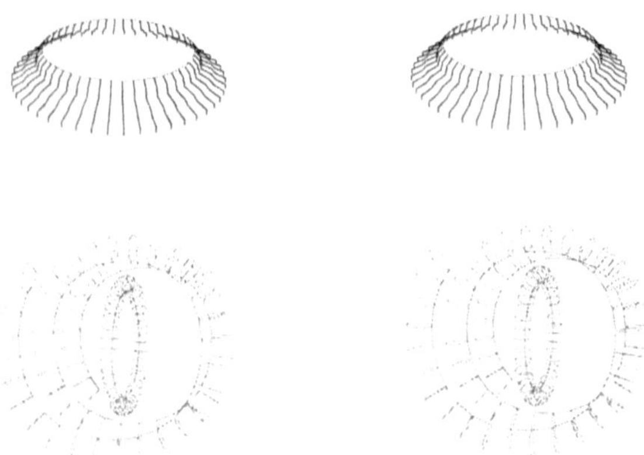

Abb. 12.23 Some examples for the $SDG^{(4)}(P)$ (left) and $SDG^{(5)}(P)$ (right). The connection lines are drawn in violet.

The underlying principle is, that paths with the same orientation in their neighborhood imply some sort of *object line*, cf. Figure 12.23. Therefore, at the end of each path line the next path line with the best matching orientation is chosen. If the connecting edge between these two path lines does not exceed a certain length factor it can be added to the current graph.

Examples for $SDG^{(5)}$ can be seen in Figure 12.23.

Step 6: Connection of associated edges in the graph

Structures of similar meaning often consist of points or edges having some sort of same orientation. A result of this is the assumption that edges which are near to each other and have the same orientation (they are *almost parallel*) could belong to the same part of the surface. A natural approach is to connect these edges to increase the density of the graph, provided that the surrounding edges do not imply that an insertion would not be correct. Therefore, we first identify the euclidean nearest edge (distance between mid points) to each edge of the graph which can be found in a search cone (centered at the mid point of each edge). The quadrilateral that is build up by these two edges can be inserted provided that the insertion fits into the surrounding structure of the current graph. To avoid any connecting edges between areas which had been already disconnected in the fourth step of our algorithm, we take care not to connect these areas again, since we must assume that the previous steps worked.

The possible structures of $SDG^{(5)}$ are displayed in Figure 12.24.

Step 7: Insertion of triangles into the wire frame

The final step is the insertion of triangles into the wire frame $SDG^{(6)}(P)$ in order to obtain a triangular mesh as a representation of the surface. A basic assumption for this step is that triangles induced by pairs of incident edges of $SDG^{(6)}$ enclosing a small angle are likely to belong to the surface if they do not *worsen* the triangulation around their incident point.

Based on this assumption the triangulation is constructed incrementally by adding edges and inserting triangles. The edge or triangle to be added is selected by choosing a pair of incident edges in the current graph with respect to the angle enclosed. Among all pairs of incident edges that induce a triangle (that is not already part of the triangular mesh), one with the smallest enclosing angle is chosen. If the selected edge pair and the triangle induced by it satisfy some additional rules, the edge closing the edge pair to a triangle is added to

Abb. 12.24 Some examples for the $SDG^{(6)}(P)$. The edges of the $SDG^{(1)}$ are drawn black while the edges of the $SDG^{(2)}$ (blue) $SDG^{(6)}$ (light green).

the current graph. This process is continued as long as suitable pairs of edges exist.

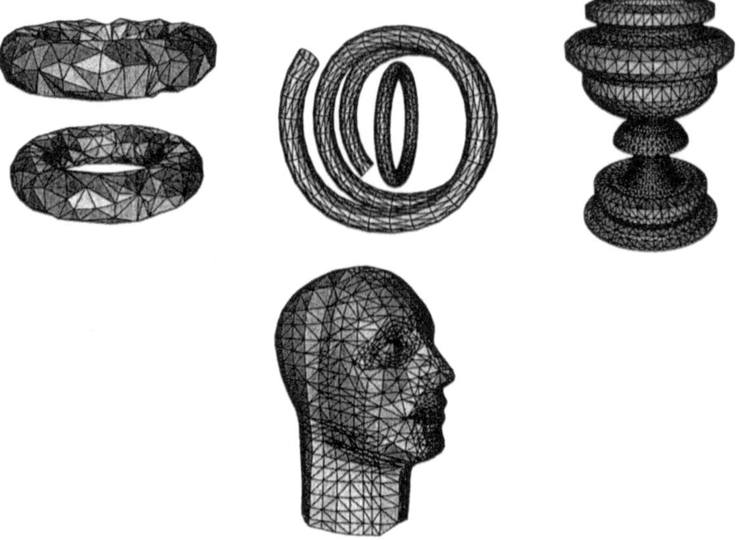

Abb. 12.25 The results for the reconstruction of the tori and the head. Remark: The point set for the two tori is randomly sampled and quite sparse. Therefore, the resulting net is not smooth.

During this insertion process each time a triangle is considered we have to assure the following properties of the surface: maximal two adjacent faces at an edge; no triangle intersections; no foldovers of the surface (the dihedral angle between adjacent faces is bounded); no overlaying triangular faces; properly detected borders of the surface; real sharp edges of the surface are reconstructed correctly.

The most interesting and important part to achieve these properties is to preserve sharp edges of real objects in a final reconstruction. This problem is of high importance for any surface reconstruction algorithm. In our algorithm this is performed by computing the best triangulation around a point with respect to its adjacent edges. A triangle which is induced by an edge pair of a point p_i can be inserted if the triangulation around this point stays *optimal.* The principle of this rule is to analyze the environment of a point to determine which triangle would be the best for the insertion.

Consider the situation around a point where the triangulation is not yet closed, that is, not all edges incident to this point have two adjacent triangles. The optimal triangulation is then computed by preserving the already inserted triangles and by taking the remaining edges to complete the triangulation around the point by maximizing the angle sum of all dihedral angles in the optimal triangulation.

The results for the complete algorithm are shown in Figure 12.25.

The algorithm has been implemented in C++ and applied to a large variety of data sets. To improve the adaptive reconstruction run time concerning the amount of time spent on incremental nearest neighbour computation we developed a nearest neighbour algorithm which dynamically computes only as many neighbours as necessary [37]. Using this algorithm, arbitrary concurrent neighbour queries can be performed independently.

Our current work is focused on the design of a complete reconstruction system with possible user interaction at each step of our algorithm to make it ready for use in real world applications. The daily use of a reconstruction often bears problems for reconstruction systems which are not easy to solve. Therefore, as much knowledge as possible about probable surfaces should be transferred to a basic rule system.

12.18 Acknowledgements

The author would like to thank all researchers mentionend in this contribution who have provided us generously with the original pictures and additional information. Thomas Schreiber, Prof. Guido Brunnett and Frank Isselhard, University of Kaiserslautern, helped us by re-computing their reconstruction results and pictures for this contribution. For implementations done in relation with this contribution, the Delaunay triangulation and Alpha–Shape software as well as test data of Ernst Peter Mücke, University of Illinois at Urbana–Champaign, were used. Special thanks go to our colleague Frank Weller for valuable discussions.

Literatur

[1] Algorri, M.-E.; Schmitt, F.: Surface Reconstruction from Unstructured 3D Data. Computer Graphics forum **15** (1996) 1 47–60

[2] Attali, D.: *r*-regular Shape Reconstruction from Unorganized Points. In: *ACM Symposium on Computational Geometry*. 1997 pp. 248–253. Nice, France

[3] Baader, A.: Ein Umwelterfassungssystem für multisensorielle Montagero-
    boter. Dissertation, Universität der Bundeswehr, Munich, Germany 1995.
    Fortschrittberichte, VDI Reihe 8 Nr. 486, ISBN 3-18-3 48608 - 3, ISSN
    0178-9546, (in German)

[4] Baader, A.; Hirzinger, G.: Three–Dimensional Surface Reconstruction Ba-
    sed On A Self–Organizing Feature Map. In: *Proc. 6th Int. Conf. Ad-
    van. Robotics*. 1993 S. 273–278. Tokyo

[5] Baader, A.; Hirzinger, G.: A Self–Organizing Algorithm for Multisensory
    Surface Reconstruction. In: *International Conf. on Robotics and Intelli-
    gent Systems IROS '94*. 1994 Munich, Germany

[6] Bajaj, C.; Bernardini, F.; Xu, G.: Reconstructing surfaces and functions
    on surfaces from unorganized 3D data. Algorithmica **19** (1997) 243–261

[7] Bajaj, C.; Schikore, D.: Error-bounded reduction of triangle meshes with
    multivariate data. In: *Proceedings of SPIE Symposium on Visual Data
    Exploration and Analysis III*. 1996 pp. 34–45. SPIE

[8] Bajaj, C. L.; Bernardini, F.; Xu, G.: Automatic Reconstruction of Surfa-
    ces and Scalar Fields from 3D Scans. Computer Graphics Proceedings,
    SIGGRAPH '95,Annual Conference Series (1995) 109–118

[9] Bernardini, F.: Automatic Reconstruction of CAD Models and Proper-
    ties from Digital Scans. Dissertation, Department of Computer Science,
    Purdue University 1996

[10] Bernardini, F.; Bajaj, C.: Sampling and Reconstructing Manifolds using
     Alpha-Shapes. In: *Proc. of the Ninth Canadian Conference on Computa-
     tional Geometry*. 1997 pp. 193–198. Also available as: Technical Report
     CSD-97-013, Department of Computer S ciences, Purdue University, 1997

[11] Bernardini, F.; Bajaj, C.; Chen, J.; Schikore, D. R.: Automatic Recon-
     struction of 3D CAD Models from Digital Scans. Submitted for publica-
     tion (1997). Also available as: Technical Report CSD-97-012, Department
     of Computer Sciences, Purdue University, 1997

[12] Bittar, E.; Tsingos, N.; Gascuel, M.-P.: Automatic Reconstruction of Un-
     structured Data: Combining a Medial Axis and Implicit Surfaces. Com-
     puter Graphics forum **14** (1995) 3 457–468. Proceedings of EUROGRA-
     PHICS '95

[13] Boissonnat, J.-D.: Geometric Structures for Three-Dimensional Shape Re-
     presentation. ACM Transactions on Graphics **3** (October 1984) 4 266–286

[14] Duda, R. O.; Hart, P. E.: Pattern Classification and Scene Analysis. Wiley
     and Sons, Inc. 1973

[15] Edelsbrunner, H.: Weighted alpha shapes 1992. Technical Report
     UIUCDCS-R-92-1760, Department of Computer Science, University of Il-
     linois at Urbana-Champaign, Urbana, Illinois

[16] Edelsbrunner, H.; Mücke, E.: Three-dimensional alpha shapes. ACM
     Transactions on Graphics **13** (1994) 1 43–72. Also as Technical Report

UIUCDCS-R-92-1734, Department of Computer Science, 1992, University of Illinois at Urbana-Champaign

[17] Fua, P.; Sander, P. T.: From Points to Surfaces. In: B. C. Vemuri (Hrsg.), *Geometric Methods in Computer Vision*. Proc. SPIE Vol. 1570, 1991 pp. 286–296

[18] Fua, P.; Sander, P. T.: Reconstructing Surfaces from Unstructured 3D Points. In: *Proc. Image Understanding Workshop*. San Diego, CA, 1992 pp. 615–625

[19] Fua, P.; Sander, P. T.: Segmenting Unstructured 3D Points into Surfaces. In: G. Sandini (Hrsg.), *Computer Vision : ECCV '92, Proc. Second European Conference on Computer Vision*. Santa Margherita Ligure, Italy: Springer, 1992 pp. 676–680

[20] Guo, B.; Menon, J.; Willette, B.: Surface Reconstruction Using Alpha–Shapes. Computer Graphics forum **Vol. 16** (October 1997) No. 4 177–190

[21] Herman, G. T.; Liu, H. K.: Three-Dimensional Displays of Human Organs from Computed Tomograms. Computer Graphics and Image Processing **9** (January 1979) 1–21

[22] Hoppe, H.: Surface Reconstruction from Unorganized Points. Dissertation, Univ. of Washington, Seattle WA 1994

[23] Hoppe, H.; DeRose, T.; Duchamp, T.; McDonald, J.; Stuetzle, W.: Surface Reconstruction from Unorganized Points. Computer Graphics **26** (July 1992) 2 71–78. Proceedings of Siggraph '92

[24] Hoppe, H.; DeRose, T.; Duchamp, T.; McDonald, J.; Stuetzle, W.: Mesh Optimization. In: *Computer Graphics Proceedings*, Annual Conference Series. New York: ACM Siggraph, 1993 pp. 21–26. Proceedings of Siggraph '93

[25] Isselhard, F.; Brunnett, G.; Schreiber, T.: Polyhedral Reconstruction of 3D Objects by Tetrahedra Removal. Techn. Ber., Fachbereich Informatik, University of Kaiserslautern, Germany February 1997. Internal Report No. 288/97

[26] Lorensen, W. E.; Cline, H. E.: Marching Cubes: A high resolution 3D surface construction algorithm. Computer Graphics **21** (July 1987) 4 163–169

[27] Mencl, R.: A Graph–Based Approach to Surface Reconstruction. Computer Graphics forum **14** (1995) 3 445–456. Proceedings of EUROGRAPHICS '95, Maastricht, The Netherlands, August 28 - September 1, 1995

[28] Mencl, R.; Müller, H.: Graph–Based Surface Reconstruction Using Structures in Scattered Point Sets. In: *Proceedings of CGI '98 (Computer Graphics International), Hannover, Germany, June 22th–26th 1998*. 1998 pp. 298–311. Similar version also available as Research Report No. 661, 1997, Fachbereich Informatik, Lehrstuhl VII, University of Dortmund, Germany

[29] Mücke, E. P.: Shapes and implementations in three–dimensional geometry. Dissertation, Department of Computer Science, University of Illinois at Urbana–Champaign September 1993

[30] Preparata, F. P.; Shamos, M. I.: Computational Geometry: An Introduction. Springer Verlag 1985

[31] Roth, G.; Wibowoo, E.: An Efficient Volumetric Method for Building Closed Triangular Meshes from 3–D Image and Point Data. In: *Graphics Interface '97*. 1997 pp. 173–180

[32] Schreiber, T.: Approximation of 3D Objects. In: *Proceedings of the 3rd Conference on Geometric Modeling*. Dagstuhl, Germany, 1997 Accepted for a supplementary issue of the journal *Computing* (Springer Verlag)

[33] Schreiber, T.; Brunnett, G.: Approximating 3D Objects from Measured Points. In: *Proceedings of 30th ISATA*. Florence, Italy, 1997

[34] Veltkamp, R. C.: Closed Object Boundaries from Scattered Points. In: *Lecture Notes in Computer Science 885*. Springer Verlag, 1994

[35] Veltkamp, R. C.: Boundaries through Scattered Points of Unknown Density. Graphics Models and Image Processing **57** (November 1995) 6 441–452

[36] Weller, F.: Stability of Voronoi Neighborship under Perturbations of the Sites. In: *Proceedings 9th Canadian Conference on Computational Geometry*. 1997 Kingston, Ontario, Canada, August 11–14

[37] Weller, F.; Mencl, R.: Nearest Neighbour Search for Visualization Using Arbitrary Triangulations. In: M. Göbel; J. David; P. Slavik; J. J. van Wijk (Hrsg.), *Virtual Environments and Scientific Visualization '96*. Springer Verlag New York, 1996 pp. 191–200